普通高等学校"十四五"规划建筑学专业精品教材

室内装修材料与构造

Interior Design Materials and Structures

（第四版）

丛书审定委员会

何镜堂　　仲德崑　　张　颀　　李保峰

赵万民　　李书才　　韩冬青　　张军民

魏春雨　　徐　雷　　宋　昆

本书主审　　李书才

本书主编　　周长亮

本书副主编　　张玉明　　裴俊超　　周　觅　　张天文

本书编写委员会

周长亮　　张玉明　　裴俊超　　周　觅　　张天文

郎　雯　　乔　伟　　刘　静　　辛　蓉　　代露艳

李家姮　　于　帅　　冯福宇

华中科技大学出版社

http://press.hust.edu.cn

中国·武汉

内 容 简 介

  "室内装修材料与构造"是普通高等学校建筑类环境艺术设计专业的一门专业设计课程。根据当前教学与实践的需求,学生对装修材料的选择、构造设计及施工工艺等学科知识应有初步的认识并能够有效地运用,因此,"室内装修材料与构造"是一门不可缺少的课程。本教材图文并茂,适合普通本科院校相关专业二年级以上的学生使用,同时也适合建筑学、展示设计、园林设计等专业的学生选用。

图书在版编目(CIP)数据

室内装修材料与构造/周长亮主编. -- 4 版. -- 武汉:华中科技大学出版社,2025.6. --(普通高等学校"十四五"规划建筑学专业精品教材). -- ISBN 978-7-5772-1007-0

Ⅰ. TU767

中国国家版本馆 CIP 数据核字第 20253T9D24 号

室内装修材料与构造(第四版)

     周长亮 主编

Shinei Zhuangxiu Cailiao yu Gouzao (Di-si Ban)

策划编辑:金 紫
责任编辑:陈 骏
封面设计:原色设计
责任监印:朱 玢
出版发行:华中科技大学出版社(中国·武汉) 电话:(027)81321913
     武汉市东湖新技术开发区华工科技园 邮编:430223
录 排:武汉楚海文化传播有限公司
印 刷:武汉科源印刷设计有限公司
开 本:850mm×1065mm 1/16
印 张:17.75
字 数:378 千字
版 次:2025 年 6 月第 4 版第 1 次印刷
定 价:59.80 元

内 容 提 要

　　教材分为四篇,其主要内容如下。

　　第1篇:使学生能充分了解、掌握装修材料与构造设计的基本审美理论知识和设计思路,明确学习内容、方法与目的。

　　第2篇:使学生认识各类装修材料性能、材料选择、设计参数及规范要求。

　　第3篇:分析并介绍室内装修各部位的基本构造做法、构造要求及产品选型。

　　第4篇:介绍基本的装修施工工艺,分门别类地介绍各部位机具的用法,并促进学生的学习与工程实践紧密结合。

　　附录:选编了室内装修材料样板与构造设计工程应用范例,以及部分学生的作业。

　　本课程的教学目的在于配合各专题设计课程,为专业设计和施工方面提供合理的室内装修材料与构造设计基本知识,培养学生对现代装修材料与构造运用的浓厚兴趣。同时,也为学生今后继续从事本专业的研究打下必要的基础。

总　序

《管子》一书《权修》篇中有这样一段话:"一年之计,莫如树谷;十年之计,莫如树木;百年之计,莫如树人。一树一获者,谷也;一树十获者,木也;一树百获者,人也。"这是管仲为富国强兵而重视培养人才的名言。

"十年树木,百年树人"即源于此。它的意思是说,培养人才是国家的百年大计,既十分重要,又不是短期内可以奏效的事。"百年树人"并非指100年才能培养出人才,而是比喻培养人才的远大意义,要重视这方面的工作,并且要预先规划,长期、不间断地进行。

当前我国建筑业发展形势迅猛,急缺大量的建筑建工类应用型人才。全国各地建筑类学校以及设有建筑规划专业的学校众多,但能够做到既符合当前改革形势又适用于目前教学形式的优秀教材却很少。针对这种现状,急需推出一系列切合当前教育改革需要的高质量优秀专业教材,以推动应用型本科教育办学体制和运作机制的改革,提高教育的整体水平,并且有助于加快改进应用型本科办学模式、课程体系和教学方法,形成具有多元化特色的教育体系。

这套系列教材整体导向正确,内容科学、精练,编排合理,指导性、学术性、实用性和可读性强,符合学校、学科的课程设置要求。教材以建筑学科专业指导委员会的专业培养目标为依据,注重科学性、实用性、普适性,尽量满足同类专业院校的需求。教材在内容上大力补充了新知识、新技能、新工艺、新成果;注意理论教学与实践教学的搭配比例,结合目前教学课时减少的趋势适当调整了篇幅;根据教学大纲、学时、教学内容的要求,突出重点、难点,体现了建设"立体化"精品教材的宗旨。

该套教材以发展社会主义教育事业,振兴建筑类高等院校教育教学改革,促进建筑类高校教育教学质量的提高为己任,对发展我国高等建筑教育的理论与思想、办学方针与体制、教育教学内容改革等方面进行了广泛和深入的探讨,以提出新的理论、观点和主张。希望这套教材能够真实体现我们的初衷,真正能够成为精品教材,受到大家的认可。

中国工程院院士

何镜堂

2007 年 5 月于北京

第四版前言

　　"室内装修材料与构造"是普通高校建筑类环境艺术设计专业的一门专业设计基础课程。根据当前教学与实践的需求,为了使学生掌握装修材料选择、构造设计与施工工艺等知识,且为建筑和艺术院校的室内设计、环境艺术专业的学生打下良好的基础,"室内装修材料与构造"是一门不可缺少的课程。本教材图文并茂,适合本科院校相关专业二年级以上的学生使用,同时也适合建筑学、展示设计、园林设计等大专院校专业的学生选用。

　　教材分为四篇。第1篇:使学生能充分了解、掌握装修材料与构造设计的基本审美理论知识与设计思路,明确学习内容、方法与目的。第2篇:使学生认识各类装修材料性能、设计参数及规范要求。第3篇:分析、介绍室内装修各部位的构造、做法及产品选型。第4篇:介绍基本的装修施工工艺,分门别类地介绍各类部位机具的用法,并积极促进学生的学习与工程实践紧密结合。附录选编了室内装修材料样板与构造设计工程应用范例以及部分学生作业。本课程的教学目的在于配合专业课程,为专业设计和施工方面提供合理的室内装修材料与构造设计基本知识,培养学生对现代装修材料与构造运用的浓厚兴趣。同时,也为学生今后从事本专业的研究打下必要的基础。

　　在建筑科技与艺术形式迅猛发展的今天,丰富多样的现代建筑艺术设计不断涌现。室内装修材料与构造这门课程的设置,旨在提高学生对材料与构造的审美水平,使学生能够全面地了解装修材料、构造与施工工艺,熟悉国家规程、规范和基本要求。本书在把握理论与实践基础内容的同时,强调以适用、经济、美观为本的原则,倡导加强绿色环保意识,启迪本专业的学生努力研究开发新材料、新技术、新工艺,并充分运用造型、色彩、材质、肌理效果等美学原理,运用装修材料与构造设计组合创意空间,赋予环境美的性格特征。

　　本书内容涵盖面广,作为普通高校建筑类环境艺术设计专业的教材,系统地呈现了适宜室内环境艺术专业学生的综合知识,尤其是结合建筑院校的艺术审美和美术院校的理科知识两方面要求,在综合知识的兼顾上把握适当的度。在当前文理科综合交叉的形势下,在培养复合知识型人才方面做出有益的探讨,这是我们的初衷,在本书编写过程中,难免有一些疏漏或谬误,请专家同行提出宝贵的意见。教材课程总学时为48～64学时左右。

　　为适应当前环境设计专业应用实践教学需求,室内设计专业也在不断地充实、创新和发展,因此,本书修订再版。编写情况如下:第1篇～第4篇修订及附录等由周长亮(山东工程职业技术大学)统稿,第3篇由裴俊超(西安美术学院)编写,第4篇由张玉明（山东建筑大学）编写。编辑整理及校对等由周觅（清华大学）、张天文（山东英才学院）、郎雯（山东财经大学）完成，乔伟、刘静、辛蓉、代露艳、李家姮、于帅、冯福宇（山东工程职业技术大学）参加编写。修订过程也得到了现代艺术学院张伟院长和老师们的大力支持，在此表示感谢。

教材在编写过程中，得到了丛书专业指导委员会专家的帮助，在此表示衷心的感谢。对于教材中凡注明或未注明参考资料的作者，也在此表示衷心的感谢。

本书为普通高等学校"十一五"~"十四五"规划建筑学专业精品教材，在应用过程中获奖情况如下：(1)《装修材料与工艺》获山东师范大学美术学院校级精品课程培育；(2)《创建高校装修材料与构造设计应用实践教学课程》获山东省高等教育教学成果奖三等奖；(3)《室内装修材料与构造》获山东省高等学校优秀科研成果奖一等奖。

周长亮
山东工程职业技术大学
现代艺术学院
2025 年 1 月

目　　录

第 1 篇

室内装修材料与构造概论

第1章 室内装修材料与构造概述

环境艺术设计的研究范围非常广泛,从城市规划、景园设计、建筑设计到室内设计,包含从内部空间到外部空间的延伸。而室内环境艺术设计则有所不同,它比城市规划更讲求艺术性,比景园设计更具有亲近感,比建筑设计更细致入微,比纯艺术作品更注重实用功能,比工艺美术作品更带有综合性与复杂性。然而,无论哪一项内容,其最终都是以人的空间环境行为为根本,并充分体现"以物质为其用,以精神为其本"的目的。因此,无论什么样的建筑室内空间环境设计,其材料与构造设计、技术与艺术等选择形式,都应使人们有效体会到舒适感与美感。

室内设计是以建筑空间设计为基础的。它应是建筑空间设计的继续、深化和发展,在实施的过程中,应以科学技术为功能手段,以艺术美感为表现形式。因此,室内装修材料与构造作为环境艺术设计专业实践性较强的基础课程,显得尤为重要。它涉及的综合性知识的运用、实践性设计以及市场调研亦是必不可少的重要环节。

1.1 概念、定义与范围

室内装修材料适用于建筑室内空间或室内构件的基层与面层,主要起到保护建筑物、装饰室内空间的作用。进一步说,室内装修材料是指铺设、粘贴或涂刷在建筑物内墙、地面、柱面、顶棚表面的装修装饰材料,还可以兼有保温、隔热、防火、防潮等功能作用和美化建筑室内环境的艺术效果。

室内装修材料是建筑材料中的一大分类,是室内装修设计不可缺少的物质基础。如果说钢筋混凝土等结构材料搭起了建筑物的框架外壳,那么,品种繁多的装修装饰材料则充实了建筑内部的空间,使人身在其中能够享受舒适、幽雅的环境。因此,室内装修的使用功能和艺术效果的体现,都是需要通过室内装修材料及室内配套产品选型等来实现的。

另一方面,从事室内设计的设计师,在材料的认知、艺术修养、空间的使用功能以及艺术氛围的营造和工程造价预算控制等方面,应具有相当的基础和实际运用能力。在室内装修空间中,从顶棚、墙面到地面等,可供选择的装修材料丰富多样,每一个细部节点,都是由室内设计师经过悉心设计并通过施工工艺技术来完成的。装修装饰材料的品种、质量、规格以及肌理、尺度、色彩等视觉效果,都在很大程度上影响着室内空间设计工程的质量、使用功能和艺术美感。当前,室内装修装饰已成为与城市规划、景园设计、建筑设计、室内设计、展示设计等文理科多重交叉的综合学科,是融技术与艺术为一体的复合型专业。室内装修材料的选择、构造的适用以及施工工艺的规范化,三者是紧密相关的。

从本质上说,装修材料性能选择是基础,构造设计技术是灵魂,材料决定形式,构造源自材料,施工工艺诠释工程质量。

随着我国各行各业与国际接轨,新材料、新技术不断地被研发出来,推动着室内装修设计行业的变化和发展。构造设计方法的改进和施工工艺的革新,现代装修材料的快速发展,为建筑空间的发展提供了新的机会和有利条件。因此,掌握有关装修装饰材料的知识,对于打好专业基础、提高理论水平和实践工作能力显得至关重要。室内装修材料与构造是从事建筑室内设计、环境艺术设计以及相关专业的人员必须掌握的一项重要内容(见图 1-1-1)。

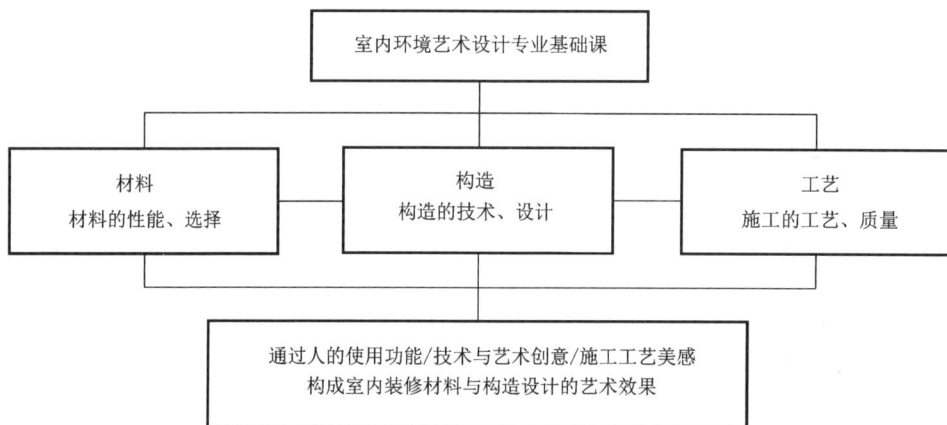

```
┌─────────────────────────────┐
│      室内环境艺术设计专业基础课      │
└─────────────────────────────┘
┌──────────┐  ┌──────────┐  ┌──────────┐
│   材料    │  │   构造    │  │   工艺    │
│材料的性能、选择│  │构造的技术、设计│  │施工的工艺、质量│
└──────────┘  └──────────┘  └──────────┘
┌─────────────────────────────────────┐
│ 通过人的使用功能/技术与艺术创意/施工工艺美感  │
│   构成室内装修材料与构造设计的艺术效果      │
└─────────────────────────────────────┘
```

图 1-1-1　室内装修材料与构造组成结构

室内装修材料与构造研究范围与目的如下所述。

室内装修设计具有两方面的表现。它既是物质需要的产品,满足人们的使用功能要求,即具有实用性;也是精神需要的产品,满足人们的欣赏审美要求,即具有艺术性。二者相互并存,但有时强调的侧重点有所不同。对于大面积的建筑室内空间,如工业建筑厂房车间和部分办公建筑等,应以满足使用功能要求为主;而对于商业文化建筑和旅游宾馆等民用建筑,则在满足实用功能的同时,应满足精神功能要求,强调艺术效果,将视觉、心理、情感注入其中。

所谓实用功能,主要是指满足各个空间的具体使用要求,如主、次入口交通流线,各部分的实用空间布局等功能性的设计要求。当然,不同类型的建筑室内空间的功能要求也不尽相同,例如住宅建筑空间的最基本功能是居住,要保证居住者的使用方便;又如工业建筑中车间厂房类的空间,首先要解决隔音、防噪、交通疏散等问题。这些都是建筑的使用功能所决定的。

所谓精神功能,则是指建筑室内设计装修出来的空间,既要反映时代精神面貌、地域文化内涵,又要反映一定时期的经济、技术和艺术发展水平,同时也要体现民族传统文化的特点。室内装修设计的精神功能应是在满足实用功能的基础上,根据不同的建筑空间、造型、寓意和材质表现、技术构造及施工工艺,通过艺术形象的加工设计来完成室内环境艺术设计。

　　室内装修设计的最终目的是满足人们的使用功能要求和视觉美感需要。因此,在室内装修空间设计中,常常需要通过对材料和构造的详细设计处理,从材料质地、构造造型、美学原理等方面反映室内空间的艺术特征。室内环境艺术设计,就是通过设计师对材料学知识的应用和艺术创造性劳动来显现的。所以,设计师要善于运用材料,将其作为一种艺术创作手段,加强和丰富室内空间的艺术表现力,巧妙地选择材料,美化人们的工作和生活环境(见图 1-1-2)。

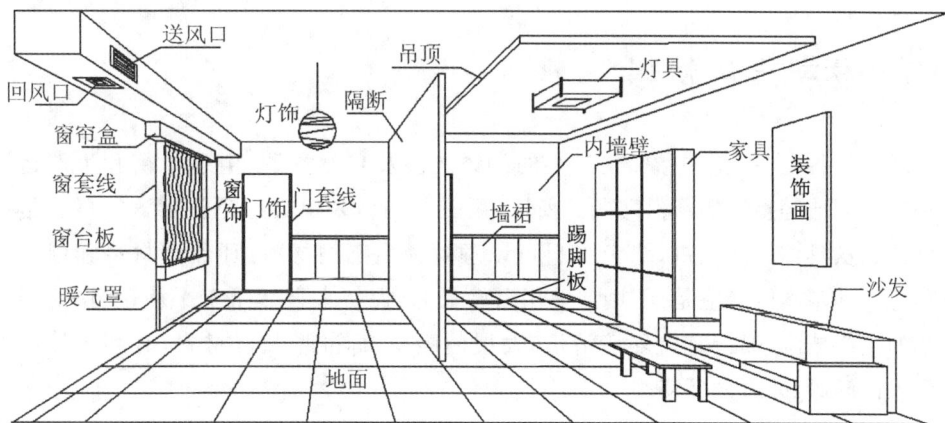

图 1-1-2　室内装修材料与构造的部位及范围

1.2　地位、作用与前景

　　在整个建筑工程中,建筑室内装修材料占有极为重要的地位。据不完全统计,建筑室内装修投资一般占整体建筑投资额的 30%～50% 或更多,这就意味着室内装修在建筑工程中的地位举足轻重。室内设计是工程、技术和艺术相结合的学科,是随着人类社会生产力的发展和科学技术水平的提高而逐步发展起来的。

　　我国的建筑装饰水平在 20 世纪 50 年代和 60 年代,相比国际水平还有一定差距,当时建筑物均以围护结构为主,装修部分极其简单,如清水砖墙、水泥砂浆抹面等。20 世纪 80 年代初,我国的建筑室内装修不断地向高档次、高标准发展,已不仅仅以简单的保护为目的,而是将艺术元素融入其中,创造出了许多幽雅的工作与生活空间环境,同时也赋予建筑室内空间独特风格、地域特色和文化内涵,并且采取技术措施提升建筑空间的功能性措施,如增加保温、吸声、减噪等多项功能。

　　随着建筑装修装饰技术的发展,装修装饰材料和装修设备不断涌现,我国建筑装修装饰工艺也在向更高的水平发展。近年来，我国建筑装修装饰材料行业迅猛发展，以有机材料为主的化学装饰材料异军突起，一些具有特殊功能的新型材料不断涌现。

不可忽视的是，由于大量建筑工程的兴建，装修所使用的原材料被大量消耗，使自然环境遭到了不同程度的破坏。目前，全球可利用的自然资源和能源已受到限制，为了保证为建设工程提供质量可靠的装修材料，并且避免材料的生产和使用对环境的损害，建筑装修材料的发展必须遵循可持续发展的战略方针、政策，大力倡导发展绿色建筑装修材料，即环保材料、节能材料和可循环利用的绿色 3R 式（即减量、再利用、再循环）材料，走可持续发展的节约型社会之路。

1.3　发展绿色材料

绿色材料是一个较抽象的、广义的词语。涉及自然资源、生态平衡和生产运用中污染与清洁等整体的环保问题。所以，用一两句话来定义绿色材料这一概念是有难度的。从具体意义上讲，绿色材料可以理解为生态型材料、环保型材料和健康型材料等。其基本内涵应是：不用或慎用自然资源，保持大自然生态平衡；利用清洁无污染的生产技术，保持室内环境清洁；发展健康型、标准型装修材料，有利于环境保护和人体健康，并可循环使用。

绿色材料在材料来源上，尽量使用工业或城市固体废弃物，经过化学处理后生产出无毒无害、无环境污染和有利于人体健康的"绿色材料"。绿色材料也称为生态、健康和环保材料。所以，广义上的"绿色材料"不是单独的材料品种，而是对建筑材料的"健康、环保、安全"性能的各项评价和标志性的确认。它包括对原料的采集过程、生产过程、施工过程、使用过程和废料垃圾的处理过程五大环节的分项评价和综合评价。

下面进一步认识绿色材料的含义与表现特征。与传统的建材相比，绿色材料的不同表现可归纳为以下六个方面。

① 材料生产过程中的自然资源消耗最小化。大量使用以废渣、废料等垃圾为主的原料进行生产加工。

② 材料生产过程中的能源消耗最小化。提倡使用风能、太阳能等可再生能源，维护生态平衡。

③ 材料生产过程中的生产线洁净化。应采用清洁的生产技术设备，产品设计配置中不使用甲醛、苯、卤化物溶剂等有害物质，选用有利于人体健康的材料，提高人们的生活质量。

④ 用绿色材料生产出的产品具有安全性和多功能性，如防潮、防火、抗菌、保温、

隔热、隔音等,有利于建筑物的节能。

⑤ 材料可循环再生利用且处理无害化。拆除的建筑物材料无二次污染,可降解的废弃物可循环使用。

⑥ 材料设计标准规范化。材料设计符合国际与国家行业标准,尊重设计师对材料运用中的实用性、经济性与艺术性的创意思路,减少不必要的浪费。

1988 年第一届国际材料科学研究会上首次提出了"绿色建筑材料"(简称绿色建材)的概念。1992 年,在巴西里约热内卢举行的联合国环境与发展大会上确立了建筑材料的可持续发展的战略方针,确定了未来建筑材料工业持续自然循环、协调共生的发展方向。20 世纪 90 年代,有关绿色建材的研究发展迅猛,许多国家制定了绿色建材的试验方法和性能标准,积极开发研制了一些新型绿色建材产品,并开始推行环境标志认证。

德国的环境标志计划始于 1978 年,是世界上最早实施环境标志认证的国家。其开发的带有"蓝天使"标志(见图 1-1-3)的建筑材料产品,侧重于从对环境危害较大的产品入手,取得了很好的环境效果。德国的所有大城市均有专门出售"绿色建材"的商店。丹麦、芬兰、挪威、瑞典等国也于 1989 年左右实施了北欧环境标志。丹麦为了促进绿色建材的发展,推出了 HMB(健康建材)标准,规定所出售的建材产品在使用说明书上除了标出产品质量标准外,还必须标出健康指标。瑞典也积极推动和发展绿色建材,已正式实施建筑法规与安全标签制。

美国是研究开发绿色建材较早的国家之一,早在 1991 年,美国建筑研究院就对建筑材料及家具对室内空气质量产生的有害影响进行了研究。通过对涂料、胶黏剂、塑料等材料制品的试验,得出了自然建筑材料在不同时间的有机挥发物的散发率和散发量,并对室内空气控制与防治提出了建议。美国也是较早提出环境标志的国家之一,大多数环境标志均由地方组织设立,目前还没有国家统一标志,美国环保局(EPA)正在开展应用于住宅室内空气质量控制的研究计划。

**图 1-1-3　1978 年德国
环境标志"蓝天使"**

我国于 20 世纪 90 年代开始对绿色建材进行研究与宣传,并开始实行绿色认证。1993 年 8 月发布了中国环境标志图形,1994 年 5 月成立了中国环境标志产品认证委员会,并相继制定了研究、开发、生产和使用绿色建材的有关条款(见图 1-1-4)。目前,我国无论是在绿色建材产品的生产质量,还是在绿色建材的认证和管理等方面,都相对落后于世界先进国家的水平。由于经济发展的需要,我国非环保建材的发展非常迅速,它们对能源与资源的消耗以及对环境的污染十分严重，长此以往会严重影响未来工业的可持续发展，也影响人们的生存环境。因此，在我国发展绿色材料是当务之急，且是十分艰巨的任务。作为建筑业的设计师，我们应该深刻思考，并以积极的态度对待，以提高我国生态环境质量，保证人类居住环境的健康、安全和社会的可持续发展。

图 1-1-4   1993 年中国环境标志及绿色建材产品标志

我国建筑业每年建成 2 亿平方米左右的住宅，加上公共建筑、农村建筑和工业建筑等，建筑总面积超过 8 亿平方米。建筑装修装饰作为一个新型独立行业正在迅猛发展。据不完全统计，装修业的产值占建筑工程行业总产值的比例已从 3％提高到 50％，年产值逾万亿元，其中家庭装修占 50％，因此需要大量的建筑装修材料。随着装修装饰材料的品种和使用量的增多、影响的增大，绿色建材的发展是一个必须引起政府各部门人员、科研人员、工程设计人员等高度重视的课题。

上面我们讲了专业材料研究方面的诸多问题，作为给未来的设计师如何将装修材料与构造设计这一概念，贯穿于室内设计作品中的一个提示。此外，设计师还应把握思维设计的方向，正所谓"艺术钟情生活，创意源自物化"。

对于材料在建筑空间中的作用以及对外界诸多方面的影响，我们应在理论上有所了解。考虑到材料的使用容易受到各方面因素的制约，设计师应该对建筑装修材料有一定的了解，掌握常用建筑装修材料的性能和特点，使材料在建筑空间中充分发挥其作用和特色，满足使用上的不同要求，做到"材尽其能、物尽其用"。设计师对材料知识缺乏了解或选材失误，往往会给建筑工程带来很大的麻烦，造成浪费，甚至在使用功能、施工质量和艺术效果上造成无法挽回的损失。

为了不断创新，不断提高设计与创作水平，设计师应积极了解新型建筑装修材料的发展，更应了解生产和技术上的新材料、新工艺和新概念。在建筑室内装修设计中，做到技术、经济与艺术创意三者的统一。

在设计过程中，我们应该思考以下内容：了解并理解材料的生产技术与性能，对设计是有很大帮助的；合理地采用地方材料，既经济又省时；把握地域文化脉络，易于对艺术创作风格形成深刻的理解；认识新的材料和新的设计理念，对设计整体效果有所把握,就能创作出符合要求的艺术设计作品。

上述内容既是体现设计水平的主要标志,也是设计师的基本任务之一。下面列举新的设计理念在节能、环保方面的运行思路。

① 提高能源效率,充分运用自然通风、采光,减少空调使用次数。

② 合理地运用太阳能、光能、风能、地热能等。

③ 保温、隔热、减噪和气密性设计等要进行细部处理。

④ 采用多层窗,减少运行能耗,实施绿色照明,保护自然环境和生态系统。

⑤ 节约用水,器具选型合理,水处理得当。

⑥ 建筑应与自然共生,创造健康、舒适的室内空间环境。

⑦ 打造舒适的温度环境、宜人的光视线环境、幽雅的声控制环境。

目前国内外有很多设计师在设计建筑空间时尝试运用了绿色建材:德国的零能耗住房,不用电气、木材和煤,也没有废气排放,周围空气清新,其南向扁形平面可获得较高的太阳能。墙面采用储热能力好的灰砂砖和隔热材料,阳光透过保温材料,热量在灰砂砖中储存起来。房屋白天通过窗户由太阳加热,夜间通过隔热材料和灰砂砖增加热量。

清华大学设计中心楼(伍威权楼)、山东交通学院图书馆、山东建筑大学教学实验综合楼都是节能环保建筑,它们的特色在于:对环境的适应性调节,西向采用混凝土防晒墙壁、遮阳板,南向设置绿化中庭等;对自然的利用,如太阳能、光电板发电技术(屋顶),自然通风,充分运用节能、健康资源等;整体节能设计方案,如绿色照明、分区控制、个人调节、节能灯具,还有水热泵机组、楼宇自动控制、可调节红外线保安监控等(见图 1-1-5)。

目前,在我国整合建筑装修材料产业,规范建筑装修材料标准,研发技术构造工艺,制定施工管理法规等,是当务之急。这也是发展绿色建材、保护环境、实现健康生活的必然之路。

**图 1-1-5　节能环保建筑
装修材料与构造设计**

第2章　室内装修材料的发展

人类环境的改变、发展,在某种意义上讲,是一部材料的发展史。人类在长期的生活和实践中,对大自然赐予人们的丰富资源材料进行各种物化活动,在长期的生产实践和生活体验中积累了对各种材料丰富特性的认识,掌握了对材料的加工技术,从而运用材料改造生存环境,提高生活水平,搭建房屋,制作生产工具、生活器具和饰物等实用性与精神性并重的产品。

2.1　中国传统建筑装修材料与构造

1. 特征

建筑材料的发展经历了一个很长的历史时期。天然的土石、竹木、草秸和树皮都是古代人类的主要建筑材料。约公元前 3000 年,西亚的美索不达米亚人开始用砖砌筑圆顶和拱,而此时我国的"秦砖汉瓦"制陶技术以及木制材料建筑空间已闻名于世。木、石建筑材料与构造是人类最早使用的材料结构。

① 商周时代的建筑以木构架结构为主,距今六七千年前,已开始采用榫卯结构技术。榫卯结构商周陶器时代发展至秦汉砖瓦时代,已有矩形定方、绳定直线、水定平面的技术。青铜器工具的发展,为宏伟的宗庙、宫殿等建筑的出现创造了条件。此时,以夯土墙和木构架结构为主的建筑已初步形成,随后产生了瓦屋彩绘的富丽宫殿。秦汉时期木构架建筑已经成熟,砖石拱券结构也有了发展,出现了叠梁、穿斗,至汉代已普遍运用斗拱。

② 隋唐时代的建筑已趋向成熟,至宋代木构架建筑已发展到了顶峰。《营造法式》成为以后历代木构架建筑构造的准则。从建筑物的主要界面,如顶棚、墙面、地面可看出材料在我国传统建筑装修中的运用。

2. 材料的运用

① 顶棚装修是中国古代以木作材料进行室内装修设计的一大特色,顶棚为了不露梁架,在梁下用天花枋组成木框,内置密集且小的木方格或较大的木板。天花即现代建筑中的顶棚或吊顶,宫殿、庙宇等大型建筑中的天花做法是用木龙骨做成方格,称为支条,上置木板称为天花,板下施以彩绘,即藻井图案,雍容华贵、富丽堂皇。

藻井用在最尊贵的建筑之中,一般建筑的顶棚是不允许用藻井的,这体现了中国古代贵族与庶民之间的不平等。藻井是顶棚上凹进的部分,形状有八角形、圆形、方形等,多用斗拱和极为精致的雕刻组成,它是我国古代建筑中重要的室内装修装饰物之一。

② 墙体装修采用土、砖、木、编条夹泥墙等材料,分为山墙、坎墙、八字墙、屏风墙、照壁墙、隔断墙等。墙上采用绘画、书法、壁纸、壁带等物品进行装饰,在墙壁上开设各种门窗、隔断、罩,进一步强化墙面的通透性、装饰性与视觉美感。

③ 罩与隔断。罩是分隔室内空间的装修设计形式,即在柱子之间做各种形式的木花格或通透雕刻,使两边的空间既连通又分割。罩大多用于室内,其上常有硬木浮雕或透雕的几何图案,以及吉祥动植物、神话故事等。

④ 门、窗的做法和近代建筑的木门窗相似,即由门板框和门窗扇组成,门板上装饰门钉、铺首。唐代隔扇花心用直棂或方格,宋代则加柳条框、球纹,明清时期更加多样化,框格间糊纸、薄纱或嵌以磨平的贝壳等。这些都显示了中国工匠们巧妙的制作工艺,表现出传统艺术的韵味。尤其花窗的样式,清朝时期仅苏州一带就有上千种之多,图案复杂且美观细致,这也是中国传统室内装修空间中的一大特色。

⑤ 在原始社会就有用火烧烤地面来使地面防潮的方法,也有在地面抹一层泥沙与石灰混合成面层的做法,晚周时出现地砖。春秋战国时期的砖底面四边有突棱,正面有朱字纹、绳纹、回纹等。秦代有截面为平行锯齿纹的地砖,其长边留有子母唇。汉代一般采用方砖或条砖,东汉时期已有磨砖对缝的工艺。唐代地砖侧面磨成斜面铺装,正面几乎辨不出灰缝,又增加了胶泥与砖的附着面积,方法极为巧妙。考究的地面先砌地龙墙,再铺地砖,防潮效果非常好。到了明清时期,在住宅和园林庭院中常利用边角料,如碎砖、陶瓷片、卵石等铺装地面(见图 1-2-1)。

图 1-2-1　中国传统建筑装修材料与构造

⑥ 金属材料在装修中被广泛运用。铜是人类最早使用的金属材料之一,在铁器出现之前,人类经过了一个相当漫长的铜器使用时期。铜及其合金曾是用量最多、用途最广、对人类社会发展所起作用最大的一种金属材料。被称为"青铜时代"的商代及西周(公元前 18 至公元前 16 世纪)是我国历史上青铜铸造技术的辉煌时期。那个时期的人们充分利用青铜熔点低、硬度高、易于铸造等特点,制造了铜币、铜器皿、铜合金饰品等,为我们留下了造型优美、制作精良的青铜艺术品。

我国传统装修材料反映了古代建筑装修技术和文化艺术水平以及那个时代的精神特征,体现了我国古代建筑文化不同于西方建筑文化的背景状况。

2.2 西方古典建筑装修材料与构造

1. 特征

古希腊时期创造了一种以石制的梁柱为基本构件的建筑形式。从古希腊表现男性美的陶立克柱式(Doric order)和表现女性美的爱奥尼克柱式(Ionic order)到罗马表现向上"力感"的塔司干柱式(Tuscan order),人们通过冰冷的花岗石材料与造型表达比例、尺度、节奏和韵律之美,在建筑设计中渗透当时的人本主义思想,从而表达出富有深层哲理的美感。

古罗马时期,罗马人发明了由天然火山灰、砂石和石灰构成的混凝土,并在拱券结构的建造技术方面取得了很大的成就。罗马各地建造了许多拱桥和长达数千米的输水道,罗马万神庙拱顶直径达 43 m,卡瑞卡拉浴场厅堂鱼贯,充分显示了罗马工匠发券和筑拱的技术运用水平。

意大利文艺复兴时期的建造技术、规模和类型以及建筑艺术手法都有很大的发展,涌现出许多能工巧匠,如维尼奥拉、阿尔伯蒂、帕拉蒂奥、米开朗琪罗等。著名的圣彼得大教堂中的各种拱顶、券廊,特别是柱式和雕塑都成为文艺复兴时期的建筑构图的主要内容之一。再就是建筑的细部处理和装饰,主要集中于山花、檐口、柱头、券中、门窗套等具有构造作用的部位,常常有各种雕饰,都是以石材为基本材料的装饰式样。

西方古典建筑所使用的石材是一种密度很高的建筑材料,它的缺点是施工周期长,不易加工;使用寿命长是它的优势。所以,西方古典建筑往往需要几十年甚至近百年的施工周期,一旦建成可经受千百年的考验,因此西方人渐渐形成一种对古老建筑的尊崇与敬意。

西方古典建筑的基本特点是拔地而起,指向苍穹。无论是拜占庭式、哥特式,还是文艺复兴时期的建筑材料与构造设计,都是在空间的穹顶、尖顶或栓头和墙饰上大做文章。从室内结构上看,又都有阴冷幽暗的不足,这主要是由于石材自身的重量较大,不利于建造较宽的窗户,从而影响了采光的功能。

我们从西方古典建筑的发展史中,可以清楚地发现不同时期的建筑装修材料与装饰技术的运用特征。

2. 材料的运用

① 古希腊时期的建筑材料主要是石材。其早期的庙宇是木构架与土坯结合而成,但易腐朽、失火。随后采用陶器对木结构加以保护,后来发展起来的建筑基本上接受了陶片贴面所形成的稳定的檐部形式。人们在粗糙的石材上涂上一层有色彩

的大理石岩粉,在白色大理石上烫一种熔有颜料的蜡进行装饰。庙宇采用围廊式,柱、额坊、檐口的处理决定了其基本面貌,后来被广泛运用。雅典卫城的帕特农神庙是当时的代表性建筑之一。

②罗马时期希腊柱式得到发展并逐渐定型,影响至今。砖石、天然水泥被运用于拱券结构,跨度更大、更稳定。普通的花岗石、大理石被加工成板材,作为墙体和地面的装修材料。在豪华的庄园住宅内,窗采用大理石镶嵌并用彩色油画装饰墙面。

③拜占庭时期的穹顶开始采用马赛克,在马赛克下铺色底或金箔,通过光线折射可以产生闪烁、神秘的光环效果。室内同时采用金、银、铜、石、砖、玻璃、马赛克、彩色颜料等装饰材料,此为这个时期的用材特点。

④哥特时期的建筑有着瘦高的中厅,裸露着近似框架式的结构。窗子占满支柱之间,几乎没有墙面,工匠们采用彩色玻璃,在窗上镶嵌各种图案及装饰画,与光线结合,既美观又能保证采光,并带有神秘色彩。

⑤文艺复兴时期增加了室内装修装饰元素,如门框、天花、墙、壁炉等都饰有装饰图案及线条。壁柱、檐口线脚、门窗边用灰白大理石装饰,有很浓郁的仿古风格。而巴洛克风格的“富贵”之气,则充分体现了世俗王权的特征,人们大量使用大理石、铜等装饰材料,并将绘画、雕刻融入建筑之中,使室内空间富丽豪华。洛可可时期的风格是柔媚、温和、细腻、纤巧的,并在室内排斥一切建筑母题,其装饰风格与巴洛克时期不同,过去用壁柱的,改用镶板或镜子,四周用细巧复杂的小幅绘画和浅浮雕;不再多用冷、硬的大理石,而采用木质的墙面、地面和地毯,并饰以大量的植物图案,配合金银镜面等装饰材料,极富豪华、柔媚之美。

19世纪以后,一些工艺美术家反复古的新艺术观流行于欧洲。这一时期人们用各类工艺美术品、纺织品、雕刻花饰、绘画装饰等,配合一些机械制品装饰室内。这种新旧混杂的形式,在西方古典装修方式与材料的运用上,反映了各个时期人们的追求和时代特征,反映了历史的延续与变化性,构成了西方建筑文化的背景,为现代装修材料设计与运用奠定了基础(见图1-2-2)。

图 1-2-2　西方古典建筑装修材料与构造

2.3　现代室内装修材料的设计与运用

　　人类社会的科学技术在不断进步。在发现材料、制作材料和充分利用材料的过程中,材料的实用性和艺术性得到发展,从而逐步地实现了材料的实用价值和审美价值的融合、功能美和形式美的统一。近代材料工业的发展推动和促进了工业产品的批量生产与改进,从而实现了由手工生产产品向以机器为制造手段的大批量生产产品的转化。

　　19世纪工艺美术运动的先驱威廉·莫里斯(William Morris)反对机械生产,提倡艺术化的手工产品,他将色彩明快、图案简洁的壁纸作为室内墙壁装饰材料。他还设计和生产了许多织物与家具,并创建了一种理论:"一个设计者应完全了解与其设计有关的特殊生产过程,否则将事倍功半;另一方面,要了解特殊材料的性能,并用它们来暗示(不是模仿)自然美以及美的细节,这就赋予了装饰艺术以存在的理由。"建筑大师弗兰克·劳埃德·赖特(Frank Lloyd Wright)曾写道:"将你的材料性质显现出来,让这种性质完全进入你们的设计中去。"当时,艺术风格后期代表人物、法国设计大师尤金·盖拉德(Eugene G Caillard)曾对家具设计提出"重视材料的特性"的想法。比利时建筑师维克多·奥达(Victor Horta)在为自己设计住宅时,在室内空间装修上极为自由和大胆,毫无顾忌地使用钢架、玻璃等新材料。

　　20世纪20年代,现代主义运动走向成熟时期。德国魏玛的包豪斯(Bauhaus)学校倡导艺术家与工匠们结合不同门类的艺术,把艺术、技术和材料充分地结合起来产生新的独特风格。在德国科隆的制造联盟展览会上,瓦尔特·格罗皮乌斯(Walter Gropius)与理查德·梅耶尔(Richard Meier)合作设计的带玻璃罩的螺旋楼梯,采用了大面积的完全透明的玻璃外墙,打破了室内外空间的界限,增强了室内与室外的空间感。设计大师马歇·布劳耶(Marcel Breuer)设计了装配式的厨房组合家具和设备,他也是第一个把钢管材料运用到椅子(瓦西里椅 Wassily chair)设计中的设计师。现代主义建筑大师密斯·凡·德·罗(Mies van der Rohe)运用镀铬扁平钢架与织物或皮革材料组合设计出了具有独特风格的"巴塞罗那"椅子(见图1-2-3)。

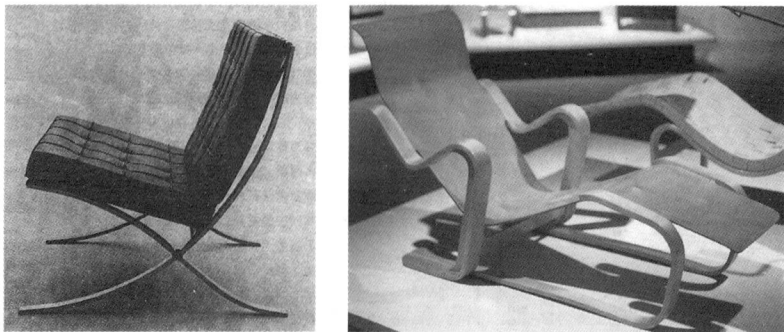

图1-2-3　密斯"巴塞罗那"钢管椅子及弯曲木复合材料家具设计

密斯被称为第一个懂得现代技术并能熟练地运用现代技术的设计大师,他把现代技术条件下生产的材料和传统的精工细作的手工艺结合起来。他设计的范斯沃斯住宅,除卫生间和设备间是封闭的以外,四周都是直接落地的玻璃,实现了室内与室外自然空间的交流与对话,从而标志着建筑与自然和谐统一的新思路的开始。大家所熟悉的建筑大师赖特为考夫曼设计的流水别墅,其立面构图层次穿插,依附于特定的环境之中,用室内材料的对比变化来显示和区别各种不同用途的空间,以取得内外空间的统一和联系,玻璃与条石墙面形成了恰到好处的对比,再加上露台与大自然当中的瀑布以及周围的山石丛林,表现了赖特的“有机建筑”思想和运用建筑与装修材料的娴熟,以及对生活融入自然的理解(见图 1-2-4)。

图 1-2-4　赖特设计的流水别墅

20 世纪 50 年代以后是塑料工业发展时期。塑料不仅具有许多优于其他材料的性能,而且在造型上具有独特的表现力。它可以模仿其他材料的装饰效果,如自然纹理、质地和各种花纹图案等。在家具产品设计上,塑料被称为一种可构成各种形状造型的通用材料。如丹麦设计师阿纳·杰克森,其采用覆盖结构的泡沫塑料,内包玻璃纤维,支座为镀铬钢,组合构成具有现代感的椅子。

随着现代科学技术的不断发展,现代人对生活质量的要求逐步提高。无论是原始的天然材料,还是现代的工业材料,抑或是复合材料的开发应用,都将成为今后装修材料的主要发展方向,其所蕴含的生命力将成为室内装修材料设计的源泉。这要求材料的表现与应用能够呈现出多元化的风采并且更加注重科技含量。

1. 材料组织设计的要点

在室内环境的材料组织中,首先应遵循整体性原则,其次是平衡性原则和秩序性原则,另外还有地方性原则和经济性原则等。这些原则均是按实用、经济和美观的规律来组织设计的。整体性原则、经济性原则、对比与协调性原则都是不可忽视的重点。要做到“精心设计、巧于用材、优材精用、普材新用”,设计师就要有较高的艺术修养,同时还要具备良好的职业道德。因此,室内环境材料组织的优劣,可反映出一个室内设计师的艺术修养水平和素质的高低。以下几点是材料组织设计的基本要求,也是室内设计师应遵循的基本原则。

1)材料的耐久性与稳定性

对于材料的耐久性与稳定性,设计师应该是极为了解的。在实际的工程设计中,设计师应当了解和掌握两个方面的内容:一是深刻了解材料在形成或制造过程中的性质和特征;二是充分考虑装修后环境和人对材料的破坏因素,这样才能充分地发挥材料的功能性和装饰性作用,尽量避免材料在性能方面表现出弱点和缺陷。因此,要根据不同环境、不同条件、不同性能,恰到好处地选择装修材料,精心安排施工工艺中对材料的处理和做法,并根据不同环境,采取不同的辅助材料和不同的处理方式。只有这样,材料才能具有良好的耐久性和稳定性,从而具有较长的使用寿命。

材料的耐久性和稳定性表现在材料的使用过程中,由于装修工程施工环境复杂多变,所遇到的破坏因素也千差万别,这些破坏因素单独或交互作用于材料,可形成化学、物理、生物和人为的各种破坏。总而言之,材料的耐久性与稳定性与以下因素有关。

① 材料在形成或制造过程中所被赋予的性质和特征。

② 设计师在设计和选择材料时的技术和经验。

③ 施工人员在施工中对材料的处理和做法。

④ 装修后人为因素对材料的影响。

⑤ 材料使用时间的长短。

当然,涉及材料耐久性与稳定性的因素还远不止这些,如温度、光线、水分、气体等因素都与材料的使用寿命有所联系,这些是材料学的具体研究内容。

2)装修材料与防火

装修材料的防火设计是指在装修工程中正确地选择材料、合理地利用材料、正确地搭配设计材料,从而最大限度地避免火灾的危害。随着室内装修工程项目的日益增多,与室内装修材料有关的火灾隐患也不断增多,不但给消防工作增加了难度,也给建筑业造成了一定的损失,这是摆在设计师面前新的课题。建筑物火灾的发生、发展和蔓延与室内装修材料的燃烧条件有密切的关系,如材料的阻燃系数达不到要求、耐火极限不够、材料防火防燃烧级别不够等。因此,装修材料的防火设计必须引起室内设计师和施工组织设计人员的高度重视。

3)室内空气污染与控制

随着人们生活方式的改变,人们在室内空间的时间越来越长,因此,室内空气质量成为我们的重要研究课题之一。据统计,人们在各种室内环境(如办公室、公共空间、居住空间及交通空间等)中的时间比例高达80%,发达国家甚至高达90%。如果室内存在空气污染,将严重威胁人体健康。世界银行的一份调查表明,目前我国每年由室内空气污染所造成的损失,按支付意愿价值估计已达 100 多亿美元。据国际卫生组织调查,世界上 30％的新建和改造建筑中存在有害健康的室内气体,室内空气污染已列入对人们健康危害最大的五种环境因素之一。室内环境权威专家提醒人们:继经历了工业革命带来的"煤烟型"污染和"光化学烟雾型"污染之后,现在人类正进入以"室内空气"污染为标志的第三个污染时期。

有些建筑装修材料中大量使用了化学品,因此,都不同程度地含有挥发性有机化合物,释放着有毒有害物质和刺激性气体,导致人体呈现各种不良反应,严重的甚至可以引发白血病和各类癌症。

装修装饰材料的种类、数量越来越多,更新换代也越来越快,新型装修材料不断地被应用于室内装修,由此引发的室内环境污染问题日趋严重,已成为国际焦点问题。近年来的研究表明,室内空气质量恶化不仅受室外大气污染物的影响,更直接的是来自室内装修材料的污染,其中最具有危害性的是挥发性有机物,尤以甲醛、苯等污染最为严重。

目前,我国已制定了室内装饰装修材料有害物质释放限量相关的规定标准。作为当代设计师,有义务也有责任履行国家的有关法律法规。在选择材料时,不但要选择花色品种,更重要的是检验材料的环保参数等是否达标,选择绿色材料,做绿色建材的使用者。

2. 材料的设计运用

现代建筑室内装修材料的运用,主要受西方现代建筑室内装饰风格影响。19 世纪初,由于科技的发展,材料的种类越来越丰富,新的时代提出新的功能需求,产生了新的装修装饰风格。

1) 顶棚装修

顶棚面层分为抹(喷)灰类、板材类和裱糊类三种基本形式。抹灰类是将膏灰、油漆、乳胶漆、各种涂料等用手工工具喷涂在顶棚上,属普通的吊顶做法;板材类主要是将石膏板、矿棉板、金属板、胶合板、塑料板、玻璃板等固定在带有吊筋龙骨的楼板顶面上,板材类一般还需经过面层处理,顶棚龙骨一般采用木质和金属等材料,此种吊顶用得最多,主要是因为它可以预留各种设备暗藏空间,如电管、消防水管、空调管道等;裱糊类是将各种质感的壁纸、壁布等卷材粘贴、裱糊在顶棚上,此类吊顶的电管等线路已预埋在楼板内了,如要保持楼层高度,选择此种做法为宜。

当然,建筑空间有自身的功能与形式的需要,加上建筑楼板还要考虑结构的需要,因而有多种楼板形式。例如平面式结构,即顶棚表面是比较平滑的,建筑构件简洁,便于室内空间造型,这种形式大多在大的空间中使用;还有模壳式结构,即由纵横交叉的主次梁构成多种矩形方格,形成井字格式(或称为井字梁结构),依据这种结构形式进行装修,可形成大小不同的井字形顶棚,也类似于我国传统建筑中的藻井,是带有传统造型风格的室内装修设计;又如叠层式结构,即顶棚依混响、回声、吸音等功能需要,形成依次叠落、高低变化的空间造型,如影剧院、多功能厅、报告厅等按照建筑声学原理进行装修,使通风管道、灯具(目的是尽量避免眩光)等与室内造型结合得更加优美、自然;再如悬挂式结构,即在承重的结构下面悬挂各种吊顶形式的材料或饰物,构成悬挂吊顶棚,这种形式大多用于钢结构建筑空间,可以满足声学、照明、管道设备安装或特殊要求,其吊顶造型优美、现代(见图 1-2-5)。

图 1-2-5 室内装修构造吊顶设计

2)墙面装修

在建筑空间中,各部分的使用功能不同,墙面也应根据不同的需要选择装修材料。墙面装修材料是最为丰富的,因为墙面可以用地面材料,如大理石、花岗石,以及各类墙地砖、陶瓷、地毯(壁布)等;也可以用顶棚材料,如石膏板、木夹板、玻璃、金属材料等。墙面能反映出室内空间特色和视觉造型焦点(见图1-2-6)。

图 1-2-6 室内装修构造墙面设计

3）地面装修

地面作为地坪或楼面的表面层，首先要起到保护结构的作用，使地坪或楼面坚固耐用；同时也要满足各种使用要求，如防潮、防水、防滑、易清理等，有特殊要求的还要具备吸音、隔声、保温、防静电等功能。地面铺装材料主要有大理石、花岗石、陶瓷地砖、木质地板、地毯、玻璃、塑料等，材料十分丰富，要根据不同功能要求和艺术设计效果来运用材料（见图 1-2-7）。

图 1-2-7　室内装修构造地面设计

3. 现代新材料发展应用趋势

现代室内装修材料的设计运用，充分体现了现代工业文明、科技文明的时代文化，这种文化与古代文化所不同；同时，现代新材料的发展应用是世界性的大趋势，这一点是毋庸置疑的。

材料应向着高性能、多功能、复合化、预制化的方向发展，并以绿色建材为主线，遵循可持续发展和循环利用的战略方针。所谓高性能、多功能，即研制轻型高强度、高防火性、高保温性、高吸声性、高耐久性、高防水性的材料，这对提高建筑物的安全性、实用性、经济性都起着非常重要的作用。所谓复合化、预制化，即利用复合生产技术，生产复合型材料和预制化的装饰材料。我国的装饰材料生产企业已经开始推广复合预制化装饰材料，即"装修装饰工厂化"，这种材料有着非常广阔的应用前景。这极大地加快了施工速度并保证了施工质量，而且对施工现场不会造成污染。

材料不仅应向着多功能的方向发展，还应采用高新型技术进行深加工，向环保绿色的方向发展，不仅要实用、耐久，还要讲求美观。21 世纪是智能建筑的时代，室内环境设计中自动化技术的运用，对材料的表现提出更新、更高和更强的要求。继基因工程之后，纳米技术成为又一颗新的科技之星，纳米技术将对材料科学产生深远的影响。另外，最近几年还出现了光电板系统太阳能设计、天然采光导光管设计、导光棱镜窗设计，给现代室内装修设计材料的运用带来福音。它们既节约能源，又无环境污染问题，真正实现了零能源消耗的绿色装修。

正是这些新技术、新材料的运用，为我们未来的室内环境装修设计增添了新的光彩（见图 1-2-8）。

图 1-2-8　导光棱镜窗在室内空间的运用

第 3 章　室内装修材料与构造设计审美观

3.1　室内装修材料美学观念与审美价值

　　材料美学并不是单纯指原材料的美学价值,还涉及材料在加工过程中所产生的审美效应。材料美学不能被机械地视为材料本身固定不变的审美价值,而是在应用和加工过程中变化的、流动的审美价值,而对材料审美价值的开发具有重要的意义。

　　材料设计和构造过程是审美信息的转化和传递,需要有一定的物质载体。设计师在构思如何更有效地制造出受社会大众欢迎的结构构件时,首先应当考虑使用什么材料。选择的材料是否符合使用目的? 在怎样的环境中使用材料,材料是否具备保温、隔声、防火等功能? 材料的耐久性和经济效益如何? 这些虽然不是美学问题,但是,设计师在设计时必须具备材料科学的相关基础知识,同时还要在实践过程中深入发掘和利用材料的审美价值。如果选材不当,即使在形态造型上有审美价值,但易于损坏或不适于一定的消费条件,也会使材料丧失使用功能,从而会被淘汰,其使用价值和审美价值会因此而大大降低。

　　材料美学也是美学技术的构成部分之一。以往的艺术设计学对材料科学已相当重视,而在信息时代,我们把它提高到材料美学的视点来分析,也许会有新的参考价值和新的发展方向。

　　我们不妨从历史的角度来观察材料美学的发展过程。从人类的文化发展史,尤其是物质文化的历史发展来看,对于一个社会的进步,科学技术水平的发展是一个重要标志。而材料科学的进步有非常显著的象征物。一个时代有一个时代的象征物,当然也就有其相应的材料美学原则。材料美与设计美是密不可分的。当前时代的民族文化特点和地理环境特点,都制约着人们对技术和材料的开发。

　　在世界建筑文化史上,最明显的区别是东西方建筑结构构造的审美特色,即两者材料的审美差异。东方人的木结构,西方人的石结构,正是两种不同的材料美的深厚积淀,形成了不同的建筑造型与色彩。

　　从材料科学的发展观来说,古典西方建筑使用的石材,在现代已经被钢筋混凝土所代替。意大利建筑师 P. L. 奈尔维把钢筋混凝土称为一种可以抗拉的人造“超级石材”。从建筑学观点来看,由于引入钢筋混凝土材料,建筑技术与艺术之间的关系获得了新的发展。这一材料独特的施工技术和造型的潜在能力,是意大利建筑美学大师在《建筑的美学和技术》(*Aesthetics and Technology in Building*)一书中阐述的主要内容,即混凝土和预制混凝土丰富的造型艺术表现力。换言之,他从建筑材料的不同特点,来研究建筑材料的美学问题。德国建筑师密斯·凡·德·罗被人们称为"铁和玻璃的诗人"。他能赋予材料以生命和美感,并且,他也善于处理这些材料的价值系统,恰当地表达材料的质感和趣味。他强调:"所有的材料,不管是人工的或是自然的,都有其本身的性格,我们处理这些材料之前,必须知道其性格,材料及构造方法不一定取上等的,材料的价值只在于用这些材料制造出什么东西来。"他把材料的审美价值充分地表现于设计性格之中。他设计的巴塞罗那国际博览会德国馆,开敞的空间没有明确的展室分割,但用玻璃和大理石墙划分着空间,这对室内布局的现代思想有着关键的影响。比如,现代室内材料设计的玻璃墙体从地面贯通至顶棚,同时,结构支撑依靠纤细的钢柱来完成。这一区域的装修采用了豪华的材料,包括大理石、灰华石、条纹玛瑙石、玻璃以及镀铬的钢材等(见图 1-3-1)。

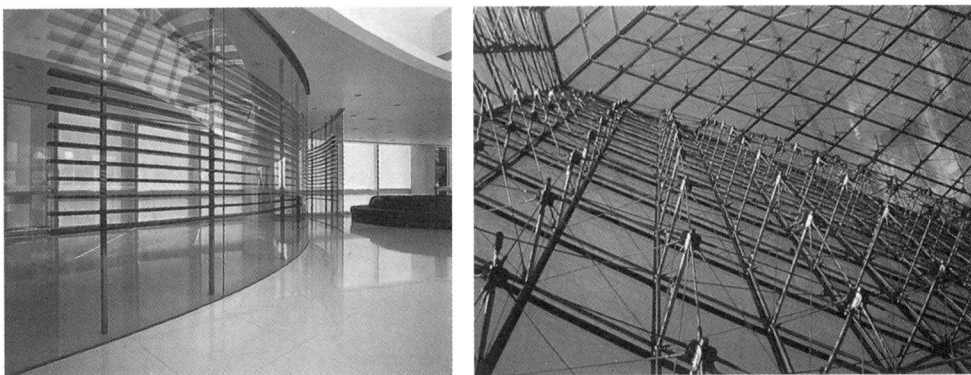

图 1-3-1 运用现代技术体现审美价值观念

若想充分发挥材料的审美价值,就要我们有广泛的材料科学知识,了解材料的地方特色和经济价值,以便取"价廉"的途径,走"物美"的境界。从设计本身的材料价值观念来说,并不一定要求使用价格昂贵的材料,在设计师的巧妙营造之下,无用的或者本来价值很低的东西,也能变为有感染力的艺术作品。材料科学是随着建筑学、冶金学、高分子化学等学科的发展而日新月异的,材料美学所要研究的首要问题就是材质美、色彩美和运用美。它们相互联系、相互影响,必然构成材料的无穷美感。

3.2 室内装修材料与构造材质的结构美

在现代室内装修设计中,材料的表现作用不只是单一地强调某一方面的功能,而是在发挥其使用功能的同时,注重其独特的美感效果,从而满足人们的审美需求。材料包括天然材料和人工材料两大类别,其色彩、肌理、质地和形状在搭配中体现出来,设计师借助这些视觉美感元素,表达情感、思想和对生活的理解。比如,变幻万千的大理石和花岗石板材争奇斗艳,材料所特有的色泽与质感,使艺术作品具有现代感和向上的朝气;透明的玻璃在室内外之间形成与大自然融合无碍的视觉美感,将无尽的风景引入室内环境;天然的木材纹理给人以温暖、生机勃勃的感觉,仿佛回归大自然;胶合板和曲木材料成为各种舒适家具的选材,使人体工学原理得到了淋漓尽致的发挥。

室内装修材料的性能与美感是构成室内环境的物质基础。换句话说,材料是空间环境的物质承担者,人们在长期的生活实践中,发现了大自然中所存在的物质美。春秋末年的齐国手工艺专著《考工记》中写道:"审曲面势,以饬五材,以辨民器。"这是说先要审视各种材料的曲直态势,再根据它们原有的性能加以精心雕琢,才能使其成为有用之器。其中还提出"天时、地气、材美、工巧"四个生产条件,认为优良的材质是生产制作的前提。所以,物化的人造环境,都是与一定时期的技术与审美水平分不开的。材料、构造、工艺、技术和施工都是与具体实用的空间环境紧密相连的,它们从各个不同的角度规定、制约并构成了一个整体的室内设计艺术环境。

在当代室内环境设计发展进程中,设计大师们在材料的运用上给我们留下了丰富的宝贵经验。比如,密斯·凡·德·罗设计的范斯沃斯住宅是最能代表"密斯风格"的作品之一。这座以钢与玻璃为主要材料的私家别墅,以八根工字形钢柱为基本结构,四周为透明的大玻璃,只有中间有一小块封闭的空间是浴室、厕所及设备。除此之外,再无固定的遮掩与分割,简洁、明快,且纯净到极致,室内与室外环境融为一体,堪称精致的"水晶玻璃盒子",它充分体现了密斯"少即是多"的设计美学思想与审美意境。芬兰设计大师阿尔瓦·阿尔托则擅长运用木质材料来表现其设计意图,并通过木材的肌理、疤节以及加工留下的痕迹来显示材质的自然韵味。他为路易·卡梅设计的兼做画廊的住宅,从入口到起居室的室内连续空间,宛如拥有生命般地扩张和宣泄。他大量地使用木材并研究其中的质感和稳定性,提炼出许多设计语汇。为了改变和缓解工业时代材料的冷漠枯燥,他在钢筋混凝土钢柱和金属的门把手上缠上藤条或皮革,流露出一股浓郁的地方特色和乡土气息,又在视觉上给人以舒适的美感享受。他在《论材料与构造对现代建筑的影响》一文中写道:"(设计应)突破技术范畴而进入心情与心理的领域。"当时,阿尔托确实达到了新的设计审美境界(见图 1-3-2)。

图 1-3-2　现代装修材料体现着现代材质结构美

由此可见,设计师对材料的认识是实现优秀室内环境设计的前提之一。设计师应重视材料与构造及其质感的研究和训练,意识到材料的特征功能等,只是靠语言来表述是不够的,而是应该运用材料进行实践操作训练,并通过实际工程加以深化理解,探究其美感所在,这样才能创造出具有独特材质美感的作品。再者,在探究如何有效地运用和发挥材料可塑性的过程中,质地美感是材料给人的感觉和印象,是材质经过视觉处理后产生的一种心理反应。材质是光和色呈现的物质本体,它的某些表现特征,如光泽、肌理、色彩效果等,直接作用于人的感官,成为室内环境设计的形式因素,引起人们的视觉联想。如大理石表面光洁,多运用在银行、保险公司、法院等场所,坚硬的力度感使人感到稳定、安全与信任。而棉麻制品等则使人产生温暖、舒适与柔和的联想。室内设计师在设计中适当运用联想来加强效果,是一种行之有效的方法。

西方一些室内设计师在运用感知素材的肌理,大胆地暴露水泥模板表面、木材、玻璃、钢铁等复合材料的同时,也着意渲染材料的技术美、素质美和肌理美。因而,在室内环境设计中创造丰富多样的肌理效果和追求人们的心理效应,逐渐成为室内设计师所追求的目标(见图 1-3-3)。

图 1-3-3 现代装修构造的运用体现着结构美

3.3 室内装修材料与构造设计的色彩美

色彩作为首要视觉语言,借助材料来表达、传递感情,成为影响人们生理与心理变化的因素。材料也是色彩的载体,色彩有衬托材料质感的作用。"色彩美学"这一概念是在 20 世纪中叶由瑞士美术理论教育家、毕生从事色彩学研究的大师约翰内斯·伊顿(Johannes Itten)提出的,他在《色彩艺术——色彩的主观经验与客观原理》一书中说:"对比效果及其分类是研究色彩美学一个适当的出发点。"主观调整色彩感知力同艺术教育和艺术修养、建筑艺术和广告设计都有密切关系。色彩美学包括以下三个研究方面:印象(视觉美感上)、表现(情感表达上)、结构(象征意义上)。伊顿不仅提出"色彩美学"这一学科要领,还提倡从美学、生理学和心理学角度,在审美情感的反映与表现、象征与描绘、内在与外在结构形式等方面对色彩的审美视觉传达效果进行深入研究。

色彩美学可从多方面研究,如色彩的本质、分类、属性和孟赛尔色立体等均是色彩美学基础,这里不做过多描述,仅就材料中的色彩美做一下分析。

材料的色彩美可分为以下几大类。

① 材料本身具有的天然色彩特征与色彩美感,是不需要进行任何色彩加工和处理而具有的自然朴素的美,如天然木材、石材图案花纹等。

② 复合加工的成品材料,如防火板、金属板面板色彩图案等,在表现中无须经过后期加工处理而带有机械美。

③ 依据室内装修设计空间造型要求和实际表现的特殊加工技术和工艺手段,对材料进行色彩处理,改变材料本色。

往往最后一种正是室内设计师创意的始点,也是表现的亮点,可收到意想不到的好效果。

然而,材料的色彩表现并不一定能达到我们想象的目标,也不像在调色盘上调色那样自如,而是在一定程度上受到材料本身的性能和生产技术的限制,设计师需要了解工艺,掌握更多的知识,才能对材料的色彩运用自如。

日本当代建筑大师安藤忠雄的作品飞鸟博物馆,采用硕大的弧形混凝土墙面和木质的家具进行对比,巧妙地建构成特别的形态,混凝土与土黄色木材在相互映衬下比独立状态时更为优美动人。建筑大师贝聿铭先生在设计法国卢浮宫玻璃金字塔的时候,对玻璃的要求很高,当时法国的玻璃供应商无法制作,最后只得借用德国的配方技术,生产出完全透明的玻璃。可见,色彩对材料的要求对于建筑装修和室内设计是多么重要。室内环境色彩是各种装修材料的体现,现代装修材料种类繁多、丰富多彩,是室内整体色彩的重要组成内容。我们在实际运用装修材料的过程中,要合理巧妙地运用装修材料色彩,体现室内装修环境设计的效果,提高室内环境设计的整体品位与档次(见图 1-3-4)。

图 1-3-4　现代装修材料的运用体现着色彩美

室内装修材料的色彩美,是以材料为基本载体的。但色彩美不仅仅是材料材质自身的色彩效果,它应是整体环境中自然色彩与人工色彩的具体表现,即与室内光环境的表现与运用有关。

光环境是物理环境的一个组成部分,它与材料的热环境、湿环境一样不可忽视。对建筑空间来说,光环境是由光照射于其内部空间所形成的环境。光环境形成一个自然的循环系统,包括室内光与室外光在室内空间照射而形成的环境,光映在不同材料上产生不同的物理效果,其功能是要满足物理、生理、心理、情感和美学等方面的要求。光环境和材料美之间有着相辅相成的关系。室内空间中有了光才能发挥视觉功效,才能在空间中辨认材料的造型、色彩并产生美感。同时光也以空间中的材料为依托显现它的状态、变化和表现力。

光环境分为自然光环境和人工光环境两种基本形式,无论哪种形式,在室内空间中都必须通过物体、材料形成光环境。比如光透过透明或半透明的材料,映射出色彩斑斓的效果;通过凹凸不平的表面,会呈现强烈的立体感;通过似透非透的光影渐变,又会产生不同的艺术效果,再加上材料表面的颜色、质感、光泽等材质本色,就会形成富有创意的光环境色彩意境(见图 1-3-5)。

图 1-3-5　现代装修材料的运用体现着光环境美

【本章要点】

本章介绍了室内装修材料与构造的概念、定义与范围,以及在室内设计中的重要位置。阐述了材料与构造的功能与艺术美感的关系及研究方法、目的和要求。强调发展绿色建材、环保理念是发展我国装修装饰设计的必由之路。简述了中国传统与西方古典室内装修材料与构造常识,设计运用特征和地域性文化的演变过程。介绍现代室内装修材料与构造设计的基本要求、运用特点及发展趋势,并叙述了材料的美学概念和审美价值观念,如结构美、材质美、色彩美和实际运用美等方面,提供了理论分析与例证,从而强调了理论指导思想和审美定义。

【思考与练习】

1-3-1　试述室内装修材料与构造的概念、定义与范围。

1-3-2　试述室内装修材料与构造设计的表现特征、研究方法与目的。

1-3-3　何谓绿色材料？其发展研究方向是什么？

1-3-4　试述中国传统室内装修材料与构造设计特色。

1-3-5　试述西方古典室内装修材料与构造设计特色。

1-3-6　试述现代室内装修材料与构造设计特色。

1-3-7　试述室内装修材料与构造的审美观念。

1-3-8　如何运用材料与构造设计的技术美、材质美和色彩美？

第 2 篇

室内装修材料设计

第1章 室内装修基层骨架材料

在建筑室内装修工程中,用来承受墙面、柱面、地面、门窗、顶棚等基层材料的受力架,称为骨架(又称为龙骨)。龙骨主要起固定、支撑和承重的作用。

常用的龙骨是隔墙龙骨和吊顶龙骨。骨架材料一般有轻钢龙骨材料、铝合金龙骨材料和木骨架材料。

1.1 轻钢龙骨材料

轻钢龙骨是用镀锌钢板和薄钢板,由特制轧机经多道工艺轧制而成的。轻钢龙骨具有自重轻、刚度大、防火性好、抗震和抗冲击性好、加工和安装方便等特点,可装配各种类型的石膏板、吸声板等,广泛应用于建筑物的顶棚和隔墙骨架。

1. 吊顶轻钢龙骨

吊顶轻钢龙骨(见图 2-1-1)代号为 D,按用途分为主龙骨(大龙骨,又称承载龙骨)、次龙骨(中、小龙骨,又称覆面龙骨)及连接件;按型材剖断面可分为 U 形龙骨、C 形龙骨和 L 形龙骨。

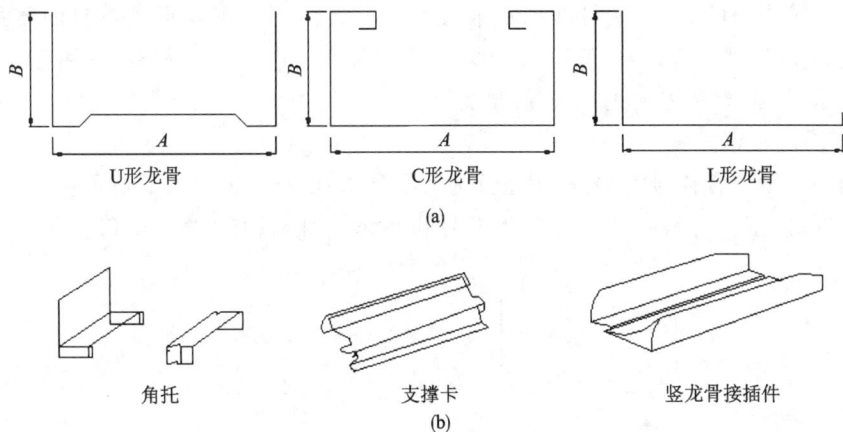

图 2-1-1 吊顶轻钢龙骨型材

(a)龙骨断面形状 (b)龙骨配件

根据国家标准《建筑用轻钢龙骨》(GB/T 11981—2008),吊顶轻钢龙骨主要有 D38、D50、D60 系列,吊顶轻钢龙骨的名称、产品代号、规格尺寸及适用范围如表 2-1-1 所示。

表 2-1-1　吊顶轻钢龙骨的名称、产品代号、规格尺寸及适用范围

名　　称	产品代号	规格尺寸/mm			用钢量	吊点间距/mm	适用范围
		宽	高	厚			
主龙骨(承载龙骨)	D38	38	12	1.2	0.56 kg/m	900～1200	不上人
	D50	50	15	1.2	0.92 kg/m	1200	上人
	D60	60	30	1.5	1.53 kg/m	1500	上人
次龙骨(覆面龙骨)	D25	25	19	0.5	0.13 kg/m		
	D50	50	19	0.5	0.41 kg/m		
L形龙骨	L35	15	35	1.2	0.46 kg/m		
T16-40 暗式轻钢吊顶龙骨	D-1 型吊顶	16	40		0.9 kg/m²	1250	不上人
	D-2 型吊顶	16	40		1.5 kg/m²	750	不上人、防火
	D-3 型吊顶	DC＋T16-40 龙骨构成骨架			2.0 kg/m²	900～1200	上人
	D-4 型吊顶	T16-40 配纸面石膏板			1.1 kg/m²	1250	不上人
	D-5 型吊顶	DC＋T16-40 配铝合金吊顶板			2.0 kg/m²	900～1200	上人
主龙骨(轻钢)	D60(CS60)	60	27	1.5	1.37 kg/m	1200	上人
	D60(C60)	60	27	0.63	0.61 kg/m	850	不上人

　　轻钢龙骨顶棚按吊顶的承载能力可分为上人吊顶和不上人吊顶。不上人吊顶只承受吊顶本身的质量,龙骨断面一般较小。上人吊顶不仅要承受自身的质量,还要承受人员走动的荷载,一般可以承受 80～100 kg/m² 的集中荷载,常用于空间较大的音乐厅、影剧院、会展中心等顶棚工程。

2. 隔墙轻钢龙骨

　　隔墙轻钢龙骨代号为 Q,按用途分为有沿顶沿地龙骨、竖龙骨、加强龙骨、通贯龙骨和配件;按型材剖断面可分为 U 形龙骨和 C 形龙骨两种(见图 2-1-2)。

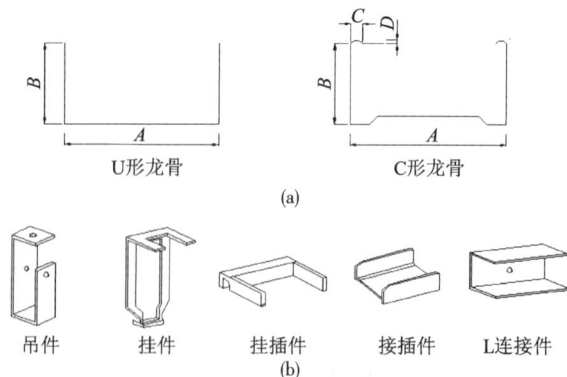

U形龙骨　　　　C形龙骨

(a)

吊件　　挂件　　挂插件　　接插件　　L连接件

(b)

图 2-1-2　隔墙轻钢龙骨型材
(a)龙骨断面形状　(b)龙骨配件

根据国家标准《建筑用轻钢龙骨》(GB/T 11981—2008),隔墙轻钢龙骨主要有 Q50、Q75、Q100、Q150 系列。Q50 系列主要用于层高小于 3.5 m 的隔墙,Q75 系列主要用于层高为 3.5~6.0 m 的隔墙,Q100 以上系列主要用于层高在 6.0 m 以上的墙体。隔墙轻钢龙骨的名称、产品代号、规格尺寸及适用范围见表 2-1-2。

表 2-1-2　隔墙轻钢龙骨的名称、产品代号、规格尺寸及适用范围

名　　称	产品代号	标　记	规格尺寸/mm			用钢量 /(kg/m)	适用范围
			宽	高	厚		
沿顶沿地龙骨	Q50	QU50×40×0.8	50	40	0.8	0.82	层高 3.5 m 以下
竖龙骨		QU50×45×0.8	50	45	0.8	1.12	
通贯龙骨		QU50×12×1.2	50	12	1.2	0.41	
加强龙骨		QU50×40×1.5	50	40	1.5	1.5	
沿顶沿地龙骨	Q75	QU77×40×0.8	77	40	0.8	1.0	层高 3.5~6.0 m
竖龙骨		QU75×45×0.8	75	40	0.8	1.26	
		QU75×50×0.5	75	50	0.5	0.79	
通贯龙骨		QU38×40×0.8	38	40	0.8	0.58	
加强龙骨		QU75×40×0.8	75	40	0.8	1.77	
沿顶沿地龙骨	Q100	QU102×40×0.5	102	40	0.5	1.13	层高 6.0 m 以上
竖龙骨		QU100×45×0.8	100	45	0.8	1.43	
通贯龙骨		QU38×12×1.2	38	12	1.2	0.58	
加强龙骨		QU100×40×1.5	100	40	1.5	2.06	

1.2　铝合金龙骨材料

铝合金龙骨材料有质轻、不锈、防火、抗震、安装方便等特点,特别适合用于室内吊顶装饰。铝合金吊顶龙骨有主龙骨(大龙骨)、次龙骨(中、小龙骨)、边龙骨及吊挂件。主、次龙骨与板材组成 450 mm×450 mm、500 mm×500 mm 和 600 mm×600 mm 的方格,可灵活选用小规格的材料。铝合金材料经过电氧化处理后,具有光亮、不锈、色调柔和的特点,吊顶龙骨通常外露,故做成明龙骨吊顶,美观大方。铝合金吊顶龙骨的规格如图 2-1-3 所示。

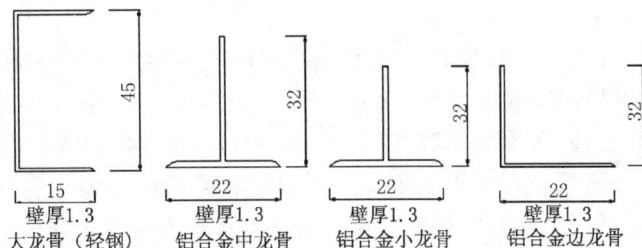

图 2-1-3　铝合金吊顶龙骨的规格[①]

---

① 本书遵循工程习惯,图的数字未标注单位,默认为 mm。

1.3 木骨架材料

木骨架分为内木骨架和外木骨架两种。内木骨架是指用于顶棚、隔墙、木地板搁栅等的骨架,多选用材质松软、干缩小、不易开裂、不易变形的树种;外木骨架用于高级门窗、扶手、栏杆、踢脚板等外露式栅架,多选用木质较软、纹理清晰美观的树种。

1. 吊顶木骨架

吊顶木骨架也叫吊顶木龙骨,分为主龙骨和次龙骨。主龙骨的间距一般为1.2～1.5 m,断面尺寸一般为50 mm×60 mm,大断面为80 mm×100 mm;次龙骨的间距一般为0.4～0.6 m,断面尺寸为40 mm×40 mm 或50 mm×50 mm。主、次龙骨间用30 mm 见方的小木方和铁钉连接,一般组成方格。木骨架吊顶的安装材料与规格如图2-1-4 所示。

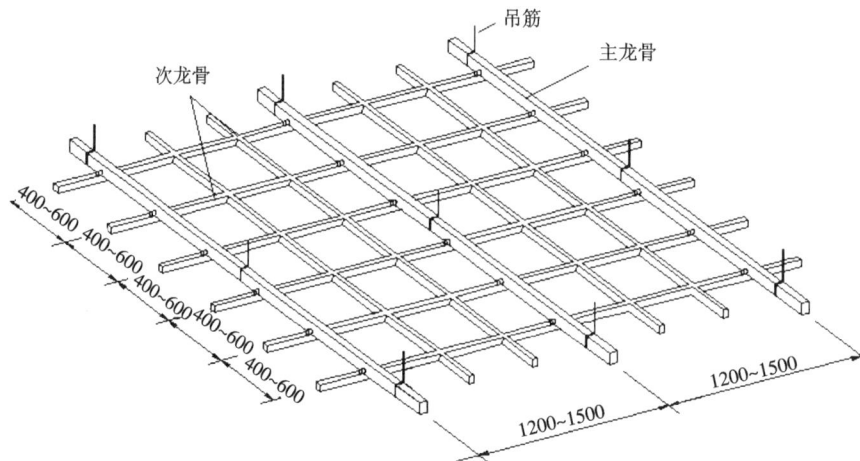

图 2-1-4 木骨架吊顶的安装材料与规格

2. 隔墙木骨架

隔墙木骨架有单层木骨架和双层木骨架两种结构形式。单层隔墙木骨架以单层木方为骨架,其墙厚一般小于100 mm。双层隔墙木骨架以两层木方组合成骨架,骨架之间用横杆连接,其墙厚一般在120～150 mm。在木骨架的一面或两面钉以胶合板、纤维板或石膏板等即可形成隔墙。隔墙木骨架的结构通常采用方格结构,方格结构的尺寸根据面层材料的规格确定。通常木骨架方格结构的尺寸有300 mm×300 mm 和400 mm×400 mm 两种,单层隔墙木骨架常用的断面尺寸有30 mm×45 mm 和40 mm×55 mm 两种,双层隔墙木骨架常用的断面尺寸为25 mm×35 mm。

3. 墙面木骨架

在建筑内墙面做木护壁板、安装玻璃等装饰时,通常先要在墙面上做木骨架,以适应调整墙面平整度、做防潮层等的要求。墙面木骨架常用的结构形式有方格结构和长方结构,方格结构尺寸一般为 300 mm×300 mm ,长方结构尺寸一般为 300 mm×400 mm。木骨架的断面尺寸一般有 25 mm×30 mm、25 mm×40 mm、25 mm×50 mm 和 30 mm×40 mm 等几种。木骨架与墙面的固定形式如图 2-1-5 所示。

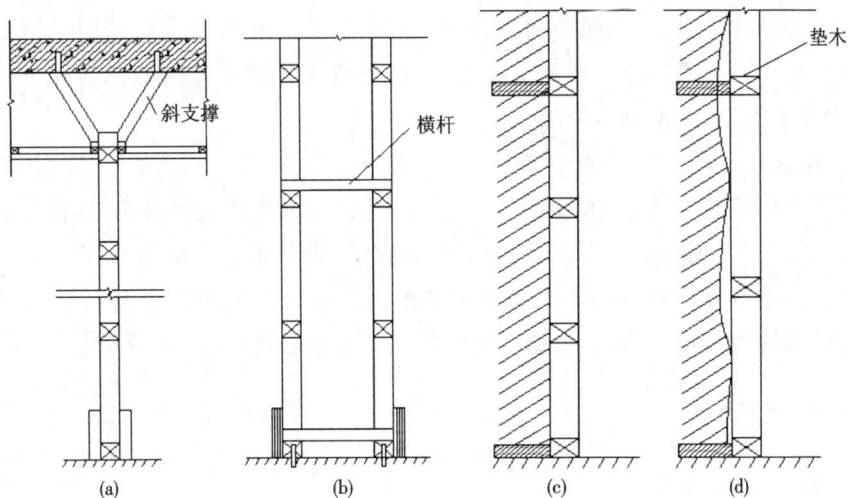

图 2-1-5 木骨架与墙面的固定形式
(a)单层木骨架;(b)双层木骨架;(c)墙体较平整;(d)墙体不平整

4. 其他木骨架

其他木骨架如门窗框料、楼梯木扶手等均应根据设计要求确定其截面尺寸。通常门窗框料选择 75 mm×100 mm、100 mm×150 mm 等规格。木地面装饰中,木地板面层下通常做木格栅,木格栅间距一般为 400 mm×400 mm,格栅的常用尺寸有 50 mm×50 mm、50 mm×70 mm 和 70 mm×70 mm 等。在实际应用中,木骨架材料具有使用方便、造型丰富、造价低廉的特点,但木材易干缩、易出现裂缝,防火、防腐性差,必须进行防火、防腐处理。在现代装饰工程中,吊顶和隔墙的木龙骨已逐渐被轻钢龙骨所代替。

1.4 型钢骨架材料

室内装饰中一些重量较大的棚架、支架、框架,需要用型钢材料作为骨架,常用的有槽钢、角钢、扁钢与圆管钢。

1. 槽钢

槽钢一般作为钢骨架的梁,受垂直方向力的作用。槽钢的受力特点是:承受垂直方向力和纵向压力的能力较强,承受扭转力矩的能力较差。常用的槽钢产品为热轧普通槽钢。结构型槽钢包括 H 型钢和冷弯薄壁型钢等,被广泛用于建筑用檩条、屋架、桁架、钢架、墙架、龙骨等。HB 钢由两块翼板及一块幅板焊接,经下料、自动组合、焊接、矫正即生产出合格的 H 型钢产品。H 型钢易于裁剪及焊接,可以随工程要求任意加工、设计及组合,并可制造特殊规格的产品,配合特殊工程的实际需要。H 型钢经过经济化的设计,其断面力矩、断面系数、耐压力和承荷重高于同单位重量的热压延型钢。冷弯型钢是一种高效经济型材,由热冷轧钢板或钢带在常温下冷加工而成,包括 C 型钢、Z 型钢等产品。

2. 角钢

角钢的应用较广泛,一般作为钢骨架的支撑件,也可作为承重较轻的梁架。角钢的受力特点是:承受纵向压力、拉力的能力较强,承受垂直方向力和扭转力矩的能力较差。角钢有等边角钢和不等边角钢两个系列。常用的角钢产品为热轧等边角钢和热轧不等边角钢。槽钢、角钢及工字形钢的断面形状如图 2-1-6 所示。

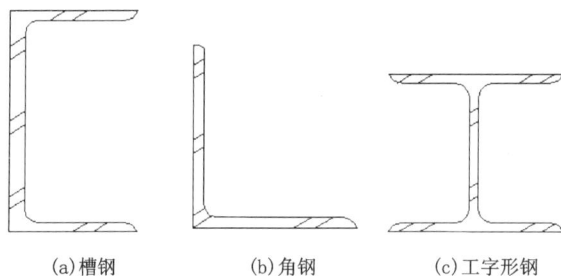

(a) 槽钢　　　　　(b) 角钢　　　　　(c) 工字形钢

图 2-1-6　槽钢、角钢及工字形钢的断面形状

【本章要点】

本章主要介绍装修基层龙骨材料,即轻钢龙骨、铝合金龙骨和木龙骨基层材料,以及型钢骨架材料。应掌握常用装修基层龙骨材料的型材、名称、型号、重量、断面基本尺寸和基本构件的用法、位置等,并根据室内装修空间、层高和使用功能来确定具体采用的型材系列。

【思考与练习】

2-1-1　轻钢龙骨的基本分类有几种?何谓主龙骨、次龙骨、上人吊顶和不上人吊顶?

2-1-2　常用吊顶轻钢龙骨和隔墙轻钢龙骨的基本名称、代号、规格、尺寸有哪些?

2-1-3　铝合金吊顶龙骨的基本特点有哪些?

2-1-4　何谓铝合金龙骨、主龙骨、边龙骨?何谓 T 形龙骨?

2-1-5　什么是明龙骨吊顶、暗龙骨吊顶和半嵌入式龙骨吊顶？

2-1-6　木龙骨在使用过程中的注意事项有哪些？

2-1-7　常用的吊顶分主龙骨、次龙骨及附件，一般设计材料间距应是多少？

2-1-8　上人吊顶和不上人吊顶龙骨骨架分别是多大规格系列型材？

第2章 室内装修硬质类材料

2.1 室内石材类装修材料

建筑室内装修石材是指在建筑上作为饰面材料的石材,包括天然装饰石材和人造装饰石材两大类。天然装饰石材不仅具有较高的强度、耐磨性、耐久性等,而且通过表面处理可获得优良的装饰效果,天然石材的主要品种有天然大理石、天然花岗岩和石灰岩。人造装饰石材是近年来发展起来的新型建筑装饰材料,主要有水磨石、人造大理石、人造花岗岩、人造微晶石等,人造石材主要应用于建筑室内装修装饰。

2.1.1 石材基本知识

1. 天然石材的形成与分类

天然石材是从天然岩石中开采出来的。建筑工程中常用岩石的造岩矿物有石英、长石、云母、方解石和白云石等,每种造岩矿物具有不同的颜色和特性。绝大多数岩石由多种造岩矿物组成,比如花岗岩是由长石、石英、云母及某些暗色矿物组成的,而白色大理石由方解石和白云石组成,通常呈现白色。由于不同的地质条件的作用,岩石的颜色、强度等性能也会有差异。各种造岩矿物在不同的地质条件下,形成不同类型的岩石。岩石通常可分为三大类:岩浆岩、沉积岩和变质岩。

2. 天然石材的主要性能

1)表观密度

表观密度大于 1800 kg/m³ 的石材为重石,主要用于建筑物的基础、墙体、地面、路面、桥梁以及水上建筑物等;表观密度小于 1800 kg/m³ 的石材为轻石,可用来砌筑保暖房屋的墙体。天然石材的表观密度与其矿物组成、孔隙率、含水率等有关。致密的石材如花岗岩、大理石等,其表观密度接近其密度,为 2500~3100 kg/m³。而孔隙率大的火山灰、浮石等,其表观密度为 500~1700 kg/m³。石材表观密度越大,结构越致密,抗压强度越高,吸水率越小,耐久性越好,导热性也越好。

2)硬度和耐磨性

凡由致密、坚硬矿物组成的石材,其硬度就高。岩石的硬度与抗压强度有很好的相关性,一般抗压强度高,硬度也大。岩石的硬度越大,其耐磨性和抗刻划性能就越好,石材的耐磨性与其组成矿物质的硬度、结构、构造特征以及石材的抗压强度和冲击韧性等有关。用于装修铺地的石材,其耐磨性要好。

2.1.2　天然装饰石材

我国建筑装饰用的天然装饰石材资源丰富,主要有天然大理石、天然花岗石和石灰石,其中大理石就有 300 多个品种,花岗石有 150 多个品种。

1.　天然大理石

天然大理石是石灰岩或白云石经过地壳高温、高压作用形成的一种变质岩,通常为层状结构,具有明显的结晶和纹理,主要矿物成分为方解石和白云石,属中硬石材。从大理石矿体开采出来的块状石料称为大理石荒料,大理石荒料经锯切、磨光等加工工序后就成为大理石装饰板材。大理石是以云南省大理市的大理城来命名的,驰名中外。

大理石的颜色变化多端,纹理错综复杂、深浅不一,光泽度也差异很大。质地纯正的大理石为白色,俗称汉白玉,是大理石中的珍品。如果大理石在变质过程中混入了其他杂质,就会出现各种色彩或斑纹,从而产生了众多的大理石品种,如丹东绿、雪浪、秋景、艾叶青、雪花、彩云、桃红、墨玉等。大理石斑斓的色彩和石材本身的质地使大理石成为古今中外的高级建筑装修材料。

1) 天然大理石的性能特点

天然大理石结构致密,抗压强度高,吸水率小,硬度不大,既具有良好的耐磨性,又易于加工,耐腐蚀、耐久性好,变形小,易于清洁。经过锯切、磨光后的板材光洁细腻,如脂如玉,纹理自然,花色品种可达上百种,装饰效果美不胜收。浅色大理石的装饰效果庄重而清雅,深色大理石的装饰效果则显得华丽而高贵。天然大理石主要有两个缺点:一是硬度较低,如用大理石铺高地面,磨光面容易损坏,其耐用年限一般在 30～80 年;二是抗风化能力较差,除个别品种(如汉白玉等)外,一般不宜用于室外装饰。这是由于空气中含有二氧化硫,二氧化硫与水反应生成亚硫酸,之后被氧化成硫酸,而大理石中的主要成分为碳酸钙,碳酸钙与硫酸反应会生成易溶于水的硫酸钙,使表面失去光泽,变得粗糙多孔而降低装饰效果。公共卫生间等经常用水冲刷和用酸性材料洗涤处,也不宜用大理石做地面材料。

大理石由于抗风化性能较差,在建筑装饰中主要用于室内饰面,如建筑物的墙面、地面、柱面、服务台面、窗台、踢脚线以及高级卫生间的洗漱台面等处,也可加工成大理石工艺品、生活用品等。此外,用大理石边角料做成"碎拼大理石"墙面或地面,格调优美、乱中有序、别有风韵。大理石边角余料可加工成规则的正方体、长方体,也可不经锯割而呈不规则的毛边碎料。碎拼大理石可用来点缀高级建筑的庭院、走廊等部位。常用大理石材线脚及连接样式如图 2-2-1 所示。

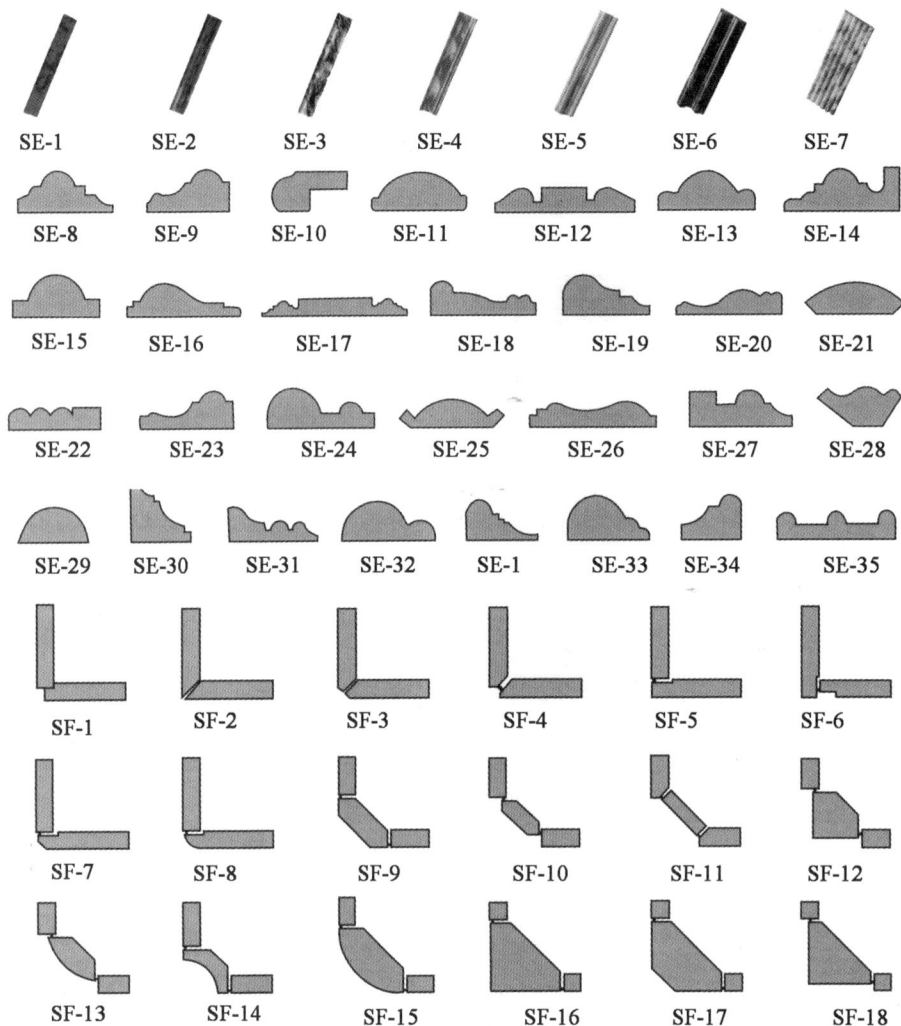

图 2-2-1　常用大理石材线脚及连接样式

2）天然大理石的规格尺寸

天然大理石板材按形状不同，分为普形板材和异形板材两大类。普形板材是指正方形或长方形板材，异形板材是指其他形状的板材。常用天然大理石板材产品规格如表 2-2-1 所示。

表 2-2-1　常用天然大理石板材产品规格

长/mm	宽/mm	厚/mm	长/mm	宽/mm	厚/mm
300	150	20	1200	900	20
300	300	20	305	152	20
400	200	20	305	305	20

长/mm	宽/mm	厚/mm	长/mm	宽/mm	厚/mm
400	400	20	610	305	20
600	300	20	610	610	20
600	600	20	915	610	20
900	600	20	1070	750	20
1 200	600	20	1220	915	20

3）天然大理石板材的质量技术要求

根据《天然大理石建筑板材》(GB/T 19766)的规定,天然大理石按照尺寸允许偏差、平面允许极限偏差、角度允许极限公差和外观缺陷要求,分为优等品(A)、一等品(B)、合格品(C)三个等级,并要求同一批板材的花纹色调应基本一致,不可以与标准板有明显差异。

2. 天然花岗石

花岗石是典型的深成岩,主要成分是石英、长石及少量云母和暗色矿物(橄榄石类、辉石类、角闪石类及黑云母等),岩质坚硬密实,属于硬石材。花岗岩构造密实,呈整体均粒状结构,花纹特征是晶粒细小,并分布着繁星般的云母黑点和闪闪发光的石英结晶。

花岗石矿体开采出来的块状石料称为花岗石荒料,花岗石装饰板材是由矿山开采出来的花岗石荒料经锯切、研磨、抛光后成为具有一定规格的装饰板材。我国花岗石资源丰富,经探明的储量达 1000 亿立方米,品种 150 多个。目前,花岗石的产地主要有北京西山,山东崂山、泰山,安徽黄山、大别山,陕西华山、秦岭,广东云浮、丰顺、连州,广西岭西,河南太行山,四川峨眉山、横断山及云南、贵州山区等。国产花岗岩较著名的品种有济南青、泉州黑、将军红、白虎涧、莱州白(青、黑、红、棕黑等)、岑溪红等。

1）天然花岗石的性能特点

天然花岗石结构致密,质地坚硬,抗压强度高,吸水率小,耐磨性、耐腐蚀性、抗冻性好,耐久性好,耐久年限可达 200 年以上,经加工后的板材呈现出各种斑点状花纹,具有良好的装饰性。

天然花岗石的缺点主要有四点:一是自重大,用于房屋建筑会增加建筑物的自重;二是硬度高,开采加工较困难;三是质脆,耐火性差(当花岗石受热温度超过 800 ℃时,花岗石中的石英晶态转变造成体积膨胀,从而导致石材爆裂,失去强度);四是某些花岗石含有微量放射性元素,对人体有害。天然石材的放射性是人们普遍关注的问题,相关检验表明:绝大多数天然石材中所含放射性物质的剂量很小,一般不会危及人体健康。但有部分花岗石产品的放射性超标,长期使用会影响人体健康,污染环境,因此有必要加以控制。天然石材中含有的放射性物质主要有镭、钍、铀等,这些放射性元素在衰变过程中生成放射性气体氡。氡气无色、无味,人不易觉察到。

根据国家标准《建筑材料放射性核素限量》(GB 6566)的规定,所有石材均应提供放射性物质检测证明,该标准将天然石材按照放射性特点的比活度分为 A 级、B 级、C 级三个等级。

A 级:比活度低,不会对人体健康造成危害,可用于一切场合。

B 级:比活度较高,用于宽敞高大的房间等通风良好的空间。

C 级:比活度很高,只能用于室外。

因此,装修时最好选用 A 级产品,而不能选用 B 级和 C 级产品。此外,在购买天然石材产品时,不要忘记索要产品的放射性检测合格证,只有认真对待石材的放射性问题,装修时所使用的天然石材才不会成为美丽的"杀手"。

花岗石主要用于建筑物室内外装饰,如室内地面、室外墙面、柱面、墙裙、楼梯等处,也可用于吧台、墙体、踏步以及桥梁、堤坝或铺筑路面、制作城市雕塑等。磨光花岗石板的装饰特点是华丽而庄重,粗面花岗石装饰板材的特点是凝重而粗犷。应根据使用场合选择不同物理性能及表面装饰效果的花岗石。

2)天然花岗石板材的规格尺寸

天然花岗石板材按形状分为普形板材(N)和异形板材(S)两种,普形板材为正方形或长方形板材,异形板材为其他形状的板材;按表面加工程度不同又分为细面板材(表面平整光滑)、镜面板材(表面平整,具有镜面光泽)和粗面板材(表面粗糙,具有较规则加工条纹的机刨板、锤击板、火烧板等)。常用天然花岗石板材产品规格如表 2-2-2 所示。

表 2-2-2　常用天然花岗石板材产品规格

长/mm	宽/mm	厚/mm	长/mm	宽/mm	厚/mm
300	300	20	305	305	20
300	400	20	610	305	20
600	300	20	610	610	20
600	600	20	915	610	20
900	600	20	1070	762	20
1070	750	20			

3)天然花岗石板材的质量技术要求

为了确保装饰效果,用于同一工程的天然花岗石板材的外观质量和花纹应基本一致,相同规格板材间的尺寸不得有明显偏差。但是,由于材质和加工水平等方面的差异,花岗石板材的外观质量有可能有较大差别,从而造成装饰效果和施工操作等方面的缺陷。因此,国家规定了天然花岗石板材的质量标准。

3. 石灰石

石灰石俗称砂岩板,属于沉积岩。在建筑装饰工程中石灰石装饰板材使用较多。石灰石板材根据表面加工形式的不同,分为毛面板和光面板两大类。毛面板由人工用工具按自然纹理劈开,表面不经修磨,利用石灰石本身固有的不同颜色,搭配混合使用时,可形成粗犷的质感、丰富的色彩,具有一定的自然风格,主要用于地面及室内墙面的装饰。光面板是一种珍贵的饰面材料,主要用于建筑墙面、柱面等部位的装饰。近年来,许多公共建筑采用石灰石板材,取得了良好的装饰效果。

4. 进口天然石材

不同的地域和不同的地质条件,会形成不同质地的岩石。进口石材因其特殊的地理形成条件,在天然纹路、质地和色泽上都与国产石材有明显区别,常见进口花岗岩、大理石的装饰性能和物理性能如表 2-2-3 所示。

表 2-2-3 常见进口花岗岩、大理石的装饰性能和物理性能

石材类型	产地	品种	装饰性能	物理性能			
				吸水率/(%)	孔隙率/(%)	热膨胀系数/(×10⁶/℃)	磨损抗力/(kg·cm³)
大理石	西班牙	象牙白	米黄色	0.65	2.26	5.80	25.15
		西班牙红	红色间有乳白色方解石脉	0.54	1.27	5.20	21.63
		希腊黑	墨绿色	0.08	0.20	4.80	22.93
	意大利	新米黄	米黄色	0.11	0.42	14.20	35.82
		木纹石	玫瑰黄色,细小的生物化石碎屑密布且呈平行状分布	5.27	11.52	5.10	5.43
	挪威	挪威红	肉红色间白色不规则条带	0.07	0.25	19.70	13.84
花岗岩	印度	蒙地卡罗蓝	中细粒浅红,似流动状相间	0.23	0.63	31.22	4.17
		将军红	杏红、杏黄色,呈片麻状	0.15	0.55	10.00	39.99
		吉利红	紫红色,较纯中粒	0.17	0.34	10.60	39.15
		印度红	浅红色,粗料,质均匀	0.08	0.34	13.10	46.20
	挪威	银珍珠	暗紫色,间有少量银白色长石	0.08	0.48	12.10	41.57
		黑珍珠	黝黑色,间有少量银白色长石	0.16	0.60	9.80	31.89
	加拿大	加拿大白	灰白色,中细料结构	0.22	0.67	11.70	70.53
	墨西哥	摩卡绿	棕色,中粗粒结构	0.09	0.69	13.4	31.08
	巴西	圣罗蓝	灰蓝色,中细粒间嵌布着粉黄色粗粒长石晶体	0.09	0.7	10.3	46.65
		蒙娜丽莎	草绿色	0.08	0.31	10.50	29.26

5. 天然装饰石材的选用原则

天然装饰石材具有良好的技术性能和装饰性,特别是在耐久性方面,是其他装饰材料所难以媲美的。因此,在永久性建筑和高档建筑装修时,经常采用天然石材作为装饰材料。但是,天然石材也具有成本高、自重大、运输不方便、部分使用性能

较差等缺陷。为了保证装饰工程的装饰效果和经济性，在选用天然石材时应考虑以下几个方面的问题。

1）经济性

从经济性方面考虑，尽量就地取材，缩短石材的运输距离，减轻劳动强度，降低产品成本。另外还要考虑一次性投资与长期维护费用、当地材料价格、施工成本等方面对装饰工程造价的影响。

2）强度与耐久性

石材的强度与其耐久性、耐磨性等性能有着密切的关系，因此应根据建筑物的重要性和建筑物所处位置的环境，选用足够强度的石材，以保证建筑物的耐久性。

3）装饰性

在装饰性方面，应注意石材的色彩、纹理、表面质感、光泽等与建筑周围环境的协调性，充分体现建筑装修的艺术美，达到理想的装饰效果。

① 石材的外观色调应基本调和，大理石要纹理清晰，花岗石的彩色斑点应分布均匀，有光泽。

② 石材的矿物颗粒越细越好，颗粒越细，石材结构越密，强度越高，越坚固。

③ 严格控制石材的尺寸公差、表面平整度、光泽度和外观缺陷等。

在工程中使用装饰石材时应注意其吸水率、自重、厚度等方面对施工质量的影响。由于天然石材吸水率很低，自重又大，在墙面装饰中难以直接黏接定位，常采用湿贴或干挂法铺贴。因此，要求石材必须达到一定厚度才能打孔。当前，世界各国采用的石材饰面板材，一般均以 20 mm 为标准厚度，以方便打孔安装。在一些发达国家和地区，为了适应高层建筑对材料轻质化的要求，还推广使用厚度为 8 mm、10 mm、11 mm 的薄型石材饰面板材。只有石材较薄且胶黏剂性能较好时才能用直接粘贴法。

2.1.3 人造装饰石材

人造装饰石材是以水泥或不饱和聚酯、树脂为胶黏剂，以天然大理石、花岗石碎料或方解石、白云石、石英砂、玻璃粉等无机矿物为骨料，加入适量的阻燃剂、稳定剂、颜料等，经过拌和、浇注、加压成型、打磨抛光以及切割等工序制成的板材。人造石材最早于 1958 年出现在美国，迄今已有 60 多年的历史。中国人造石材的起步较晚，20 世纪 70 年代末期才开始引进国外的人造石样品、技术资料及成套设备，80 年代进入发展时期，目前有些产品的质量已达到国际同类产品的水平，并成功应用于高级建筑物的装修中。天然石材虽然有着很多的优点，但资源有限，花色固定，价格昂贵。随着现代建筑业的发展，人们对装饰材料提出了轻质、高强度、品种多样化等要求，人造石材就在这样的背景下应运而生了。人造石材的花纹图案可以人为控制，胜过天然石材，而且具有质量轻、强度高、色泽均匀、耐腐蚀、耐污染、施工方便、品种多样、装饰性能好等许多优点，是一种具有良好发展前途的装饰材料。人造石材主要应用于各种室内装饰、卫生洁具等,还可加工成浮雕、雕饰品等艺术品和陈列品。

1. 人造石材

根据生产所用的材料,人造石材可分为以下四类。

① 树脂型人造石材,以不饱和聚酯、树脂为胶黏剂,将天然大理石、花岗石、方解石及其他无机填料按一定的比例配合,再加入固化剂、催化剂、颜料等,经搅拌、成型、抛光等工序加工而成。树脂型人造石材光泽好,色彩鲜艳丰富,可加工性强,装饰效果好,是目前国内外主要使用的人造石材品种。人造大理石、人造花岗石、微晶玻璃均属于此类石材。

② 水泥型人造石材,以各类水泥为胶结材料,以天然大理石、花岗石碎料等为粗骨料,砂为细骨料,经搅拌、成型、养护、磨光抛光等工序制成。若在配制过程中加入色料,便可制成彩色水泥石。水泥型人造石材取材方便、价格低廉,但装饰性较差。水磨石和各类花阶砖均属于此类石材。

③ 复合型人造石材,是指采用的胶结材料中,既采用了无机胶凝材料(如水泥),又采用了有机高分子材料(树脂)。它是先用无机胶凝材料将碎石、石粉等基料胶结成型并硬化后,再将其浸渍在有机单体中,使其在一定条件下聚合而成。对于板材,底层可采用性能稳定而价格低廉的无机材料制成,面层采用聚酯和大理石粉制作。复合型人造石材的造价较低,装饰效果好,但受温差影响后聚酯面容易产生剥落和开裂。

④ 烧结型人造石材,以长石、石英石、方解石粉和赤铁粉及部分高岭土混合,用泥浆法制坯,半压干法成型后,在窑炉中高温焙烧而成。烧结型人造石材装饰性好,性能稳定,但高温焙烧能耗大,产品破碎率高,因而造价高。

2. 人造石材应用

人造石材在建筑装饰工程中应用广泛,常见的有聚酯型人造大理石、人造花岗石、微晶石装饰板和水磨石板。

1)聚酯型人造大理石、人造花岗石

聚酯型人造大理石、人造花岗石是以不饱和聚酯树脂为胶黏剂,以天然石渣和石粉为填料,加入适量的固化剂、稳定剂、颜料等,经磨制、固化成型等工序制成的一种人造石材,统称为聚酯型人造石。

① 聚酯型人造石和天然石材相比,表观密度小且强度高。

聚酯型人造石的特点如下。

a. 装饰性好。聚酯型人造石的装饰图案、花纹、色彩可根据需要人为地控制,厂商可根据市场需求生产出具有各式各样的颜色及图案组合的聚酯型人造石,这是天然石材所不及的。另外,聚酯型人造石的仿真性好,完全可以达到天然石材的装饰效果。

b. 强度高,耐磨性好。聚酯型人造石的强度高,可以制成薄板(多数为 12 mm 厚),规格尺寸最大可达 1200 mm×300 mm。同时,硬度较高,耐磨性较好。

c. 耐磨蚀性、耐污染性好。由于聚酯型人造石采用不饱和聚酯为胶凝材料,因而具有良好的耐磨蚀性和耐污染性。

d. 生产工艺简单,可加工性好。聚酯型人造石生产工艺及设备简单,可根据要求生产出各种形状、尺寸和光泽的制品,且制品较天然石材易于切割、钻孔。

e. 耐热性、耐酸性较差。因不饱和聚酯树脂的耐热性较差,故产品的使用温度不宜过高,一般不高于 200 ℃。此外,树脂在大气中光、热、电的作用下会发生老化,使产品表面逐渐失去光泽,出现变暗、翘曲等质量问题,降低装饰效果,故聚酯型人造石一般应用于室内。

② 聚酯型人造石的种类与用途。由于生产时采用的天然石料的种类、粒度和纯度不同,加入的颜料不同以及加工工艺不同,所制成的人造石的花纹、图案、色彩和质感也不同,通常可以仿制成天然大理石、花岗石或玛瑙石、玉石等的装饰效果,故称为人造大理石、人造花岗石、人造玛瑙石、人造玉石等。其中,人造玉石色泽透明,可仿造出彩翠、紫晶、芙蓉石等名贵玉石产品,甚至可以达到以假乱真的程度。聚酯型人造石的常见品种及规格如表 2-2-4 所示。

表 2-2-4　聚酯型人造石的常见品种和规格

品　种	品　名	规格/mm			备　注
		长	宽	厚	
人造大理石	红五花石	450	450	8～10	种类规格较多,花色特征均模仿天然大理石
	蔚蓝雪花	800	800	15～20	
	絮状墨壁	600	600	10～12	
	栖霞深绿	700	700	12～15	
人造花岗石	奶白、麻花、彩云、贵妃红、锦黑	1730	890	12	图案与色彩多种多样
人造玉石	白云紫	400	400	10	白色
	天蓝红	400	400	10	蓝红色
	芙蓉石	400	400	10	粉红色
	黑白玉质板	400	400	10	黑白花纹
	山田玉硬板	400	400	10	黑白花纹
	碧玉黑金星板	400	400	10	绿色带金星

人造大理石和人造花岗石可用作室内墙面、柱面、壁画、建筑浮雕等处装饰,也可用于制作卫生洁具,如浴缸、洗面盆、坐便器等。人造玛瑙石和人造玉石还可用于制作工艺壁画、浮雕装饰、立体雕塑等各种工艺品。人造大理石外貌与天然大理石极为相似,堪称独特,但价格昂贵。目前,北京、天津、江苏、青岛和广东等地均有生产聚酯型人造石的厂家。

2) 微晶石装饰板

微晶石装饰板是以石英砂、石灰石、萤石、工业废渣为原料,在助剂的作用下高温熔融形成微小的玻璃结晶体,再按要求经高温晶化处理后磨制而成的仿石材料。微晶石可以是晶莹剔透的,类似无色水晶的外观,也可以是五彩斑斓的,后者经切割和表面加工后,可呈现出大理石或花岗石的表面花纹,具有良好的装饰性。微晶石装饰板是应用高温晶化技术而得到的多晶体,其特点是结构密实、强度高、耐磨、耐腐蚀,外观上纹理清晰、色泽鲜艳、无色差。微晶石装饰板除了比天然石材具有更高的强度、耐腐蚀性外,还具有吸水率小、无放射性污染、颜色可调整、规格大小可控制等优点。微晶石装饰板作为新型高档装饰材料,已逐步代替天然花岗石,用于墙面、地面、柱面、楼梯、踏步等处装饰。

3) 水磨石板

水磨石板是以水泥为胶结材料,大理石渣为主要骨架,经成型、养护、研磨、抛光等工序制成的一种建筑装饰用人造石材。一般预制水磨石板是以普通水泥混凝土为底层,以添加颜料的白水泥和彩色水泥与各种大理石渣拌制的混凝土为面层组成的。

水磨石板的特点和用途:水磨石板具有美观大方、强度高、坚固耐用、花色品种多、使用范围广、施工方便等特点,其花纹图案可以根据具体环境的需要任意配制,并可以在施工时拼铺成各种不同的图案。水磨石板广泛应用于建筑物的地面、墙面、柱面、窗台、踢脚线、台面、楼梯踏步等处,还可制成桌面、水池、假山盘、花盆等。

水磨石板的质量技术要求包括规格尺寸允许偏差、外观质量缺陷和物理性能。物理性能包括光泽、强度、吸水率等。对于抛光水磨石的光泽度,优等品不得低于45.0 光泽单位,一等品不得低于 35.0 光泽单位,合格品不得低于 25.0 光泽单位;水磨石的吸水率不得大于 8.0;抗折强度平均值不得低于 5.0 MPa,且单块的最小值不得低于 4.0 MPa。

2.2　室内金属类装修材料

2.2.1　装修用钢材

钢材的缺点是易锈蚀,耐火性差,维修费用高。钢材在建筑中不仅可作为结构材料,如钢筋混凝土中的钢筋、钢结构中的各类型钢等,而且可用作装饰材料,如各类装饰钢板、轻钢龙骨等。

1. 钢材的基本分类

① 按化学成分分类:分为碳素钢与合金钢。

② 按冶炼方法不同分类:分为平炉钢、转炉钢和电炉钢。

③ 按冶炼时脱氧程度不同分类:分为镇静钢、沸腾钢、半镇静钢。

④ 按品质(硫、磷杂质含量)不同分类:分为普通钢、优质钢、高级优质钢。

⑤ 按用途分类:分为结构钢(主要用于工程构件及机械零件)、工具钢(主要用于各种刀具、量具及磨具)、特殊性能钢(具有特殊物理、化学或力学性能,如不锈钢、耐热钢、耐磨钢等)。

2. 装修用钢材制品

建筑装修工程中常用的钢材制品有不锈钢及其制品、彩色涂层钢板、压型钢板、彩色复合钢板和轻钢龙骨等。

1）不锈钢及其制品

普通钢材容易锈蚀，锈蚀不仅会使钢材有效截面面积减小，降低钢材强度、塑性、韧性等性能，而且会形成不同程度的锈坑、锈斑，严重影响装饰效果。钢材的锈蚀有两种，一是化学锈蚀，即在常温下钢材表面受氧化生成氧化膜层而锈蚀；二是电化学锈蚀，这是因钢材在较潮湿的空气中，表面发生"微电池"作用而产生的锈蚀。钢材在大气中的锈蚀，是化学锈蚀和电化学锈蚀共同作用所致，但以电化学锈蚀为主。

不锈钢除了具有普通钢材的性质外，还具有极好的抗腐蚀性和表面光泽度。不锈钢表面经加工后，可获得镜面般光亮平滑的效果，光反射比可达 90% 以上，具有良好的装饰性，是极富现代气息的装饰材料。

不锈钢可制成板材、型材和管材等，其中在装饰工程中应用最多的为板材，一般均为薄板，厚度不超过 2 mm。常用不锈钢板的规格如表 2-2-5 所示。不锈钢板可用于室内入口、大厅的墙、柱面、电梯门及门贴脸，以及各种装饰压条、隔墙、幕墙等；不锈钢管可制成栏杆、扶手、隔离栅栏和旗杆等；不锈钢型材可用于制作柜台、各种压边等。不锈钢龙骨光洁、明亮，具有较强的抗风压能力和安全性，主要用于高层建筑的玻璃幕墙中，由于镜面反射作用，可取得与周围环境中的色彩、景物交相辉映的效果。同时，在灯光的配合下，还可形成晶莹明亮的高光部分，形成空间环境中的兴趣中心，对空间环境的效果起到强化、点缀和烘托的作用。

表 2-2-5　常用不锈钢板的规格

钢板厚度/mm	钢板宽度/mm									备注
	500	600	700	750	800	850	900	950	1000	
	钢板长度/mm									
0.35、0.4、0.45		1200		1000						
0.5	1000	1500	1000	1500	1500		1500	1500		
0.55、0.6	1500	1800	1420	1800	1600	1700	1800	1900	1500	
0.7、0.75	2000	2000	2000	2000	2000	2000	2000	2000	2000	
0.8				1500	1500	1500	1500			热轧钢板
0.9	1000	1200	1400	1800	1800	1700	1800	1900	1500	
	1500	1420	2000	2000	2000	2000	2000	2000	2000	
1.0、1.1				1000			1000			
1.2、1.25、1.4、1.5	1000	1200	1000	1500	1500	1500	1500	1500		
1.6、1.8	1500	1420	1420	1800	1600	1700	1800	1900	1500	
	2000	2000	2000	2000	2000	2000	2000	2000	2000	

续表

钢板厚度/mm	钢板宽度/mm									备注
	500	600	700	750	800	850	900	950	1000	
	钢板长度/mm									
0.2、0.25		1 200	1 420	1 500	1 500	1 500				
0.3、0.4	1 000	1 800	1 800	1 800	1 800	1 800	1 500		1 500	
		2 000	2 000	2 000	2 000	2 000	2 000		2 000	
0.5、0.55		1 200	1 500	1 500	1 500	1 500				
0.6	1 000	1 800	1 800	1 800	1 800	1 800	1 500		1 500	
	1 500	2 000	2 000	2 000	2 000	2 000	2 000		2 000	
0.7		1 200	1 420	1 500	1 500	1 500				冷轧钢板
0.75	1 000	1 800	1 800	1 800	1 800	1 800	1 500		1 500	
	1 500	2 000	2 000	2 000	2 000	2 000	1 800		2 000	
0.8		1 200	1 420	1 500	1 500	1 500				
0.9	1 000	1 800	1 800	1 800	1 800	1 800	1 500		1 500	
	1 500	2 000	2 000	2 000	2 000	2 000	2 000		2 000	
1.0、1.1、1.2、1.4	1 000	1 200	1 420	1 500	1 500	1 500				
1.5、1.6	1 500	1 800	1 800	1 800	1 800	1 800	1 800			
1.8、2.0	2 000	2 000	2 000	2 000	2 000	2 000	2 000		2 000	

彩色不锈钢板是在不锈钢板上用化学镀膜的方法进行着色处理,使其表面具有各种绚丽色彩的不锈钢装饰板。彩色不锈钢板有蓝、灰、紫、红、青、绿、金黄、橙、茶色等多种颜色。彩色不锈钢板抗腐蚀性强,彩色面层经久不褪色,光泽度高,且随光照角度的改变会产生色调变幻。

彩色面层能耐 200 ℃的高温,弯曲 180°彩色面层不会损坏,耐腐蚀性超过一般不锈钢,耐磨性和耐刻性能相当于箔层镀金。彩色不锈钢板可用作高级建筑室内的厅堂墙板、天花板、电梯轿厢板、车厢板、自动门、招牌和建筑装饰等。采用彩色不锈钢板装饰墙面,不仅坚固耐用、美观新颖,而且具有很强的时代感。

2) 彩色涂层钢板

彩色涂层钢板又称彩色钢板,是以冷轧钢板或镀锌钢板为基板,在基板表面进行化学预处理和涂漆等工艺处理后,使基板表面覆盖一层或多层高性能的涂层后而制得的。彩色涂层钢板的涂层一般分为有机涂层、无机涂层和复合涂层三类,其中以有机涂层钢板用得最多,发展最快。常用的有机涂层有聚氯乙烯、聚丙烯酸酯、环氧树脂等。有机涂层可以配制各种不同色彩和花纹,故称为彩色涂层钢板。

彩色涂层钢板的长度一般为 1800 mm 和 2000 mm,宽度为 450 mm、500 mm 和 1000 mm,厚度有 0.35 mm、0.4 mm、0.5 mm、0.6 mm、0.7 mm、0.8 mm、1.0 mm、1.5 mm 等多种,彩色涂层钢板兼有钢板和表面涂层两者的性能,在保持钢板刚度的基础上,增加了防锈蚀性能。

彩色涂层钢板具有良好的耐锈蚀性和装饰性,涂层附着力强,可长期保持新鲜的颜色,并且具有良好的耐污染、耐高低温、耐沸水浸泡性,绝缘性好,加工性能好,可切割、弯曲、钻孔、铆接、卷边等。彩色涂层钢板可用作建筑物内外墙板、吊顶、屋面板、护壁板、门面招牌的底板等,还可用作防水渗透板、排气管、通风管、耐腐蚀管道、电器设备罩、汽车外壳等。用于建筑物的围护结构(如外墙板和屋面板)时,往往与岩棉板、聚苯乙烯泡沫板等保温隔热材料制成复合板材,从而达到保温隔热的要求和良好的装饰效果,其保温隔热性能要优于普通砖墙。

3)压型钢板

压型钢板是使用冷轧板、镀锌板、彩色涂层板等不同类型的薄钢板,经辊压、冷弯而成。压型钢板的截面可呈 V 形、U 形、梯形或波浪形。

常用压型钢板的厚度为 0.5 mm、0.6 mm。压型钢板波距的模数为 50～300 mm (但也有例外);波高为 21～173 mm;有效覆盖宽度的尺寸系列为 300～1000 mm(但也有例外)。压型钢板(XY)的型号以波高、波距、有效覆盖宽度表示,如 YX35-200-750 表示波高为 35 mm、波距为 200 mm、有效覆盖宽度为 750 mm 的压型钢板。压型钢板具有质量轻、波纹平直坚挺、色彩丰富多样、造型美观大方、耐久性好、抗震性及抗变形性好、加工简单和施工方便等特点,广泛应用于各类建筑物的内外隔墙墙面、吊顶、屋面,以及轻质夹芯板材的面板装饰等。

几种典型压型钢板的板型如图 2-2-2 所示。

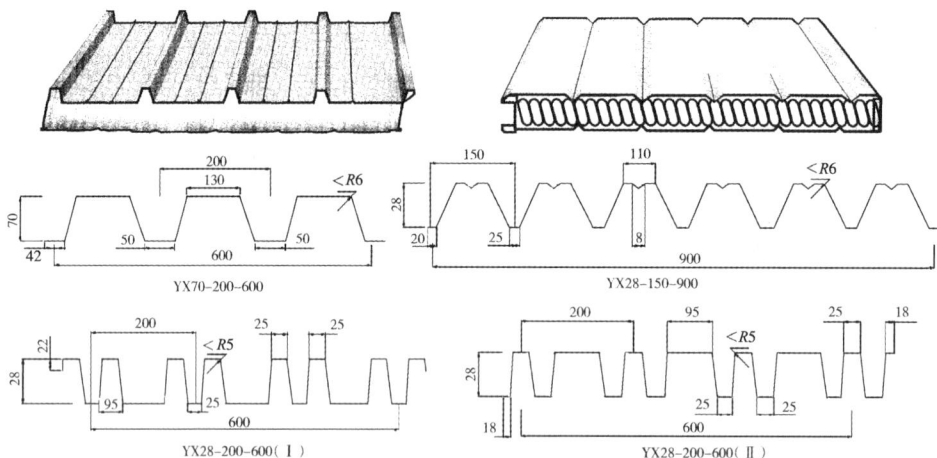

图 2-2-2　几种典型压型钢板的板型

2.2.2　铝合金材料

1. 铝合金的基本知识

铝及铝合金以其特有的结构和独特的装饰效果,广泛应用于建筑结构及室内装修装饰工程中,是其他装饰材料无法取代的。在铝中加入合金元素后,既保持了铝质量轻的特性，又使力学性能大大提高（屈服强度可达 $210\sim500$ MPa，抗拉强度可达 $380\sim550$ MPa），因而提高了使用价值，使其不仅可用于建筑装饰，还可用于结构方面。例如，美国已用铝合金建造了宽度为 66 m 的飞机库，其全部建筑物的质量仅为钢结构的 1/7；日本建造了硕大无比的铝合金异形屋顶，轻巧新颖。

铝合金在建筑装饰方面主要用于制作装饰板、门窗、框架幕墙、屋架、吊顶、隔断、柜台、栏杆扶手以及其他室内装饰等。我国铝合金门窗发展较快，目前已有平开门窗、推拉门窗、弹簧门等几十种产品，是所有门窗中用量最大的一种。

铝合金与碳素钢相比，强度为钢的几倍，弹性模量约为钢的 1/3，线膨胀系数约为钢的 2 倍。铝合金由于弹性模量小，因此刚度和承受弯曲变形的能力较小，但由温度变化引起的内应力也较小。铝合金的主要缺点是弹性模量小、热膨胀系数大、耐热性低，焊接需采用惰性气体保护等焊接新技术。

2. 铝合金制品

建筑室内装修常用的铝合金制品有铝合金装饰板、铝合金门窗、铝合金型材、铝箔、铝粉以及铝合金吊顶龙骨等。

1）铝合金装饰板

铝合金装饰板属于现代较为流行的建筑装饰材料，具有质量轻、不易燃烧、强度高、刚度好、经久耐用、易加工、表面形状多样、色彩丰富、防腐蚀、防火、防潮等优点，有光面、花纹面、波纹面等及压型等，适用于公共建筑的内、外墙面和柱面。在商业建筑中，入口处的门脸、柱面、招牌的衬底使用铝合金装饰板时，更能体现建筑物的风格，吸引顾客注目。铝合金装饰板的应用特点是：进行墙面装饰时，在适当部位采用铝合金装饰板，与玻璃幕墙或大玻璃窗配合使用，可使易碰、形状复杂的部位得以顺利过渡，且达到突出建筑物流畅线条的视觉效果。

① 铝合金花纹板是采用防锈铝合金坯料，用具有一定花纹的轧辊制成的一种铝合金装饰板。铝合金花纹板具有花纹美观大方，筋高适中，防滑、防腐蚀性能好，不易磨损，便于清洗等特点，且板材平整、裁剪尺寸精确、便于安装，广泛应用于现代建筑的墙面装饰以及楼梯踏步等处。

另外，铝合金浅花纹板也是优良的建筑装饰材料之一，它对白光反射率达 75%～90%，热反射率达 85%～95%。除具有普通铝合金共有的优点外，刚度提高 20%，抗污垢、抗划伤能力均有所提高。铝合金浅花纹板色泽丰富、花纹精巧别致，是中国特有的建筑装饰产品。

② 铝合金波纹板是由机械轧辊将板材轧成一定的波形后制成的。铝合金波纹板自重轻，有银白色等多种颜色，既有一定的装饰效果，也有很强的反射阳光的能力。它能防火、防潮、耐腐蚀，在建筑中可使用 20 年以上，即使是拆卸下来的波纹板仍可重复使用。波纹板适用于建筑物墙面和屋面的装饰。屋面装饰板材一般用强度高、耐腐蚀性能好的防锈铝制成，墙面装饰板材可用防锈铝或纯铝制作。

③ 铝合金压型板质量轻、外形美观、耐腐蚀、耐久性好、安装容易、施工简单，经

表面处理可以得到多种颜色,是目前广泛应用的一种新型建筑装饰材料,主要用于墙面和屋面。部分铝合金压型板的断面形状和尺寸如图 2-2-3 所示。

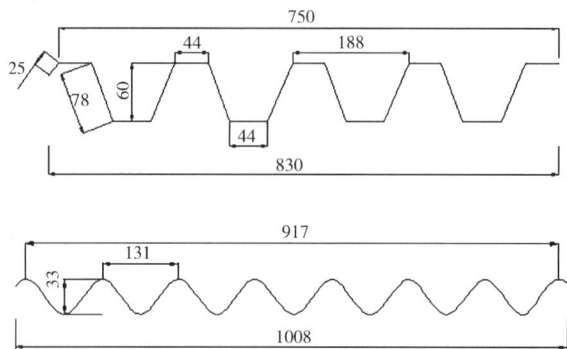

图 2-2-3　部分铝合金压型板的断面形状和尺寸

④ 铝合金穿孔板是用各种铝合金平板经机械穿孔而成的。其孔径为 6 mm,孔距为 10～14 mm,孔型根据需要做成圆孔、方孔、长圆孔、长方孔、三角孔、大小组合孔等。铝合金穿孔板既突出了板材质轻、耐高温、耐腐蚀、防火、防震、化学稳定性好等特点,又可以将孔型处理成一定图案,立体感强、装饰效果好。同时,内部放置吸声材料后可以解决建筑中噪声的问题,是一种兼有降噪、装饰双重功能的理想材料。铝合金穿孔板可用于宾馆、饭店、影剧院、播音室等公共建筑和高级民用建筑中,以改善音质条件,也可用于各类噪声大的车间、厂房和计算机房等的天棚或墙壁,作为降噪材料。铝合金穿孔板的规格与性能如表 2-2-6 所示。

表 2-2-6　铝合金穿孔板的规格与性能

产 品 名 称	性能和特点	规格/(mm×mm×mm)
穿孔平面式吸声板	材质:防锈铝(LF21);板厚:1 mm;孔径:6 mm;孔距:10 mm;降噪系数:1.16;工程使用降噪效果:4～8 dB;厚度:75 mm	495×495×(50～100)
穿孔块体式吸声板	材质:防锈铝(LF21);板厚:1 mm;孔径:6 mm;孔距:10 mm;降噪系数:2.17;工程使用降噪效果:4～8 dB;厚度:75 mm	750×500×100
铝合金穿孔压花吸声板	材质:电化铝板,板厚:0.8～1 mm;孔径:6～8 mm;穿孔率:1%～5%、20%～28%;工程使用降噪效果:4～8 dB	500×500×0.5、500×500×0.8,可根据用户要求加工
吸声吊顶、墙面穿孔护面板	材质、规格、穿孔率可根据需要任选,孔型有圆孔、方孔、长圆孔、长方孔、三角孔、菱形孔、大小组合孔等	

⑤ 铝塑板是一种复合材料,它是将用氯化乙烯处理过的铝片用胶黏剂覆贴到聚乙烯板上制成的。按铝片覆贴位置不同,铝塑板有单层板和双层板之分。

铝塑板的耐腐蚀性、耐污染性和耐候性较好,可制成多种颜色,装饰效果好,施工时可弯折、切割,加工灵活方便。与铝合金板材相比,它具有质量轻、造价低、施工简便等优点。铝塑板可用作建筑物的内外饰面、门面及广告牌等处的装饰。

2) 铝合金门窗

铝合金门窗是将表面处理过的铝合金型材,经下料、打孔、铣槽、攻丝、制作等加工工序而制成的门窗框料构件,再用连接件、密封材料和开闭五金配件一起组合装配而成的。铝合金门窗虽然价格较贵,但它的性能好,长期维修费用低,且有美观、节约能源的特点,因此得到广泛应用。另外,还可用高强度铝合金制成装饰性极好的高档防盗铝合金门窗。

铝合金门窗按其结构与开启方式分为推拉门窗、平开门窗、固定窗、悬挂窗、百叶窗、纱窗等,其中以推拉门窗、平开门窗用得最多。按其门窗框的宽度分为 46 系列、50 系列、65 系列、70 系列和 90 系列推拉窗;70 系列、90 系列推拉门;38 系列、50 系列平开窗;70 系列、100 系列平开门等。图 2-2-4 为 90 系列铝合金推拉窗的结构组成。

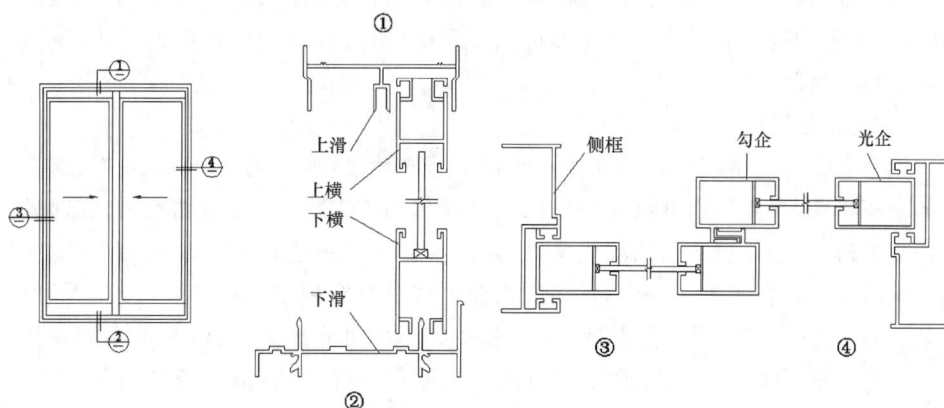

图 2-2-4　90 系列铝合金推拉窗的结构组成

① 铝合金门窗与普通木门窗、钢门窗相比,具有以下主要特点。

a.质量轻。铝合金门窗用材省、质量轻,每平方米用铝型材量平均为 8～12 kg,而每平方米钢门窗用钢量平均为 17～20 kg。

b.密封性能好。铝合金门窗气密性、水密性、隔声性、保温隔热性均好。

c.色泽美观。铝合金门窗框料型材表面可氧化着色处理,可着成银白色、古铜色、暗红色、暗灰色、茶色等多种颜色或带色的花纹,还可涂聚丙烯酸树脂装饰膜使表面光亮。

d.耐腐蚀,使用维修方便。铝合金门窗不锈蚀、不褪色,表面不需要涂漆,维修费用少。

e.强度高,刚度好,坚固耐用。

f.加工方便,便于工业化生产。铝合金门窗的加工、制作、装配都可在工厂进行,有利于实现产品设计标准化、系列化,零件通用化,产品商品化。

② 随着铝合金门窗的迅速发展,我国已颁布了一系列有关铝合金门窗的国家标准,主要有《铝合金门窗》(GB/T 8478)。

目前,我国应用最广泛的是平开铝合金门窗和推拉铝合金门窗。铝合金门窗产品的主要品种与代号如表 2-2-7 所示。

表 2-2-7 铝合金门窗产品的主要品种与代号

产品名称	平开铝合金窗		平开铝合金门		推拉铝合金窗		推拉铝合金门	
	不带纱窗	带纱窗	不带纱窗	带纱窗	不带纱窗	带纱窗	不带纱窗	带纱窗
代号	PLC	APLC	PLM	SPLM	TLC	ATLC	TLM	STLM
产品名称	滑轴平开窗		固定窗	上悬窗	中悬窗	下悬窗	立转窗	
代号	HPLC		GLC		CLC	XLC	LLC	

铝合金门窗按抗压强度、空气渗透和雨水渗透性分为 A、B、C 三类,分别表示高性能、中性能和低性能。每一类又按抗风压强度、空气渗透和雨水渗透分为优等品、一等品和合格品。

3) 铝合金型材

铝合金型材是将铝合金锭坯按需要长度锯成坯段,加热到 400～450 ℃,送入专门的挤压机中,连续挤出型材。挤出的型材冷却到常温后,切去两端斜头,在时效处理炉内进行人工时效处理,消除内应力,经检验合格后再进行表面氧化和着色处理,最后形成成品。在装饰工程中,常用的铝合金型材有窗用型材(46 系列、50 系列、65 系列、70 系列和 90 系列推拉窗型材;38 系列、50 系列平开窗型材;其他系列窗用型材)、门用型材(推拉门型材、地弹门型材等)、柜台型材、幕墙型材(120 系列、140 系列、150 系列、180 系列隐框或明框龙骨型材)、通用型材等。图 2-2-5 为 90 系列铝合金推拉窗的型材断面。

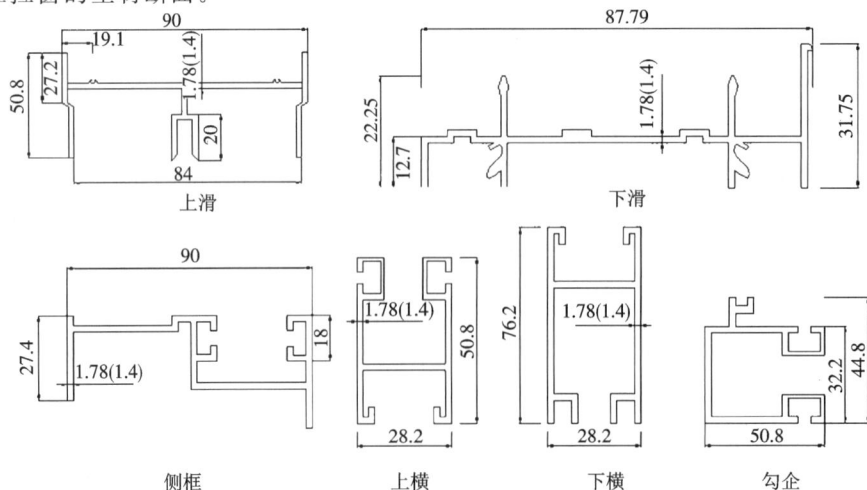

图 2-2-5 90 系列铝合金推拉窗的型材断面

铝合金型材的断面形状及尺寸是根据型材的使用特点、用途、构造及受力等因素决定的,用户应根据装饰工程的具体情况进行选用。对于结构用铝合金型材,一定要经力学计算后才能选用。

另外,铝合金还可压制成五金零件(如把手、铰锁)、标志、商标、提把、嵌条、包角等装饰制品,既美观、金属感强,又耐久不易腐蚀。

4) 铝箔和铝粉

铝箔是用纯铝合金加工成 $6.3 \sim 200\ \mu m$ 的薄片制品。铝箔具有良好的防潮、绝热性能,在建筑装修工程中可作为多功能保温隔热材料和防潮材料来使用。常用的铝箔制品有铝箔波形板、铝箔泡沫塑料板、铝箔牛皮纸、铝箔布等。铝粉(俗称"银粉")是以纯铝箔加入少量润滑剂,经捣击压碎成为极细的鳞状粉末,再经抛光而成。铝粉质轻、漂浮力强、遮盖力强,对光和热的反射性能均很高;经适当处理后,也可变成不浮性铝粉。铝粉主要用于油漆和油墨印刷工业。

2.2.3　铜合金材料

铜是中国历史上应用较早、用途较广的一种有色金属。铜是一种容易精炼的金属材料,铜和铜合金最初是用于制造武器而发展起来的,也可以用于制造生活用品。铜是继石材、木材等天然材料之后出现的一种古老的建筑材料。据说在古罗马时代,铜曾被用作建筑材料,制成铜合金管道用于水道工程。铜在现代建筑中,也被广泛应用于建筑装饰及各种零部件中。

1. 铜的特性与应用

在古建筑中,铜既是一种建筑材料,又是一种良好的导电材料。铜材是一种高档的装饰材料,多用于宫廷、寺庙、纪念性建筑以及商店铜字招牌等。但纯铜强度低,不宜直接作为结构材料。在现代建筑中,铜材仍是集古朴与华贵于一身的高级装饰材料,可用于高级宾馆、饭店、商厦等建筑中的柱面、楼梯扶手、栏杆、防滑条等,使建筑显得光彩耀目、美观雅致、光亮耐久,并能烘托出华丽、高雅的氛围。

2. 铜合金的应用

纯铜由于强度不高,且价格较贵,因此在建筑工程中更广泛使用的是在铜中掺入锌、锡等元素形成的铜合金。铜合金既保持了铜的良好塑性和高抗腐蚀性,又改善了纯铜的强度、硬度等力学性能。建筑工程中常用的铜合金有黄铜(铜锌合金)和青铜(铜锡合金)。

1) 黄铜

以锌为主要合金元素的铜合金称为黄铜。黄铜分为普通黄铜和特殊黄铜。铜中只加入锌元素时,称为普通黄铜。普通黄铜不仅具有良好的力学性能、耐腐蚀性和延展性能,还易于加工成各种建筑五金、装饰制品、水暖器材等,而且价格比铜便宜。为了进一步改善普通黄铜的力学性能和提高耐腐蚀性能,可再加入铅、锰、铝、锡等合金元素制成特殊黄铜,如加入铅可改善普通黄铜的切削加工性并提高耐磨性，加入铝可提高强度、硬度、耐腐蚀性能等。特殊黄铜可用于要求高强度和耐腐蚀性的部位、铸件和锻件。

2）青铜

以锡为主要合金元素的铜合金称为青铜。青铜有锡青铜和铝青铜两种，锡青铜中锡的质量百分比在 30％ 以下，它的抗拉强度以锡的质量百分比在 15％～20％ 之间为最大，而伸长率以锡的质量百分比在 10％ 以内比较大，超过这个限度，就会急剧变小。铝青铜耐腐蚀性好，经过加工的材料，强度接近于一般碳素钢，在大气中不变色，即使加热到高温也不会氧化，这是由于合金中铝经氧化形成致密的薄膜。铝青铜可用于制造钢丝、棒、管、弹簧和螺栓等。

3. 铜合金制品

用铜合金制成的各种合金板材（如压型板）可用于建筑物的内墙面装饰，使室内金碧辉煌、光彩夺目。铜合金还可制成五金配件、铜门、铜栏杆、铜嵌条、防滑条、雕花铜柱和铜雕壁画等，广泛应用于建筑装饰工程中。铜合金的另一应用是制成铜粉，铜粉俗称"金粉"，是一种由铜合金制成的金色颜料，主要成分为铜及少量的锌、铝、锡等金属。铜粉常用来调制装饰涂料，代替"贴金"。

用铜合金制成的产品表面往往光亮如镜、气度非凡，有高雅华贵的感觉。在古代，人们认为以铜或金来装饰的建筑是高贵和权势的象征，中国盛唐时期的宫殿建筑就多以金、铜来装饰。在现代建筑中，铜制产品主要用于高档场所的装修，如宾馆、饭店、高档写字楼和银行等场所。例如，在显耀的厅门上配以铜质的把手、门锁；变幻莫测的螺旋式楼梯扶手栏杆选用铜质管材，踏步上附有铜质防滑条；浴缸龙头、坐便器开关、沐浴器配件、灯具、家具采用制作精致、色泽光亮的铜合金等，无疑会在原有华贵的氛围中增添装饰的艺术性，使其装饰效果得以淋漓尽致地发挥。

由于铜制品的表面易受空气中的有害物质的腐蚀，为提高其抗腐蚀能力和耐久性，可在铜制品的表面用镀钛合金等方法进行处理，从而极大地提高其光泽度，增加铜制品的使用寿命。

2.3 室内陶瓷类装修材料

2.3.1 陶瓷基本知识

1. 陶瓷的概念

对陶瓷的传统定义是：使用黏土类及其他天然矿物（瓷土粉）等为原料，经过粉碎加工、成型、煅烧等过程而得到的产品。很多新的陶瓷品种，如氧化物陶瓷、压电陶瓷等，它们还是按照传统的生产工艺过程制成，所不同的只是采用了现代化的制造设备。因此，现代陶瓷通常是指采用传统陶瓷生产方法制成的无机多晶产品。

2. 陶瓷的分类

陶瓷是陶器、炻器和瓷器的总称。炻器是介于陶器与瓷器之间的一类产品,也可称为半瓷、石胎瓷等。三类陶瓷的原料和制品性能的变化是连续和相互交错的,很难有明确的区分界限。从陶器、炻器到瓷器,其原料从粗到精,烧成温度由低到高,坯体结构由多孔到致密。

1) 陶器

陶器通常有一定的吸水率,为多孔结构,断面粗糙无光,不透明,敲之声音暗哑,有的无釉,有的施釉。陶器主要以陶土、砂土为原料配以少量的瓷土或熟料等,经1000 ℃左右的温度烧制而成。陶器可分为粗陶和精陶两种。

2) 炻器

炻器结构比陶器致密,略低于瓷器,一般吸水率较小,其坯体多数带有颜色而且呈半透明。炻器按其坯体的致密性、均匀性以及粗糙程度分为粗炻器和细炻器两大类。建筑装饰上用的外墙砖、地砖以及耐酸化工陶瓷均属于粗炻器。日用炻器和工艺陈设品属于细炻器。江苏宜兴紫砂陶就是一种不施釉的有色细炻器。细炻器品与陶器、瓷器相比,在一些性能上具有一定的优势。它比陶器强度高、吸水率低,比瓷器热稳定性好、成本低。此外,炻器的生产原料较广泛,对原料杂质的控制不需要像瓷器那样严格,因此在建筑工程中得以广泛应用。

3) 瓷器

瓷器是以粉碎的岩石粉(如瓷土粉、长石粉、石英粉等)为主要原料,经1300～1400 ℃高温烧制而成。其结构致密,吸水率极小,色彩洁白,具有一定的半透明性,其表面施有釉层。瓷器按其原料的化学成分与加工工艺的不同,也分为粗瓷和细瓷两种。

3. 陶瓷的主要生产原料

陶瓷坯体的主要原料有可塑性原料、瘠性原料、熔剂性原料三大类。面层釉料有食盐釉、滑石釉、混合釉。另外,釉按照烧成温度可分为易熔釉(1100 ℃以下)、中温釉(1100～1300 ℃)和高温釉(1300 ℃以上);按照制备方法可分为生料釉、熔块釉;按照外表特征可分为光亮釉、乳浊釉、沙金釉、碎纹釉、珠光釉、花釉、流动釉、有色釉、透明釉、无光釉、结晶釉等。

4. 陶瓷的表面装饰

陶瓷制品越来越趋于向装饰材料的方向发展,其表面装饰效果的好坏,直接影响到产品的使用价值。陶瓷的表面装饰能够大大提高成品的外观效果,同时很多装饰手段对成品也有保护的作用,从而有效地把产品的实用性和艺术性有机地结合起来,使之成为一种能够广泛应用的优良陶瓷产品。

陶瓷制品的装饰方法有很多种,较为常见的是施釉、彩绘和用贵金属装饰。

① 施釉时使用不同的釉料,会产生不同颜色和装饰效果的面层。

② 陶瓷彩绘可分为釉下彩绘和釉上彩绘两种。

a. 釉下彩绘是在生坯上进行手工彩绘,然后喷涂上一层透明釉料,再经釉烧而成。人们越来越重视手工制作的精致性、独特性以及手工产品中体现的匠人们的审美情趣和优秀的传统文化,中国传统的青花瓷器、釉里红以及釉下五彩等都是名贵的釉下彩绘制品,深受海内外人们的喜爱。

b. 釉上彩绘是在已经釉烧的陶瓷釉面上,使用低温彩料进行彩绘,再在 600~900 ℃的温度下经彩烧而成。现在广泛采用釉上贴花、刷花、喷花和堆金等方法,其中"贴花"是釉上彩绘中应用最广泛的一种方法。使用先进的贴花技术,采用塑料薄膜贴花纸,用清水就可以把彩料转移至陶瓷制品的釉面上。

③ 贵金属装饰。

对于高级、贵重的陶瓷制品,常常采用金、铂、钯、银等贵金属对陶瓷进行装饰加工,这种陶瓷表面装饰方法被称为贵金属装饰。其中最为常见的是以黄金为原料进行表面装饰,如金边、图画描金装饰方法等。

饰金装饰所使用的材料基本上有金水(液态金)与金粉两种。金材装饰陶瓷的方法有亮金、磨光金和腐蚀金等多种。亮金在饰金装饰中应用最为广泛。它采用金水为着色材料,在适当温度下彩烧后,直接获得光彩夺目的金属层。亮金所使用的金水含金量必须严格控制在 10%~12%以内,否则金层容易脱落,并造成耐热性的降低。贵金属装饰的瓷器,成本高昂,做工精美,制品雍容华贵、光泽闪闪动人,常常作为高档的室内陈设用品,营造高雅华贵的空间氛围。

2.3.2 陶瓷装修材料

常用的建筑装饰陶瓷制品有釉面内墙砖、陶瓷墙地砖、陶瓷锦砖和琉璃制品。

1. 釉面内墙砖

1)釉面内墙砖的定义和分类

釉面内墙砖(简称釉面砖)是用于建筑物内墙面装饰的薄板精陶制品,又称内墙面砖。它表面施釉,制品经烧成后表面平滑、光亮,颜色丰富多样,图案五彩缤纷,是一种高级内墙装饰材料。釉面砖除具有装饰功能外,还具有防水、耐火、抗腐蚀、热稳定性良好、易清洗等特点。

釉面砖品种繁多,规格不一,过去常用的是 108 mm×108 mm 和 152 mm×152 mm,以及与之相配套的边角材料,现在已发展到 200 mm×150 mm、250 mm×150 mm、300 mm×150 mm,甚至更大的规格。颜色也由比较单一的白、红、黄、绿等色向彩色图案方向发展,彩色图案釉面砖的市场越来越广阔。由于装饰内墙面砖表面的釉层品种繁多、类型多样,几乎所有的陶瓷装饰方法都可应用,因此釉面砖的种类也是极其丰富的,主要包含单色、彩色、印花和图案砖等品种。釉面砖的主要种类和特点如表 2-2-8 所示。

表 2-2-8 釉面砖的主要种类及特点

种 类		代号	特 点
白色釉面砖		FJ	色纯白,釉面光亮,简洁大方
彩色釉面砖	有光彩色釉面砖	YG	釉面光亮晶莹,色彩丰富雅致
	无光彩色釉面砖	SHG	釉面半无光,不晃眼,色泽一致柔和
装饰釉面砖	花釉砖	HY	在同一砖上施加多种彩釉,经高温烧成。色釉互相渗透,花纹千姿百态,有良好的装饰效果
	结晶釉面砖	JJ	晶花辉映,纹理多姿
	斑纹釉面砖	BW	斑纹釉面,丰富多彩
	大理石釉面砖	LSH	具有天然大理石花纹,颜色丰富,美观大方
图案砖	白地图案砖	BT	白色釉面砖上装饰图案,经高温烧成。纹样清晰,色彩明朗,清洁优美
	色地图案砖	YGT/GT/HGT	在有光或无光彩色釉面砖上装饰各种图案,经高温烧成,产生浮雕、缎光、绒毛、彩漆等效果
字画釉面砖			以各种釉面砖拼成各种瓷砖字画,或根据画稿烧制成釉面砖,组合拼装而成,色彩丰富,光亮美观,不易褪色

异形配件砖有阴角条、阳角条、压顶条、腰线砖、阴三角、阳三角、阴角座、阳角座等,起配合建筑装修内墙阴、阳角等处镶贴釉面砖时的配件作用(见图 2-2-6)。

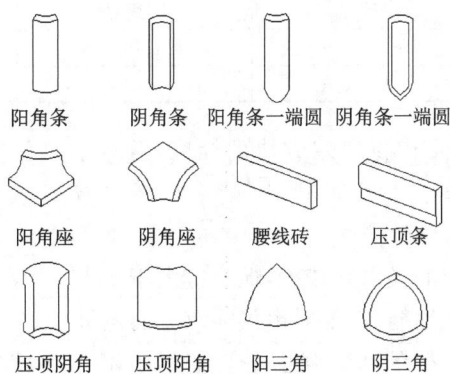

| 阳角条 | 阴角条 | 阳角条一端圆 | 阴角条一端圆 |

| 阳角座 | 阴角座 | 腰线砖 | 压顶条 |

| 压顶阴角 | 压顶阳角 | 阳三角 | 阴三角 |

图 2-2-6 异形配件砖形状示例

2)釉面内墙砖的技术质量要求

在室内装修装饰工程中,釉面砖越来越受到人们的重视,并被广泛地使用,世界各国对釉面砖都有自己的国家标准,或者采用国际标准化组织(ISO)颁布的产品标准。对釉面砖的质量要求具体有以下几方面的内容。

① 尺寸允许偏差:釉面砖的尺寸允许偏差应符合表 2-2-9 的规定。

表 2-2-9 釉面砖的尺寸允许偏差

项 目	尺寸/mm	允许偏差/mm
长度或宽度	≤152	±0.5
	>152、≤250	±0.8
	>250	±1.0
厚度	≤5	+0.4、−0.3
	>5	厚度的±8%

② 外观质量等级是根据外观质量的优劣划分的,釉面砖分为优等品、一级品和合格品三个等级。

釉面砖色差允许范围应符合表 2-2-10 的要求。需要注意的是,由于使用功能的不同,色差的标准并不是唯一的。特别是在质量要求严格的装修工程中,供需双方也常常另行商定色差允许范围,而这个标准有时要高出国家标准很多。

表 2-2-10 釉面砖色差允许范围

项目	优等品	一级品	合格品
色差	基本一致	不明显	不严重

长度或宽度大于152 mm的釉面砖,边直度、直角度应符合表 2-2-11 的规定,表中数值以对角线长度的百分数表示。

表 2-2-11 边直度和直角度允许偏差

项目	优 等 品	一 级 品	合 格 品
边直度/(%)	+0.8/−0.3	+1.0/0.5	+1.2/0.7
直角度/(%)	±0.5	±0.7	±0.9

釉面砖的白度有时可由供需双方协商标准,但对于白色釉面砖而言,各等级白度一般都不能小于 73 度。

3) 釉面砖的物理力学性质

① 吸水率。釉面砖的吸水率较大,但不应大于 21%。

② 釉面抗化学腐蚀性能,需要时由供需双方商定级别。

③ 弯曲强度。釉面砖的弯曲强度平均值不小于 16 MPa。当厚度大于或等于 7.5 mm时,弯曲强度平均值不小于 13 MPa。

④ 抗龟裂性能。釉面砖经抗龟裂性能试验,釉面无裂纹。

⑤ 耐急冷急热性能。釉面砖经急冷急热性能试验,釉面无裂纹。

4) 釉面砖的应用

因为釉面砖为多孔坯体,吸水率较大,会产生湿胀现象,而其表面釉层的吸水率和湿胀性又很小,再加上冻胀现象的影响,会在坯体和釉层之间产生应力。当坯体内产生的胀应力超过釉层本身的抗拉强度时,就会导致釉层开裂或脱落,严重影响饰面效果,因此釉面砖不能用在室外。

釉面砖耐污性好,便于清洗,外形美观,耐久性好,因此常被用在对卫生要求较高的室内环境中,如厨房、卫生间、浴室、实验室、精密仪器车间及医院等处。由于釉面砖具有花色品种多、装饰性较好和易清洗的特点,现在一些室内台面、墙面也会使用一些高档釉面砖进行装饰。

2. 陶瓷墙地砖

陶瓷墙地砖是外墙面砖和地面砖的统称。陶瓷墙地砖属炻质或瓷质陶瓷制品,是以优质陶土为主要原料,加入其他辅助材料配成生料,经半干压后在 1100℃ 左右的温度环境中焙烧而成。

虽然外墙面砖和地面砖在外观形状、尺寸及使用部位上都有不同,但由于它们在技术性能上的相似性,部分产品既可用于墙面装饰,也可以用于地面装饰,成为墙地通用面砖。因此,人们通常把外墙面砖和地面砖统称为陶瓷墙地砖(简称墙地砖),墙地两用也是其主要的发展方向之一。

墙地砖分无釉和有釉两种。有釉的墙地砖在已烧成的素坯上施釉,然后经釉烧而成。墙地砖的生产工艺与釉面内墙砖相似,但它增加了坯体的厚度和强度,降低了吸水率。墙地砖的表面质感丰富,通过改变配料和相应的制作工艺,可获得多种装饰效果。墙地砖的装饰效果日趋华丽高雅,某些产品已经具有一些天然高级材料的表面质感(特别是天然石材的表面质感),从而应用更加广泛。

1) 墙地砖的种类划分

① 按配料和制作工艺分类:通过改变配料和制作工艺,墙地砖可制成平面、麻面、毛面、磨光面、金属光泽釉面、抛光面、玻化瓷质面、纹点面、压花浮雕表面、仿大理石表面、仿花岗石表面、防滑面,以及丝网印刷、套花、渗花等许多不同面层的品种。其中抛光砖以其光洁华美的质感及优良的物理和化学性能占据了广泛的市场,也成为发展最快的一种墙地砖。

② 按表面装饰分类:墙地砖按其表面是否施釉分为无釉墙地砖和彩釉砖。墙地砖颜色众多,对于一次烧成的无釉面砖,通常是用其原料中含有的天然矿物等进行自然着色,也可在泥料中加入各种金属氧化物进行人工着色,如米黄色、紫红色等。对于彩釉砖,则是通过添加各种不同的色釉进行着色处理。

③ 按所使用位置分类:外墙面砖、通用墙地砖、线角砖、地面砖等。

2) 墙地砖的规格尺寸

陶瓷墙地砖主要是正方形和长方形,其厚度以满足使用强度要求为原则,由生产厂商自定(通常为 8~10 mm)。从普遍情况看,地面用砖规格要比墙面用砖规格略大。而且,从墙地砖的发展趋势看,地面砖正向正方形超大规格面砖方向发展。无釉墙地砖的主要规格有 100 mm × 100 mm × (8~9) mm、(100~300) mm × 300 mm × 9 mm 等。

3）墙地砖的物理和化学性能

根据耐酸、耐碱性能,把彩釉砖耐化学腐蚀性分为 AA、A、B、C、D 五个等级。在具体使用时,人们根据设计要求的耐碱性不同,选用不同的墙地砖。

4）墙地砖的技术质量要求

陶瓷砖按产品表面质量和变形允许偏差分为优等品、一级品和合格品。彩釉砖外观与结构质量应符合表 2-2-12 的规定。

表 2-2-12　彩釉砖外观与结构质量的要求

缺陷名称	优等品	一级品	合格品
缺釉、斑点、裂纹、落脏、棕眼、釉缕、釉泡、烟熏、开裂、磕碰、波纹、剥边、坯粉	距离砖面 1 m 处目测,有可见缺陷的砖数不超过 5%	距离砖面 2 m 处目测,有可见缺陷的砖数不超过 5%	距离砖面 3 m 处目测,缺陷不明显
色差	距离砖面 3 m 处目测不明显		
分层	没有结构分层缺陷存在		
背纹	凸背纹的高度和凹背纹的深度均不大于 0.5 mm		

3. 陶瓷锦砖

陶瓷锦砖俗称马赛克,是以优质瓷土烧制而成的,是长边小于 50 mm 的小块瓷砖。陶瓷锦砖有挂釉和不挂釉两种,现在的主流产品大部分不挂釉。陶瓷锦砖的规格较小,直接粘贴很困难,故在产品出厂前按各种图案粘贴在牛皮纸上(正面与纸相黏),每张牛皮纸制品为一“联”。联的边长有 284.0 mm、295.0 mm、305.0 mm、325.0 mm 四种。利用不同形状的锦砖小块,每联可拼贴成变化多端的拼花图案,具体使用时,联和联可连续铺贴形成连续的图案饰面,常用的几种基本拼花图案如图 2-2-7 所示。

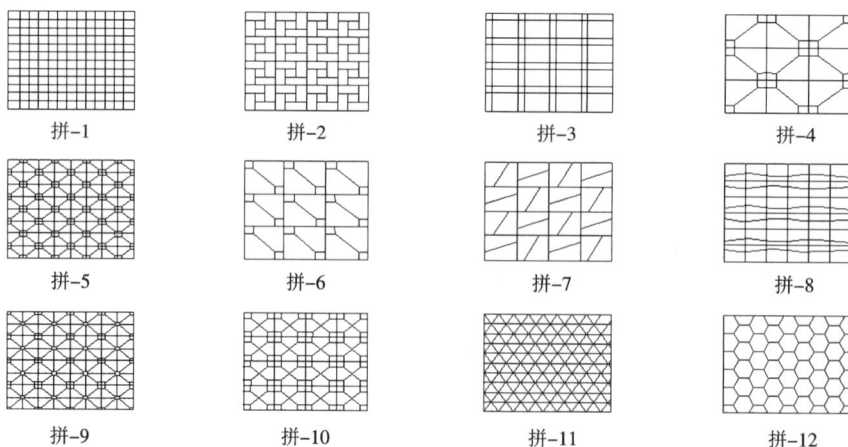

图 2-2-7　常用的几种基本拼花图案

陶瓷锦砖按尺寸允许偏差和外观质量可分为优等品和合格品两个等级。陶瓷锦砖的尺寸允许偏差包括单块锦砖的尺寸允许偏差和每联锦砖的线路（单块锦砖间的间隙）联长的尺寸允许偏差。

陶瓷锦砖具有美观、不吸水、防滑、耐磨、耐酸、耐火以及抗冻性等性能。陶瓷锦砖由于块小，不易踩碎，因此主要用于室内地面装饰，如浴室、厨房、卫生间等环境的地面装修工程。陶瓷锦砖也可用于内、外墙饰面，并可镶拼成有较高艺术价值的陶瓷壁画，提高装饰效果并增强建筑物的耐久性。陶瓷锦砖在材质、颜色方面选择较多，可拼装图案相当丰富，为室内设计师提供了发挥创造力的空间。

陶瓷锦砖在施工时反贴于砂浆基层上，把牛皮纸润湿，在水泥初凝前把纸撕下，经调整、嵌缝，即可得到连续美观的饰面。为保证在水泥初凝前将衬材撕掉，露出正面，要求把正面贴纸的陶瓷锦砖的脱纸时间把握好。陶瓷锦砖与铺贴衬材应黏接合格，将成联锦砖正面朝上，两手捏住锦砖一边的两角，垂直提起，然后放平，反复三次，锦砖不掉为合格。

陶瓷内墙砖、外墙面砖、地面砖和陶瓷锦砖在陶瓷类别、厚度、物理性能、化学性能等各个方面都存在很多差异，为了方便比较，列出各种陶瓷面砖的综合比较表（见表 2-2-13）。

表 2-2-13　各种陶瓷面砖的综合比较表

比较内容	瓷砖种类			
	陶瓷内墙砖	外墙面砖	地面砖	陶瓷锦砖
陶瓷类别	陶质	炻质	炻质	瓷质
砖体厚度/mm	5～7	8～10	8～12	3.0～4.5
一般吸水率	20%	1%～8%	1%～6%	0.2%
抗弯强度/MPa	不小于 17	不小于 24.5	一般大于 30	
其他力学性能	较小	较强	强	强
抗冻性能	不抗冻	抗冻	抗冻	抗冻

4. 琉璃制品

琉璃制品是中国陶瓷宝库中的古老珍品，是中国古建筑中最具代表性和特色的部分，主要用于具有民族风格的房屋以及建筑园林中的亭台、楼阁等。在古建筑中，它的使用按照建筑形式和等级，有着严格的规定，在搭配、组装上也有极高的构造要求。

琉璃制品以难熔黏土作为原料，经配料、成型、干燥、素烧、表面涂以琉璃釉料后，再经烧制而成。琉璃制品属于精陶瓷制品，颜色有金、黄、绿、蓝、青等。其品种分为三类：瓦类（板瓦、筒瓦、沟头）、脊类和饰件类（物、博古、兽等）。琉璃制品表面光滑、色彩绚丽、造型古朴、坚实耐用，富有民族特色。其彩釉不易剥落，装饰耐久性好，比瓷质饰面材料容易加工，且花色品种很多。

2.3.3　新型陶瓷产品

随着社会经济的发展和人民生活水平的提高，产生了对新型陶瓷墙地砖的需求。市场需要绿色环保、节能耐用、造型新颖、施工方便、价格低廉的产品，而科技的飞速发展使这种需要得以满足，大量的新型陶瓷产品不断涌现。

1. 劈离砖

劈离砖因熔烧后可劈开分离而得名，是一种炻质墙地通用饰面砖，又称劈裂砖、劈开砖等。劈离砖是将一定配比的原料，经粉碎、炼泥、真空挤压成型、干燥、高温煅烧而成。由于成型时为双砖背连坯体，烧成后再劈裂成两块砖，故称为劈离砖。劈离砖烧成阶段的坯体总表面积仅为成品坯体总表面积的一半，大大节约了窑内放置坯体的面积，提高了生产效率。与传统方法生产的墙地砖相比，它具有强度高、耐酸碱性强等优点。劈离砖的生产工艺简单、生产效率高、原料广泛、节能经济，且装饰效果优良，因此得到广泛应用。劈离砖的主要规格有 240 mm× 52 mm×11 mm、240 mm×115 mm×11 mm、194 mm×94 mm×11 mm、190 mm×190 mm×13 mm、240 mm×115 mm×13 mm、194 mm× 94 mm×13 mm 等。

劈离砖适用于各类建筑装修内、外墙装饰，也适合用于楼堂馆所、车站、候车室、餐厅等处室内地面铺设。较厚的砖适合在广场、公园、停车场、走廊、人行道等露天地面铺设，也可作为游泳池、浴池池底和池沿的贴面材料。

2. 玻化砖

玻化砖也称为瓷质玻化砖、瓷质彩胎砖，是坯料在1300 ℃以上的高温下，砖中的熔融成分呈玻璃态，具有玻璃般亮丽质感的一种新型高级铺地砖。玻化砖的表面有平面、浮雕两种，又有无光与磨光、抛光之分。玻化砖的主要规格有边长 200 mm、300 mm、400 mm、500 mm、600 mm 等的正方形砖和部分长方形砖，最小尺寸为 95 mm× 95 mm，最大尺寸为 600 mm× 900 mm，厚度为 8～10 mm。色彩多为浅色的红、黄、蓝、灰、绿、棕等色，纹理细腻，色彩柔和莹润，质朴高雅。玻化砖的吸水率小于 1%，抗折强度大于 27 MPa，具有耐腐蚀、耐酸碱、耐冷热、抗冻等特性，广泛用于各类建筑的地面及外墙装饰，是适用于各种位置的优质墙地面砖。

3. 陶瓷壁画、壁雕砖

陶瓷壁画、壁雕砖，是以凹凸的粗细线条、变幻的造型、丰富的色调，表现出浮雕式样的瓷砖。陶瓷壁雕砖可用于宾馆、会议厅等公共场合的墙壁，也可用于公园、广场、庭院等室外环境的墙壁。同一样式的壁画、壁雕砖可批量生产，使用时与配套的平板墙面砖组合拼贴，在光线的照射下，形成浮雕图案效果。当然，使用前应根据整体的艺术设计，选用合适的壁画、壁雕砖和平板陶瓷砖，进行合理的拼装和排列，来达到艺术构思效果。

由于陶瓷壁画砖铺贴时需要按编号粘贴，才能形成一幅完整的壁画，因此要求粘贴必须严密、均匀一致。每块壁画、壁雕砖在制作、运输、储存各个环节，均不得损坏，否则造成画面缺损，将很难补救。

4. 金属釉面砖

金属釉面砖是运用金属釉料等特种原料烧制而成的，是当今国内市场的领先产品之一。金属釉面砖具有光泽耐久、质地坚韧、网纹淳朴等优点,可赋予墙面装饰动态的美,还具有良好的热稳定性、耐酸碱性、易于清洁和装饰效果好等性能。金属光泽釉面砖是采用钛的化合物,以真空离子溅射法使釉面砖表面呈现金黄、银白、蓝、黑等多种色彩,光泽灿烂辉煌,给人坚固豪华的感觉。这种砖耐腐蚀、抗风化能力强,耐久性好,适用于高级宾馆、饭店以及酒吧、咖啡厅等场所的墙面、柱面、门面的铺贴。

2.4 室内玻璃类装修材料

2.4.1 玻璃基本知识

1. 玻璃的分类

玻璃有很多的分类方法,由于决定产品性质的主要因素是它的化学组成成分,因此通常按化学组成进行分类,可分为以下类型。

1)普通玻璃

普通玻璃又名钠钙玻璃,主要由硫酸钠和纯碱组成。由于杂质含量多,产品性能一般,又没有特别的性质和功能,钠钙玻璃一般用于制造普通建筑玻璃和日用玻璃制品。

2)钾玻璃

钾玻璃又称硬玻璃,它坚硬而有光泽,被广泛用于制造化学仪器和用具以及高级玻璃制品等。

3)铝镁玻璃

铝镁玻璃是在钠钙玻璃的基础上加工制作的。它具有软化点低、析晶倾向弱、力学及化学稳定性高等特点。铝镁玻璃的光学性质较为突出,是一种高级建筑装修玻璃。

4)铅玻璃

铅玻璃又称铅钾玻璃、重玻璃或晶质玻璃,主要特点是质地较软、易于加工、光泽透明、化学稳定性高等。铅玻璃最大的特点是光的折射和反射性能强,因此常用于制造光学仪器和装饰品等。

5)硼硅玻璃

硼硅玻璃由于耐热性能优异,又称耐热玻璃,由于成分独特,因而价格比较昂贵。硼硅玻璃具有较强的力学性能、较好的光泽透明度和优良的耐热性、绝缘性和化学稳定性,用于制造高级化学仪器和绝缘材料。

6)石英玻璃

石英玻璃具有良好的力学性质、热工性质,优良的光学性质和化学稳定性,并能透过紫外线,可用于制造耐高温仪器等具有特殊用途的设备。

2. 玻璃的组成及结构

玻璃的化学组成十分复杂,是一种以石英砂、纯碱、长石、石灰石等为主要原料,在 1550 ℃左右的高温下熔融、成型,并经急速冷却而制成的固体建筑装饰材料。通过特殊的工艺,人们能获得具有更好的光学性能、力学性能、热工学性能的玻璃。玻璃的物理及力学性能表现为均质的各向同性,这是由于玻璃在凝固过程中黏度急剧增加,分子来不及按一定的晶格有序地排列而形成无定型非结晶体。玻璃是无定型非结晶体的均质同向性材料,是透明的。玻璃的这种透明特性是其他材料所无法比拟的。

3. 玻璃的基本性质

玻璃的基本性质包括如下内容。

1）密度

普通玻璃的密度为 $2450\sim2550$ kg/m³,孔隙率 $P\approx0$,可以认为玻璃是绝对密实的材料。玻璃的密度与其化学组成有关,不同种类的玻璃密度差别很大。温度对玻璃密度的影响也比较大,密度会随温度的变化而改变。

2）光学性质

玻璃具有特别优良的光学性质,它既能透过光线,还能反射光线和吸收光线。但玻璃的厚度过大或将多层玻璃重叠在一起,则是不易透光的。玻璃广泛用于建筑采光和装饰,也用于光学仪器和日用器皿等,并且越来越受到建筑设计师和室内设计师的重视。

光线射入玻璃时,表现出透射、反射和吸收的性质。光线能透过玻璃的性质称为透射。光线被玻璃阻挡,按一定角度折回的性质称为反射或折射。光线通过玻璃后,一部分会损失掉,这种现象称为吸收。一些具有特殊功能的新型玻璃,如吸热玻璃、热反射玻璃、光致变色玻璃等,就是在充分利用玻璃的这些特殊光学性质的基础上研制的。

反射系数是玻璃的反射光能与入射光能之比,这是评价热反射玻璃的一项重要指标。反射系数的大小取决于反射面的光滑程度及入射光线入射角的大小。透过玻璃的光能与入射光能之比称为透光率(或称透过率)。透光率高低是玻璃的重要属性,一般清洁度高的普通玻璃透光率达 $85\%\sim90\%$。

3）力学性质

玻璃的化学成分、产品形态、表面形状和制造工艺在很大程度上决定其力学性质。此外,玻璃制品中如含有未熔杂物、结石、节瘤或细微裂纹,都会造成应力集中,从而大大降低其机械强度。

① 抗压强度。玻璃承受荷载后,表面可能产生很细微的裂痕,裂痕随着承受荷载的次数加多而逐渐明显和加深,因此长期使用的玻璃需要注意用氢氟酸进行处理,以保证玻璃具有一定的抗压强度。

② 抗拉强度是决定玻璃品质的主要指标之一。玻璃的抗拉强度很小,一般为其

抗压强度的 $1/15 \sim 1/4$，为 $40 \sim 120$ MPa。因此，玻璃在冲击力的作用下极易破碎，是非常典型的脆性材料。

4）玻璃的热工性质

① 玻璃的导热性很差，在常温时其热导率仅为铜的 $1/400$。玻璃的导热性受颜色和化学成分的影响，并随着温度的升高而增大，尤其在 700 ℃ 以上时，上升十分明显。

② 玻璃的热膨胀性能比较明显。热膨胀系数的大小取决于玻璃的化学成分和纯度，玻璃的纯度越高，热膨胀系数越小。

3. 玻璃的表面处理

玻璃是一种最常用的装饰材料，为了提高其装饰效果，经常需要对玻璃的表面进行处理，以达到特定的装饰效果。如何更好地对玻璃进行装饰化改造，是玻璃深加工的重要课题之一。玻璃的表面处理主要分为化学蚀刻、化学抛光、表面金属涂层和表面着色处理四种主要形式。

1）化学蚀刻

化学蚀刻是用氢氟酸溶解玻璃表层的硅氧，根据残留盐类溶解度的不同，而得到有光泽或无光泽面层的过程。生产中采用的蚀刻剂有蚀刻液和蚀刻膏两种。蚀刻液可由 HF 加入 NH_4F 与水组成。蚀刻膏由氟化铵、盐酸、水加入淀粉或粉状冰晶石粉配成，制品上不需要腐蚀的部位可涂上保护漆或石蜡。

2）化学抛光

化学抛光效率高于机械抛光，且节省动力。化学抛光的原理与化学蚀刻一样，是利用氢氟酸破坏玻璃表面原有的硅氧膜而生成一层新的硅氧膜，提高玻璃的光洁度与透光率。化学抛光有两种方式：一种是单纯的化学侵蚀作用，另一种是将化学侵蚀和机械研磨相结合。前者多用于玻璃器皿，后者称为化学研磨法，一般用于平板玻璃。

3）表面金属涂层

在玻璃表面镀上一层很薄的金属薄膜，是一种常见的玻璃表面处理方法，广泛用于热反射玻璃、玻璃装饰器具和玻璃装饰品等方面。玻璃表面镀金属薄膜的方法有化学法和真空沉积法。前者可分为还原法、水解法等，后者又分为真空蒸发镀膜法、阴极溅射法、真空电子枪蒸镀法等。

4）表面着色处理

所谓玻璃表面着色处理，就是在高温下将着色离子的金属、熔盐、盐类的糊膏涂抹在玻璃表面上，使着色离子与玻璃中的离子进行交换，扩散到玻璃表层中使其表面着色。

2.4.2　平板玻璃材料

平板玻璃是进行玻璃深加工的基础材料，一般泛指普通平板玻璃，又称原片玻璃或净片玻璃,是玻璃中生产量最大、使用最多的一种。平板玻璃具有一定的机械强度,但质脆、紫外线通过率低。普通平板玻璃属钠钙玻璃类,主要用于装配建筑门窗,起透光(透光率 85%～95%)、挡风雨、保温、隔声等作用。在现代装修设计中,平板玻璃也常常作为一种简洁的装饰材料和视觉通透的空间隔断材料使用。

我国是玻璃生产和使用的大国,平板玻璃产量居世界第一,但玻璃在使用中的科技含量很低,产品的深加工比例也很低,致使产品附加值较少,效益很不明显。

1. 平板玻璃的生产工艺

玻璃的生产主要由选料、混合、熔融、成形、退火等工序组成。玻璃的生产方法有垂直引上法、水平引拉法和浮法等。用浮法生产玻璃是当今最先进和最流行的生产工艺。

① 垂直引上法是传统的生产方法,根据引上设备的不同,又分有槽引上法和无槽引上法两种。

② 水平引拉法是在平板玻璃引上约 1 m 处,将原板通过转向轴改变为水平方向引拉,最后经退火冷却而制成平板玻璃。因此,水平引拉法的最大优点是不需高大厂房便可进行大面积玻璃的切割。这种方法的缺点是玻璃的厚薄难以控制,产品质量一般。

③ 浮法工艺是英国人 B. 皮尔金顿和 K. 凯尔斯塔夫于 1940 年在实验室里探索出的一种新工艺,于 1959 年研究成功并取得了专利权。当今世界最先进的浮法玻璃生产方法是全电熔法。浮法工艺是一种先进的玻璃生产方法,目前,我国大型玻璃生产线几乎全部采用浮法工艺生产平板玻璃。

2. 平板玻璃的分类、规格与外观质量

1) 平板玻璃的分类和规格

普通平板玻璃按生产方式的不同分为引拉法玻璃和浮法玻璃两种,它们的规格要求也有不同。根据国家有关标准,引拉法玻璃的厚度分为 2 mm、3 mm、4 mm、5 mm、6 mm 五类;浮法玻璃的厚度分为 2～19 mm 十类。

2) 平板玻璃的外观质量

由于生产方法不同,平板玻璃在生产过程中会产生多种不同的外观缺陷。这些缺陷对玻璃的外观质量和各种物理、化学性质都有很大的影响。常见的平板玻璃外观质量的缺陷主要有以下几种。

① 波筋,又称水线,是一种光学畸变现象,是平板玻璃最常见的外观质量缺陷。波筋的形成原因有两个方面:一是平板玻璃厚度不一致,二是玻璃局部范围内化学成分及物质密度等存在差异。

人们通过波筋观察到的物像会发生较为明显的变形、扭曲,甚至产生跳动感,使观察者产生视觉疲劳和身体不适。

② 玻璃液中如果含有很多气体,成型后就可能形成大量的气泡。气泡的存在会严重影响玻璃的透光度,降低玻璃的机械强度以及玻璃的装饰效果。

③ 线道就是玻璃原板上出现的很细、很亮、连续不断的条纹。线道严重影响了玻璃的装饰效果和力学性能。因此,在我国的平板玻璃质量标准中对其进行了严格的规定,要求特选品中不允许出现线道。

④ 疙瘩与砂粒是在平板玻璃光滑平整的表面上的突出的颗粒物,大的称为疙瘩,小的称为砂粒。疙瘩与砂粒的存在不但使玻璃的光学性能受到很大影响,还会给裁切玻璃造成困难,同时导致玻璃力学性能的严重下降。

3）平板玻璃的等级

平板玻璃可按照外观质量进行分等定级。引拉法生产的普通平板玻璃和浮法生产的平板玻璃均分为优等品、一等品和合格品三个等级,各等级的外观质量要求如表 2-2-14 所示。

表 2-2-14　各等级普通平板玻璃的外观质量要求

缺陷种类	说　明	优等品	一等品	合格品
波筋（包括波纹辊子花）	不产生变形的最大入射角	60°	45° 50 mm 边部,30°	30° 100 mm 边部,0°
气泡	长度 1 mm 以下的	集中的不许有	集中的不许有	不限
	长度大于 1 mm 的每平方米允许个数	≤6 mm,6	≤8 mm,8 >8~10 mm,2	≤10 mm,10 >10~20 mm,2
划伤	宽≤0.1 mm,每平方米允许条数	长≤50 mm,3	长≤100 mm,5	不限
	宽>0.1 mm,每平方米允许条数	没有	宽≤0.4 mm、长<100 mm,1	宽≤0.8 mm、长<100 mm,3
砂粒	非破坏性的,直径 0.5~2 mm 每平方米允许个数	没有	3	8
疙瘩	非破坏性的,直径不大于 3 mm,每平方米允许数	没有	1	3
线道	正面可以看到的,每片玻璃允许条数	没有	30 mm 边部宽≤0.5 mm,1	宽≤0.5 mm,2
麻点	表面呈现的集中麻点	没有	没有	每平方米不超过 3 处
	稀疏的麻点,每平方米允许个数	10	15	30

3. 平板玻璃的主要技术性能

1）透光率

平板玻璃的透光率是衡量玻璃透光能力的重要指标之一,它是光线透过玻璃后的光通量占透过前光通量的百分比。影响平板玻璃透光率的主要因素是原料成分及熔制工艺。平板玻璃的透光率应不低于表 2-2-15 中的规定。

表 2-2-15　平板玻璃透光率规定

普通平板玻璃		浮 法 玻 璃			
厚度/mm	透光率/（%）	厚度/mm	透光率/（%）	厚度/mm	透光率/（%）
2	88	3	87	8	80
3、4	86	4	86	10	78
5、6	82	5	84	12	75
		6	83		

2）平板玻璃的力学性能

平板玻璃的力学性能参考数据见表 2-2-16。

表 2-2-16　平板玻璃的力学性能

相 对 密 度		2.5
硬度	莫氏	5.5～6.5 级
	肖氏/HS	120
抗压强度/MPa		880～930
抗弯强度/MPa		40～60
弹性模量/MPa		（8～10）×105

3）平板玻璃的热工性能

热工性能是玻璃材料的基本性质。平板玻璃的热工性能可参考相关资料。

4. 平板玻璃的应用

普通平板玻璃具有透光度高、价格低、易切割等优点,主要用于建筑物的门窗,室内各种隔断、橱窗、柜台、展台、玻璃搁架及家具玻璃门等,也可作为钢化玻璃、夹丝玻璃、中空玻璃、热反射玻璃、磨光玻璃等的原片玻璃。浮法玻璃具有比钢化玻璃更优良的性能。因此,凡是用普通平板玻璃的地方均可使用浮法玻璃,特别是高级宾馆、写字楼、豪华商场等建筑的门窗、橱窗等都可使用浮法玻璃。浮法玻璃也可以作为有机玻璃的模具以及汽车、火车、船舶的风窗玻璃等,还可作为夹层玻璃、钢化玻璃、中空玻璃、热反射玻璃、磨光玻璃等的原片玻璃。

5. 平板玻璃的普通加工制品

平板玻璃由于价格低廉,在建筑和装饰工程中被大量使用。很多其他的玻璃制品也是以平板玻璃为基础原料,进行深加工获得的。下面介绍的是平板玻璃的普通加工制品,其他特殊加工制品如安全玻璃、节能玻璃等,在后文介绍。

1）磨光玻璃

磨光玻璃又称镜面玻璃,是用普通平板玻璃经过机械磨光、抛光而成的透明玻璃。磨光玻璃分单面磨光和双面磨光两种。对玻璃表面进行磨光,是为了消除由表面不平而引起的筋缕或波纹缺陷,从而使透过玻璃的物像不变形。这种方法主要是针对使用传统引拉法生产的玻璃,因为引拉法生产的玻璃表面很容易出现缺陷。磨光玻璃两面平行,物像透过不变形,透光率大于 84%,具有很好的光学性质,主要用于高级建筑门窗、橱窗或制镜。这种玻璃的性能虽然较好,但生产复杂,造价较高。

2)磨砂玻璃

磨砂玻璃又称毛玻璃。普通平板玻璃经研磨、喷砂或氢氟酸溶蚀等工艺加工之后,就会形成均匀粗糙表面,只有透光性而没有透视性,这种平板玻璃称为磨砂玻璃。人们常用硅砂、金刚砂等研磨材料加水来制造磨砂玻璃,磨砂玻璃的表面粗糙程度可以根据用户的要求而控制。表面粗糙的磨砂玻璃可使透过的光线产生漫射效果,被广泛应用于卫生间、浴室、办公室、教室等环境空间的门、窗和隔断材料。磨砂玻璃具有透光而不透视的效果,很好地避免了视线干扰,加强了环境的隐私性。

3)玻璃镜

玻璃镜是以高质量平板玻璃、磨光玻璃或茶色平板玻璃等为基本加工材料,采用镀银工艺,在玻璃的一面先均匀地覆盖一层银质涂层,再覆盖一层底漆,最后涂上保护面漆制成。玻璃镜只有光反射性而没有光透射性,被广泛用于商场、发廊等环境的室内装饰。

4)彩色玻璃

彩色玻璃分透明和不透明两种。

① 透明彩色玻璃是在玻璃原料中加入一定的金属氧化物,从而使玻璃具有特定的色彩,通常采用的使玻璃着色的氧化物着色剂如表 2-2-17 所示。

表 2-2-17 氧化物着色剂

色彩	黑色	乳白色	玫瑰色	深蓝色	浅蓝色	绿色	红色	黄色
氧化物	过量的锰、铬或铁	氧化锡、磷酸钠等	二氧化锰	钴	铜	铬或铁	硒或镉	硫化镉

② 不透明彩色玻璃也称饰面玻璃,是用 4～6 mm 厚的平板玻璃按照要求的尺寸切割成型,然后经过清洗、喷釉、烘烤、退火而制成。不透明彩色玻璃也可选用有机高分子涂料,制成具有独特装饰效果的饰面玻璃。

5)花纹玻璃

花纹玻璃是一种装饰性很强的玻璃产品,装饰功能的好坏是评价其质量的主要标准。它是按照预先设计好的图形,运用雕刻、印刻或喷砂等无彩处理方法,在玻璃表面形成丰富的美丽图形。依照加工方法的不同,花纹玻璃可分为压花玻璃、喷花玻璃、刻花玻璃三种。

① 压花玻璃又称滚花玻璃,透光率一般为 60%～70%,长度一般在 900～1 600 mm 之间。它是在熔融玻璃冷却硬化前,以刻有花纹的滚筒对辊压延,在玻璃单面或两面压出深浅不同的花纹图案而制成。压花玻璃图形丰富,造型优美,具有良好的装饰效果。花纹的凹凸变化使光线产生不规则的漫射、折射和不完整的透视,起到干扰视线和保证私密性的作用。

② 喷花玻璃又称胶花玻璃,是以优质的平板玻璃为基础材料,在表面铺贴花纹图案,并有选择地涂抹面层,经喷砂处理而成。喷花玻璃由于可以选择图案,因此形

式灵活,构思巧妙,被广泛应用于装饰工程之中。

③ 刻花玻璃是由平板玻璃经涂漆、雕刻、围蜡、酸蚀、研磨等工序制作而成的。

6) 釉面玻璃

釉面玻璃又称为不透明饰面玻璃,是在一定尺寸的玻璃基体上涂覆一层易熔的彩色釉料,然后加热到彩釉的熔融温度,经退火或钢化热处理,使釉层与玻璃牢固结合而制成的具有美丽色彩或图案的玻璃制品。玻璃基体可用普通平板玻璃、钢化玻璃、磨光玻璃等。目前生产的釉面玻璃最大规格为 3.2 m×1.2 m,厚度为 5～15 mm。釉面玻璃的特点:耐酸、耐碱、耐磨和耐水,图案精美,不褪色、不掉色,可按用户的要求或艺术设计图案制作。釉面玻璃有良好的化学稳定性和装饰性,可用作商业、公共餐厅等的室内饰面层,以及一般建筑物房间、门厅、楼梯间的饰面层和建筑物的外饰面层,特别适用于对防腐、防污有较高要求且在较高部位的表面装饰。

2.4.3　安全玻璃材料

普通平板玻璃的最大弱点是易碎,特别是玻璃破碎后具有尖锐的棱角,很容易对人体造成伤害。因此,开发出相对安全的玻璃就显得十分必要。通过特殊的加工工艺,对玻璃的性能加以改进,就能生产出满足安全需求的产品,钢化玻璃就是应用最广泛的安全玻璃之一。为减小玻璃的脆性、提高使用强度,通常可采用的方法有:用退火法消除玻璃的内应力,消除平板玻璃的表面缺陷,通过物理钢化(淬火)和化学钢化在玻璃中形成可缓解外力作用的均匀预应力,采用夹层处理等。采用上述方法进行安全处理后的玻璃统称为"安全玻璃"。

安全玻璃主要有三种:钢化玻璃、夹丝玻璃和夹层玻璃。

1. 钢化玻璃

钢化玻璃又称强化玻璃,具有良好的力学性能和耐热、抗震性能。钢化玻璃是将普通平板玻璃通过物理钢化(淬火)和化学钢化的方法进行处理,从而达到提高玻璃强度的目的。

1) 钢化玻璃的特性

① 安全性好。经过物理钢化的玻璃,安全性能十分突出,主要原因是当其局部发生破损,会产生"应力崩溃"现象,玻璃将破裂成无数玻璃碎块。这些玻璃碎块不但体积小,而且没有尖锐的棱角,所以不易对人身安全造成伤害,故称为安全玻璃。

② 弹性好。钢化玻璃的弹性比普通玻璃大得多,一块 1200 mm×350 mm×6 mm 的钢化玻璃,受力后可发生达 100 mm 的弯曲挠度,当外力撤销后,仍能恢复原状;而同规格的普通平板玻璃弯曲变形只有几毫米。良好的弹性也使钢化玻璃不易破碎,安全性得以进一步提高。

③ 热稳定性好。钢化玻璃的热稳定性要高于普通玻璃,有良好的耐热冲击性,在急冷急热作用下,玻璃不易发生炸裂。这是因为其表面的预应力可抵消一部分因急冷急热产生的拉应力。

④ 机械强度高。钢化玻璃的抗折强度、抗冲击强度都较高,为普通玻璃的 4～5 倍。钢化玻璃的缺点是不能任意切割、磨削,这使它的使用方便性大大降低。在使用时,必须使用现有规格的产品或在生产前指定的产品型号。

2）钢化玻璃的外观质量

① 弯曲度。钢化玻璃的弯曲度,弓形时不得超过 0.5%;波形时不得超过 0.3%;边长大于 1.5 m 的钢化玻璃弯曲度由供需双方自行决定。

② 外观质量。钢化玻璃的外观质量必须符合国家的相应规定,具体要求如表 2-2-18 所示。

表 2-2-18　钢化玻璃的外观质量

缺陷名称	说明	允许缺陷数	
		优等品	合格品
爆边	每片玻璃每米允许有长度不超过 10 mm,玻璃边部向玻璃板表面延伸深度不超过 2 mm,板面向玻璃厚度延伸深度不超过厚度 1/3 的爆边	不允许有	1 个
划伤	宽度在 0.1 mm 以下的轻微划伤,每平方米面积内允许存在条数	长≤50 mm,4	长≤100 mm,4
	宽度大于 0.1 mm 的划伤,每平方米面积内允许存在条数	宽 0.1～0.5 mm、长≤50 mm,1	宽 0.1～1 mm、长≤100 mm,4
缺角	玻璃的四角残缺以等分角线计算,长度在 5 mm 范围之内	不允许有	1 个
夹钳印	夹钳印中心与玻璃边缘的距离	玻璃厚度≤9.5 mm 时,≤13 mm 玻璃厚度>9.5 mm 时,≤19 mm	
结石、裂纹、缺角	均不允许存在		
波筋(光学变形)、气泡	优等品不得低于 GB 11614 一等品的规定 合格品不得低于 GB 4871 一等品的规定		

3）钢化玻璃的应用

钢化玻璃主要用于建筑装修门窗、隔断、护栏(护板、楼梯扶手等)、家具以及电话厅、车、船等门窗、采光天棚等;可做成无框玻璃门;用于玻璃幕墙可大大提高抗风压能力,防止热炸裂,并可增大单块玻璃的面积,减少支撑结构。钢化玻璃除可采用普通平板玻璃、浮法玻璃作为原片外,也可使用吸热玻璃、压花玻璃、釉面玻璃等作为原片,后者分别称为吸热钢化玻璃、压花钢化玻璃、钢化釉面玻璃。

吸热钢化玻璃主要用于既有吸热要求又有安全要求的玻璃门窗等,压花钢化玻璃主要用于有半透视要求的隔断等,钢化釉面玻璃主要用于玻璃幕墙的拱肩部位及其他室内装饰。钢化玻璃不宜用于有防火要求的门窗和可能受到吊车、汽车直接多次碰撞的部位。

2. 夹丝玻璃

1）夹丝玻璃的概述

夹丝玻璃是安全玻璃的一种，也称防碎玻璃或钢丝玻璃。它是将预先编织好的、直径在 0.4 mm 左右的、经过热处理的钢丝网或铁丝压入已加热到红热软化状态的玻璃之中制成的。与普通平板玻璃相比，夹丝玻璃具有优良的耐冲击性和耐热性。如遇外力破坏，即使玻璃无法抵抗冲击而开裂，但由于钢丝网与玻璃黏结成一体，其碎片仍附着在钢丝网上，避免了碎片飞溅伤人，故属于安全玻璃。夹丝玻璃还被称为防火玻璃，因为当遇到火灾时，夹丝玻璃具有破而不缺、裂而不散的特性，能有效地隔绝火焰，起到防火的作用。

我国生产的夹丝玻璃产品分为夹丝压花玻璃和夹丝磨光玻璃两类。以彩色玻璃原片制成的彩色夹丝玻璃，其色彩与内部隐隐显现的金属丝相映，具有较好的装饰效果。夹丝玻璃按厚度分为 6 mm、7 mm、10 mm 三种。产品尺寸一般不小于 600 mm ×400 mm，不大于 2000 mm×1200 mm。

2）夹丝玻璃的性能

在使用夹丝玻璃时应注意其物理性能的变化。由于夹丝玻璃中含有很多金属物质，破坏了玻璃的均匀性，降低了玻璃的机械强度，使其抗折强度和抗冲击能力都比普通平板玻璃有所下降。金属丝网与玻璃在热膨胀系数、热导率上的巨大差异，使夹丝玻璃在经历快速的温度变化时更容易开裂和破损。夹丝玻璃耐急冷急热性能较差，因此不能用在温度变化大的部位。

3）夹丝玻璃的应用

夹丝玻璃主要用于高层建筑、公共建筑的天窗、仓库门窗、防火门窗、地下采光窗和其他要求安全、防震、防盗、防火的部位以及建筑物的墙体装饰、阳台围护等。

3. 夹层玻璃

夹层玻璃是在两片或多片平板玻璃之间嵌夹透明、有弹性、黏接力强、耐穿透性好的透明塑料薄片，在一定温度、压力下胶合成整体平面或曲面的复合玻璃制品，是一种常用的安全玻璃。夹层玻璃的原片可以是普通平板玻璃、浮法玻璃、钢化玻璃、彩色玻璃、吸热玻璃或热反射玻璃等。夹层玻璃的原片层数有 2 层、3 层、5 层、7 层、9 层，建筑装修上常用的为 2～3 层。

1）夹层玻璃的特点

① 抗冲击能力很强。夹层玻璃比同等厚度的普通平板玻璃的抗冲击能力高几倍。

② 由于 PVB 胶片的作用，夹层玻璃具有节能、隔音、防紫外线等功能。

③ 具有良好的耐热、耐寒、耐湿、隔声、保温等性能，长期使用不易变色、老化。

④ 安全性十分突出。夹层玻璃破碎时，由于中间有塑料衬片产生的黏合作用，因此仅仅产生辐射状的裂纹和少量的玻璃碎屑，大大提高了产品的安全性。由于夹层玻璃的安全性十分突出，其成为使用范围较广的安全玻璃之一（见图 2-2-8）。

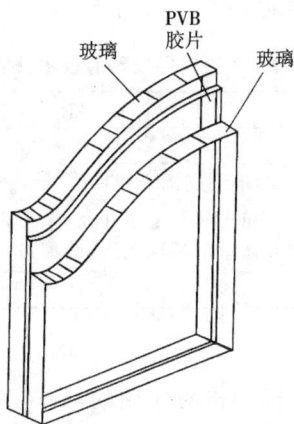

图 2-2-8　普通夹层玻璃材料构造

2）夹层玻璃的常见品种

① 减薄夹层玻璃。减薄夹层玻璃是采用厚度为1～2 mm的薄玻璃和弹性胶片加工制成的。它具有质量轻、机械强度高、安全性好和能见度好的特点。

② 防弹夹层玻璃。防弹夹层玻璃由多层夹层组成,主要用于对环境安全有特殊要求的特种建筑及具有强爆震动、浪涌冲击的地方,如银行、证券交易所、保险公司、机场室内外等。

③ 报警夹层玻璃。报警夹层玻璃是在两片玻璃中间的胶片上接上一个警报驱动装置,一旦玻璃破碎,报警装置就会发出警报。它主要用于珠宝店、银行、计算机中心和其他有特别要求的建筑物。

3）夹层玻璃的外观质量与技术性能指标

① 夹层玻璃的外观质量。按规定,在良好的光照条件下,距试样正面约600 mm处进行目测检查,夹层玻璃的外观质量应符合表2-2-19的规定。

表 2-2-19　夹层玻璃的外观质量要求

缺陷名称	优等品	合格品
胶合层气泡	不允许存在	直径在 300 mm 圆内允许长度为 1～2 mm 的胶合层气泡 2 个
胶合层杂质	直径在 500 mm 圆内允许长 2 mm 以下的胶合层杂质 2 个	直径在 500 mm 圆内允许长 3 mm 以下胶合层杂质 4 个
裂痕	不允许存在	
爆边	每平方米玻璃允许长度不超过 20 mm,自玻璃边部向玻璃表面延伸深度不超过 4 mm,自板面向玻璃厚度延伸深度不超过厚度一半的爆边	
	4 个	6 个
叠边、磨伤、脱胶	不得影响使用,可由供需双方商定	

② 夹层玻璃技术性能要求如表 2-2-20 所示。

表 2-2-20 普通夹层玻璃的技术性能要求

项　　目	指　　标
耐热性	60 ℃±2 ℃无气泡或脱胶现象
耐湿性	当玻璃受潮气作用时,能保持透明度和强度不变
机械强度	用 0.8 kg 的钢球自 1 m 处自由落下,试样不破碎成分离的碎片,只有辐射状的裂纹和微量的玻璃碎屑,碎屑最大边不超过 1.5 mm
透明度	82%(5+5 厚玻璃)

4）夹层玻璃的应用

夹层玻璃主要用于有振动或冲击力作用的,或防弹、防盗及其他有特殊安全要求的建筑门窗、隔墙、工业厂房的天窗和某些水下工程,也可作为汽车、飞机的挡风玻璃等。

2.4.4 节能玻璃材料

随着人们对室内环境安全性、舒适性的日益重视,作为装修材料的玻璃已经由单一的采光功能向着装饰、节能功能方向发展,建立绿色空间的作用也在加强。由于建筑中玻璃窗、玻璃幕墙的大面积应用,玻璃在建筑节能中的作用被广泛重视。有资料显示,建筑中采用银灰膜中空玻璃比采用单层玻璃每年节约能源 2/3,冬天降低采暖能耗 25%～30%。因此,对传统玻璃进行节能化改造,成为人们的共识。

1. 吸热玻璃

吸热玻璃是一种能控制阳光中热量透过的玻璃,它可以全部或部分吸收携带大量热量的红外线,从而降低通过玻璃的日照热量,同时又可以保持良好的透明度。吸热玻璃可产生冷房效应,大大降低了冷气能耗。吸热玻璃的生产是在普通钠钙硅酸盐玻璃中加入着色氧化物,如氧化铁、氧化镍、氧化钴及硒等,使玻璃带色并具较高的吸热性能;也可在玻璃表面喷涂氧化锡、氧化镁、氧化钴等有色氧化物薄膜而制成。吸热玻璃的特点如下:大量吸收太阳的辐射热;吸收太阳可见光;具有一定的透明度;能够吸收较多的紫外线;耐久性好,色泽经久不衰。普通浮法玻璃和吸热玻璃对太阳光的阻挡与透射对比如图 2-2-9 所示。

吸热玻璃常用的颜色为蓝色、茶色、灰色等,以蓝色吸热玻璃最为常用。吸热玻璃的厚度分为 2 mm、3 mm、4 mm、5 mm、6 mm、8 mm、10 mm 和 12 mm,其长度和宽度与普通平板玻璃和浮法玻璃相同。

目前普通吸热玻璃已广泛应用于建筑装饰工程门窗、外墙及车、船等的挡风玻璃等场合,起到采光、隔热、防眩等作用。它还可以按不同的用途进行加工,制成磨光、夹层、中空玻璃等。

由于吸收了大量太阳辐射热,吸热玻璃的温度会升高,容易产生不均匀的热膨胀而导致"热炸裂"现象。因此,在使用吸热玻璃的过程中,应注意采取构造性措施,

入射光100
反射7
透过80
吸收及外消散9
吸收并向外消散4
总阻热16　总透过84

浮法玻璃（厚6 mm）

入射光100
反射6
透过45
吸收及外消散34
吸收并向外消散15
总阻热40　总透过60

吸热玻璃（厚6 mm）

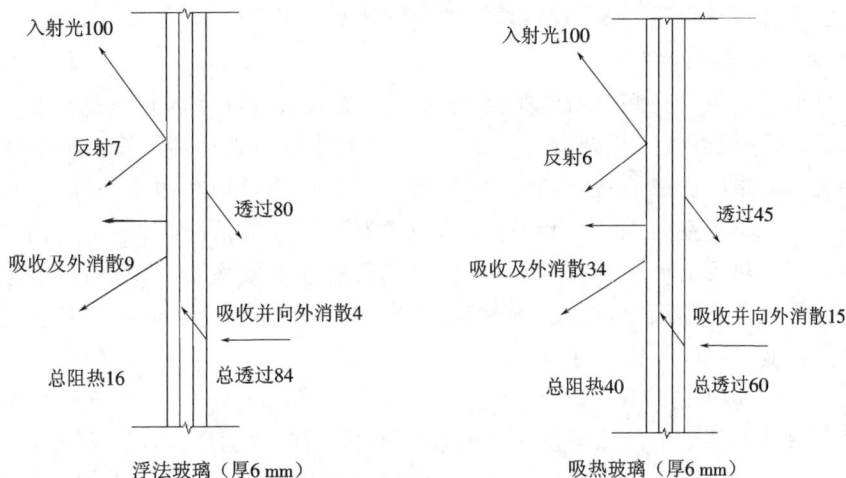

图 2-2-9　普通浮法玻璃和吸热玻璃对太阳光的阻挡与透射对比

减少不均匀热胀，以避免玻璃破坏。具体办法有如下几种。

① 加强玻璃与窗框等衔接处的隔热。

② 创造利于整体降温的环境。

③ 避免吸热玻璃上出现形状复杂的阴影。

2. 热反射玻璃

热反射玻璃又称镀膜镜面玻璃，是将平板玻璃经过深加工后得到的一种玻璃制品，具有优秀的遮光性、隔热性和良好的透气性，可以有效节约室内空调能源。

1）热反射玻璃的加工方法

热反射玻璃是在玻璃表面涂以银、铜、铝、镍等金属及其氧化物的薄膜，或粘贴有机薄膜，或采用电浮法等离子交换法，向玻璃表层渗入金属离子以置换玻璃表层原有离子，形成具有高热反射能力和良好透光性的玻璃。热反射玻璃有灰色、茶色、金色、浅蓝色、古铜色等，常用厚度为 6 mm，规格尺寸有 1600 mm× 2100 mm、1800 mm× 2000 mm 和 2100 mm× 3600 mm 等。

2）热反射玻璃的主要技术性能

① 热反射玻璃有较小的阳光遮蔽系数。阳光遮蔽系数越小，说明通过玻璃射入室内的光能越少，冷房效果越好。以太阳光通过 3 mm 厚透明玻璃射入室内的光量为单位，在同样条件下得出太阳光通过各种不同玻璃射入室内的相对光量，叫玻璃的遮蔽系数。

② 热反射玻璃对太阳辐射热有较高的反射能力。6 mm 厚的透明浮法玻璃对辐射热的反射率为 17％左右，而热反射玻璃的反射率可达 60％左右。

③ 对太阳辐射热的透过率。小于 6 mm 厚的热反射玻璃比同厚度透明浮法玻璃对太阳辐射热的透过率减少了 60％以上，比同厚度吸热玻璃减少了 45％左右。

④ 对可见光的透过率。小于 6 mm 厚的热反射玻璃比同厚度透明浮法玻璃对

可见光的透过率减少了 75%，比同厚度茶色玻璃减少了 60%。

3）热反射玻璃的特点

热反射玻璃因其良好的隔热性能，保证了日晒时室内温度的相对稳定和光线柔和，从而节约了用以供应空调制冷的电力，调节了建筑的光环境。镀金属膜的热反射玻璃还具有单向透像的特征，将这种特殊性能的玻璃运用在建筑外墙上，可在白天产生室外看不到室内，而室内却可以清晰地看到室外的情况，对建筑物内部起到遮蔽的作用。热反射玻璃具有镜面效应，用热反射玻璃做幕墙，可将周围的景象及天空的云彩映射在幕墙上，构成一幅绚丽的图画。另外，热反射玻璃还具有化学稳定性高、耐刷洗性好、装饰性好等特点。

4）热反射玻璃的应用

热反射玻璃的太阳能总透射比和遮蔽系数小，因而特别适合用于炎热地区。热反射玻璃在建筑装修工程中主要用于玻璃幕墙、内外门窗及室内装饰等，用于门窗工程时，常加工成中空玻璃或夹层热反射玻璃，以进一步提高节能效果。

3. 中空玻璃

中空玻璃又称隔热玻璃，由两层或两层以上的平板玻璃组合在一起，四周以高强度、高气密性复合胶黏剂将两块以上的玻璃铝合金框架、橡胶条、玻璃条黏结密封，同时在中间填充干燥的空气或惰性气体。制作中空玻璃的玻璃原片，大部分是普通平板玻璃，也可选用钢化玻璃、吸热玻璃、镀膜反射玻璃以及压花玻璃、彩色玻璃等。中空玻璃中玻璃与玻璃之间留有一定的空气层，其厚度一般在 6～12 mm 之间。正是由于空气层的存在，玻璃具有较好的保温、隔热、隔声等功能。德国就要求所有的建筑物必须采用中空玻璃，禁止直接将普通平板玻璃作为窗玻璃使用，并且收到了良好的节能效果。

1）中空玻璃的性能

中空玻璃的性能包括光学性能、热工性能、隔声性能、防结露性能等。

① 光学性能。根据所选用玻璃原片的不同，中空玻璃可以具有各种不同的光学效果和装饰效果，起到调节室内光线、防眩目等作用。

② 热工性能。中空玻璃具有良好的隔热性能。两层的中空玻璃的传热系数由普通玻璃的 6.8 W/m²·℃左右降到 3.17 W/m²·℃左右，三层中空玻璃则更低，在某些条件下其绝热性甚至优于混凝土墙。

③ 隔声性能。中空玻璃有很好的隔声性能，一般情况下可以降低噪声 30～40 dB，使建筑达到其所需要的安静程度。

④ 防结露功能。玻璃结露、结霜之后，会严重影响玻璃的透视性能等多种光学性能。中空玻璃的防结露能力很强。通常情况下，中空玻璃内层接触湿度较高的室内空气，玻璃表面温度也较高。而外层玻璃的表面温度较低，但接触室外环境的湿度也低，所以不易于结露。由此可见，中空玻璃的传热系数和夹层内部空气的干燥度是检验中空玻璃性能的重要指标之一。

中空玻璃的各项性能应满足表 2-2-21 的要求。

表 2-2-21　中空玻璃的性能要求

项　　目	试验条件	性能要求
密封	在试验压力低于环境气压(10±0.5) kPa 的情况下,厚度增长偏差<15%为不渗漏	全部试样不允许有渗漏现象
露点	将露点仪温度降到不大于-40 ℃,使露点仪与试样表面接触 3 min	全部试样内表面无结露或结霜
紫外线照射	紫外线照射 168 h	试样内表面不得有结雾或污染的痕迹
气候循环及高温、高湿	气候试验经 320 次循环,高温、高湿试验经 224 次循环后进行露点测试	总计 12 块试样,至少 11 块无结霜或结露

2）中空玻璃的种类

中空玻璃按制造方法分为制造、焊接和熔接三种,按玻璃层数可分为两层、三层和四层三种,按用途可分为普通中空玻璃和特种中空玻璃。中空玻璃构造图示见图 2-2-10。

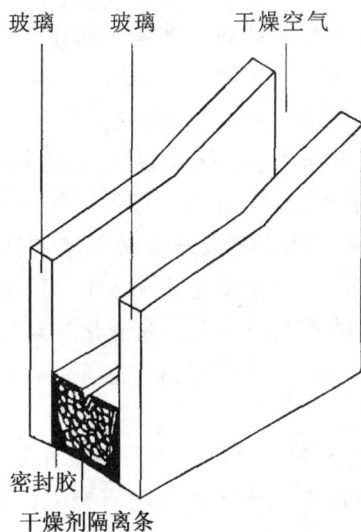

图 2-2-10　中空玻璃构造图示

3）中空玻璃的应用

中空玻璃主要用于需要采光,但又要求保温隔热、隔声、无结露的门窗、幕墙、采光顶棚等,还可用于花棚温室、冰柜门、细菌培养箱、防辐射透视窗及车船的挡风玻璃等。

4. 其他玻璃材料

建筑环境及其功能的复杂性和人们审美情趣的个性化,都使得玻璃制品必须不断推陈出新,以满足人们的要求。因此,新颖的、具有特殊功效的装饰玻璃的品种越来越多,为室内设计师提供了更广阔的选择空间。由于这些材料品种繁多,现仅仅选择较有代表性的材料进行简单的介绍。

1)玻璃砖

玻璃砖又称特厚玻璃,分为实心和空心两种。实心玻璃砖是采用机械压制方法制成的;空心玻璃砖是采用模具压制而成的,它由两块玻璃加热熔结成整体的玻璃空心砖,中间充以干燥空气,经退火,最后涂饰而成。空心玻璃砖的应用较实心玻璃砖广泛。玻璃砖具有抗压强度高、耐急热急冷性能好、采光性好、耐磨、耐热、隔声、隔热、防火、耐水及耐酸碱腐蚀等多种优良性能,因而是一种理想的装饰材料,适用于宾馆、商店、饭店、体育馆、图书馆等建筑物的墙体、隔断、门厅、通道等处。

空心玻璃砖按形状分为正方形、矩形和各种异形产品。外观尺寸一般为厚度 80~100 mm,长、宽边长 115 mm、190 mm、240 mm、300 mm 等。空心玻璃砖按空腔的不同分为"单腔"和"双腔"两种。所谓"双腔",是在两个凹形砖坯之间再夹一层玻璃纤维网膜,从而形成两个空腔。因此,"双腔"空心玻璃砖具有更高的热绝缘性能。

空心玻璃砖属于不燃烧体,能有效阻止火势蔓延。空心玻璃砖的隔热性能良好,因此,玻璃砖砌筑的外墙具有很好的隔热作用,在节约能源的同时,获得了冬暖夏凉的效果。空心玻璃砖还具有优良的隔绝噪声的作用,隔音量为 50 dB。空心玻璃砖具有独特的透光性能。使用空心玻璃砖砌筑墙体,能够形成大面积的透光墙体,并且能隔绝视线,从外部观察不到内部的景物。

空心玻璃砖一般用来砌筑非承重的透光墙壁,如建筑物的内外隔墙、淋浴隔断、门厅、通道等处,特别适用于体育馆、图书馆等需要控制透光、眩光和日光的场所。西餐厅、迪厅、咖啡厅、酒吧等空间环境要求光线较暗,同时重视室内光环境氛围的营造,所以,空心玻璃砖也常常配用在这些场所之中。用空心玻璃砖砌成外墙,能使室外光线通过砖花纹的散射随机性地产生光线变化效果和光影关系,成为一种创造室内空间视觉感受和新奇光环境的良好方法。

2)玻璃马赛克

玻璃马赛克又称玻璃锦砖,是一种小规格的用于外墙和地面贴面的彩色饰面玻璃。玻璃马赛克在外形和使用方法等方面都与陶瓷锦砖有相似之处。玻璃锦砖的单体规格一般为 20~50 mm 见方,厚度为 4~6 mm,四周侧边呈斜面,上表面光滑,下表面带有槽纹,便于粘贴。

玻璃马赛克有很多优良的特性,具体如下。

① 色彩绚丽、典雅美观。玻璃马赛克能制成红、黄、蓝、白、黑等几十种颜色,且颜色是加入玻璃材质中的,所以有很高的色泽稳定性。各种颜色的小块锦砖有透明、半透明、不透明之分,还有的带金色、银色斑点或条纹。

② 玻璃马赛克价格较低,饰面造价为釉面砖的 1/3~1/2,为天然大理石、花岗岩的 1/7~1/6,与陶瓷马赛克相当。

③ 质地坚硬、性能稳定,其熔制温度在 1400 ℃左右,成型温度为 850 ℃,具有与玻璃相近的力学性质和稳定性。玻璃马赛克具有体积小、质量轻、黏结牢固、耐热、耐寒、耐酸碱等性能。

④ 施工方便,减少了湿作业并节约了材料堆放地,施工强度不大,施工效率高,特别适合于高层建筑的外墙面装饰。

⑤ 不易玷污,永不褪色。由于玻璃具有光滑表面,所以具有不吸水、不吸尘、抗污性好的特点,并具有雨水自然洗涤、经久常新的特点。这是玻璃马赛克优于陶瓷锦砖的重要方面。

【本章要点】

室内装修硬质量材料主要是指石材、金属、陶瓷以及非金属等材料,在使用材料时应掌握其基本特点。石材主要由天然石材和人造石材两大部分组成,是重要的室内装修材料,绿色环保复合石材正被大力发展。金属类材料主要由各种类型的不锈钢材料、铝合金材料、铜合金材料及板材组成,它的特点是质量轻且密封效果好,强度高,加工方便。陶瓷分为陶器和瓷器两大种类,前一种不挂釉,有单色和多种色彩之分;后一种挂釉,有着丰富多变的图案,且瓷质有很大的差别,在现代室内装修中用途广泛。玻璃一般包括普通平板玻璃、钢化玻璃、热反射玻璃等。在具体玻璃装修材料中要根据具体设计功能,合理选择材料类型,其突出特点是不吸尘、表面光滑、抗污染性能好、光感效果佳。

【思考与练习】

2-2-1　装修材料中常用的天然大理石、花岗石有哪几种? 选用时应注意哪些方面?

2-2-2　人造石材的主要特征是什么? 主要用于哪些方面?

2-2-3　金属类材料主要分哪几大类? 分别说明它们的优缺点。

2-2-4　铝合金的显著特征是什么? 主要用于哪些方面?

2-2-5　常用装修陶瓷的种类有哪些? 详细说明墙地砖材料。

2-2-6　如何区分陶质与瓷质材料? 在室内装修选材时应注意什么?

2-2-7　详细说明普通平板玻璃、钢化玻璃、节能玻璃等材料。

2-2-8　玻璃材料在室内装修艺术中的表现特征主要有哪些?

第3章　室内装修软质类材料

3.1　室内木质板饰材料

3.1.1　木材基本知识

1. 木材的分类

木材按树种一般分为针叶树材和阔叶树材两大类。

针叶树多为常绿树,材质均匀轻软,纹理平顺,加工性较强,故针叶树材又称软材。针叶树材强度较高,表观密度和干湿变形较小,耐腐蚀性较强,为装修工程中主要用材,广泛用于承重结构构件和门窗、地面用材及装饰用材等。常用树种有冷杉、云杉、红松、马尾松、落叶松等。

阔叶树大多为落叶树,材质一般重而硬,较难加工,故阔叶树材又称硬材。阔叶树材通直部分一般较短,干湿变形大,易翘曲和干裂,建筑上常用作尺寸较小的构件,不宜作为承重构件。有些树种纹理美观,适合用于室内装修、制作家具及胶合板等。常用树种有榆木、水曲柳、樱桃木、杨木、柞木、槐木等。

按加工程度和用途的不同,木材可分为原条、原木和板方材,原条指已经除去皮、根、树梢的伐倒木,但尚未加工成规定尺寸的木材;原木指已经除去皮、根、树梢的木料,并加工成一定直径和长度的木条;板方材指已按一定尺寸锯解、加工成的板材和方材,宽度为厚度的3倍或3倍以上的称为板材,不足3倍的称为方材(见表2-3-1)。

表 2-3-1　木材按加工程度和用途的分类

分类		说　　明	用　　途
原条		除去皮、根、树梢的伐倒木	用作进一步加工
原木		除去皮、根、树梢的木料,并加工成一定直径和长度的木段	用作屋架、柱、檩条等,也可用于加工板方材和胶合板等
板方材	板材(宽度为厚度的3倍或3倍以上)	薄板:厚度12~21 mm	门芯板、隔断、木装修等
		中板:厚度25~30 mm	屋面板、装修、地板等
		厚板:厚度40~60 mm	门窗
	方材(宽度小于厚度的3倍)	小方:截面积50 cm² 以下	椽条、隔断木筋、吊顶格栅
		中方:截面积50~100 cm²	支撑、格栅、扶手、檩条
		大方:截面积101~225 cm²	屋架、檩条
		特大方:截面积226 cm² 以上	木或钢木屋架

2. 木材的基本构造

可从树干的三个切面上来剖析其构造，三个切面分别为横切面（垂直于树轴的切面）、径切面（通过树轴的纵切面）和弦切面（平行于树轴的纵切面）。树干由树皮、木质部和髓心三部分组成。

① 树皮是指木材外表面的整个组织，起保护树木的作用，建筑上用途不大，但在装修设计中可充分利用。针叶树树皮一般呈红褐色，阔叶树多呈褐色。

② 木质部是木材作为建筑材料使用的主要部分，研究木材的构造主要是研究木质部的构造。木质部中，接近树干中心颜色较深的部分称为芯材，仅起支持树干的力学作用。芯材含水量较少，所以湿胀干缩较小，抗腐蚀性也较强。靠近横切面的外部，颜色较浅的部分称为边材。它含水量较多，易翘曲变形，抗腐蚀性较芯材差。

③ 在树干中心由第一轮年轮组成的初生木质部分称为髓心。其材质松软，强度低，易腐朽开裂。从髓心向外呈放射状穿过年轮分布的横向纤维称为髓线。木材弦切面上髓线呈长短不一的纵线，在径切面上则形成宽度不一的射线斑纹。髓线的细胞壁很薄、质软，与周围细胞结合力弱，木材干燥时易沿髓线开裂。

木材的基本构造见图 2-3 1。木材各强度值大小关系见表 2-3-2。

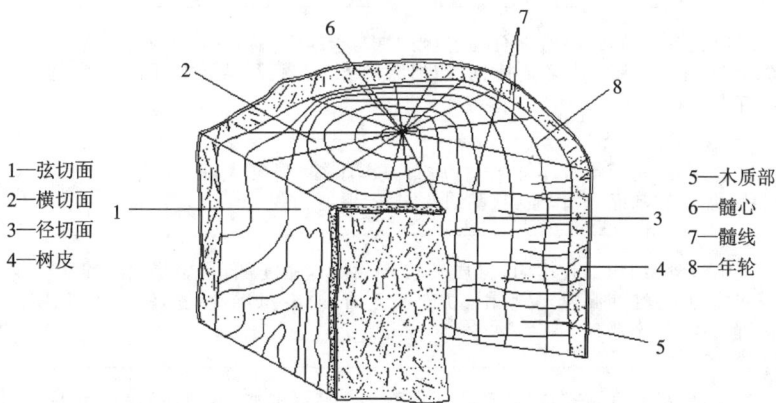

1—弦切面
2—横切面
3—径切面
4—树皮

5—木质部
6—髓心
7—髓线
8—年轮

图 2-3-1　木材的基本构造

表 2-3-2　木材各强度值大小关系

抗压		抗弯	抗剪		抗拉	
顺纹	横纹		顺纹	横纹	顺纹	横纹
1	1/10～1/3	1.5～2	1/7～1/3	1/2～1	2～3	1/20～1/3

3. 装修常用木材种类及特点

由于树木生长的地域和气候环境的不同，各种木材的使用性能也有差异。建筑装饰中常用的木材种类及其特性、用途如表 2-3-3 所示。

表 2-3-3　建筑装饰中常用木材种类的特性、用途

木材种类	主要性能	用途
水曲柳	纹理直,结构粗且不均匀,木材较重,硬度、强度、干缩中等,耐腐蚀,不耐虫蛀,易加工,切削面光洁,握钉力强,胶黏性能好	高级家具、胶合板及薄木、乐器、车辆、船舶、室内装修
榉木	纹理直且美观,结构中且不均匀,干缩小,强度中高,切削面光洁,油漆、黏结性能好,握钉力强,不易劈裂	家具、单板、室内装饰
胡桃木	抗劈裂性和韧性好,干燥慢,弯曲性、加工性好,表面光滑,易雕刻、磨光、黏结性能好	高档家具、装饰品、室内装修
核桃木	以直纹为主,结构细且均匀,质重而稳定,变形小,硬度及强度中,干缩小,干燥慢,易劈裂,切削面光洁,耐腐蚀,油漆、黏结性能好,握钉力强	家具、单板、室内装饰
斑马木	纹理豪放且直,结构略粗且均匀,质软,强度低,干燥易翘曲,易加工,不耐腐蚀,切削面粗,油漆、黏结性能好,打钉容易,但握钉力稍弱	胶合板、装饰面板、家具
楸木	纹理交错美丽,结构略细且均匀,硬度中,干缩大,强度低,干燥快,不易变形,易加工,不耐腐蚀,切削面光洁,油漆、黏结性能好,握钉力小,不易劈裂	家具、室内装修
槐木	纹理直,结构较粗且不均匀,材质重、硬,干缩、强度大,耐腐蚀性强,加工切削面光滑,油漆、黏结性能好,握钉力强	家具、装修部件
香樟	交错纹理,结构细且均匀,材质较软,干缩小,强度低,易干燥,少翘曲,耐腐蚀和高温,易切削,切削面光洁,油漆、黏结性能好,握钉力中等,不劈裂	家具、室内装饰、单板
红松	有光泽,松脂气味较浓,纹理直,强度较低,易锯刨加工,刨切面光滑,耐腐蚀,握钉力中等	船舶、车辆、建筑、门窗、室内装修
柚木	纹理直,结构中且不均匀,密度、硬度、强度中,干缩小,干燥质量好,性能稳定,耐腐蚀,耐虫蛀,加工较难,刨切面光滑,油漆、黏结性能好,握钉力强	

4. 木材的防火与防腐

木材在使用过程中存在两大明显的缺陷,一是易燃烧,二是易腐朽。因此,在建筑工程中应用木材时,必须考虑木材的防火与防腐。

1) 木材的防火

木材属木质纤维材料,易燃烧,是具有火灾危险性的有机可燃物,燃烧时的温度可达 800～1300 ℃。由于木材作为理想的建筑装修材料被广泛用于各种建筑装修之

中,因此,木材的防火问题显得尤为重要。所谓木材的防火,就是将木材进行阻燃处理,使之成为难燃材料,遇小火能自行熄灭,遇大火能延缓火势或阻滞燃烧蔓延,从而赢得扑救时间。

2) 木材的防腐

木材受到真菌侵害后,颜色会改变,结构会逐渐变得松软、脆弱,强度降低,这种现象称为木材的腐朽。在适宜条件下,腐朽菌便可将木质细胞分解为养料,使细胞壁遭到完全破坏,使木材先变色或着色,最后软腐或粉化,强度降低,甚至失去全部承载能力。腐朽菌的生长必须同时具备下列三个条件:木材含水率高于20%,环境温度在2~35 ℃范围内,有氧气供应。若能破坏三个条件中的任何一个条件,即可抑制真菌生长,防止木材腐朽。

3.1.2 木质装饰制品

尽管各种新型装饰材料层出不穷,但木材特有的质感、光泽、色彩、纹理等是其他装饰材料无法相比的,木质装饰制品在建筑装饰领域始终保持着重要的地位。木材历来被广泛应用于建筑物的室内装修与装饰,如门窗、栏杆、扶手、木地板、踢脚、挂镜线以及制作各类人造板材、装饰线条等。木材具有的自然纹理使木材的装饰效果典雅、亲切、温和、自然,很好地促进了人与空间的融合和情感交流,从而创造出良好的室内氛围。建筑装饰中常用的木质装饰制品有木地板、木质人造板材、木装饰线条、木花格、旋切微薄木以及木龙骨等。

1. 木地板

木地板是由软木材料(如松、杉等)或硬木材料(如水曲柳、柞木、榆木、樱桃木及柚木等)经加工处理而成的木板面层。木地板是高级的室内地面装饰材料,具有自重轻、弹性好、脚感舒适、导热性小、冬暖夏凉等特性,尤其是它独特的质感和纹理,迎合了人们回归自然、追求质朴的心理,备受消费者的青睐。

木地板从原始的实木地板发展至今,新品纷呈,已由单一的实木地板衍生出众多的木地板品种。目前,常用的木地板主要有实木地板、复合木地板和软木地板等。

1) 实木地板

实木地板是将天然木材用机械设备加工而成的,不经过任何黏结处理。该地板的特点是保持了天然材料即木材的性能,常用的实木地板有拼花木地板和条木地板。

① 拼花木地板。拼花木地板是用阔叶树种的硬木材,经干燥处理并加工成一定几何尺寸的木块,再拼成一定图案而成的地板材料。拼花木地板通过小木块不同方向的组合,可拼造出多种美观大方的图案花纹,常用的有正芦席纹、斜芦席纹、人字纹及清水砖墙纹等。图案花纹的选用应根据房间面积的大小和个人爱好而定,合理选择图案,能使面积大的房间显得稳重高雅,使人在面积小的房间中能感觉到宽敞、亲切、轻松(见图 2-3-2)。

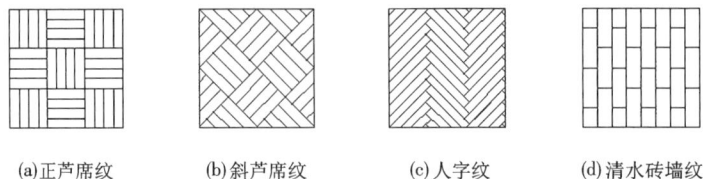

(a)正芦席纹　　(b)斜芦席纹　　(c)人字纹　　(d)清水砖墙纹

图 2-3-2　拼花木地板图案

拼花木地板的木块尺寸，一般长度为 250～300 mm；宽度为 40～60 mm，最宽可达 90 mm；厚度为 20～25 mm。拼花木地板有平口接缝地板和企口拼接地板两种。常用拼花木地板的品种和规格如表 2-3-4 所示。

表 2-3-4　常用拼花木地板的品种和规格

品种	材质	参数	长×宽×厚/(mm×mm×mm)		
平头接缝地板	以水曲柳、柞木、榆木等硬木为原料加工而成	—	120×24×8　　150×30×10 150×37.5×10　300×50×12		150×50×10
企口地板	以进口缅甸柚木、樱桃木、花梨木、楠木和中国青冈、白梨等优质树种为原料，经加工而成。有柚木和白木组合拼格砖块、花梨与白木组合、镶上钢条、柚木中点缀白木图案、席纹拼贴等多种图案	缅甸柚木	305×50.8×12　400×100×15 200×50×12　　600×100×15 320×80×12　　800×100×15 400×80×12　　910×100×15 500×80×12　　1000×100×15		305×50.8×18 400×100×18 600×100×18 800×100×18 1000×100×18
		中国青冈、白梨	305×50.8×15　305×50.8×18 400×100×15　　1000×100×18		
席纹木地板	采用南方优质硬木，经蒸煮烘干处理后加工而成。经过油漆、打蜡、抛光，具有豪华、舒适、防潮、隔声、耐磨、装饰性好等优点	平口板	150×30×14　　150×30×10 200×40×14　　200×40×20		
		企口板	200×40×18 300×50×20		

拼花木地板的铺装分双层和单层两种。双层拼花木地板是将面层用暗钉钉在毛板上，单层拼花木地板是采用适宜的黏结材料，将木地板直接粘贴在找平后的混凝土基层上。拼花木地板按质量好坏分为高、中、低三个档次。拼花木地板坚硬而富有弹性，耐磨、耐腐蚀，质感和光泽好，纹理美观，一般均经过远红外线干燥处理，含水率保持恒定，因而外形稳定，易保持地面平整而不变形。拼花木地板均采用清漆进行油漆，以显露木材漂亮的天然纹理，适用于高级宾馆、饭店、别墅、会议室、展览室、体育馆、影剧院及住宅等场所的地面装饰。

② 条木地板。条木地板是中国传统的木地板，它一般采用径级大的优良树种经干燥处理和设备加工而成。常用的树种有松木、杉木、柳桉木、水曲柳、樱桃木、柞

木、柚木、桦木及榉木等,要求采用不易腐蚀、不易变形开裂的木板。条木地板有双层和单层之分,双层者下层为毛板,面层为硬木板。

条木地板的宽度一般不大于 120 mm,厚度不大于 25 mm。条木地板的品种和规格如表 2-3-5 所示。按照地板铺设要求,地板拼缝处可做成平头、企口或错口(见图 2-3-3)。

表 2-3-5　条木地板的品种和规格

品　种	材　质	长×宽×厚/(mm×mm×mm)	
长条木地板	以优质山樟、红白柳桉等加工而成,产品具有纹理清晰、耐磨损、柔韧性好、表面光洁等特点	(600～1200)×(60～120)×(16～22)	
企口木地板	以柚木、榉木、柞木、西南桦、红豆杉、香柏木等为原料加工而成	有各种规格	
高级无尘木地板	以樱桃木、桦木、栎木等木材加工而成,具有无尘、耐高温、防潮、防腐、防蛀、经久耐磨等特点,是一种质感高雅、豪华、气派的地板材料	600×90×12 450×90×12 750×90×12 750×75×12	600×90×15 450×90×15 750×75×15 750×90×15

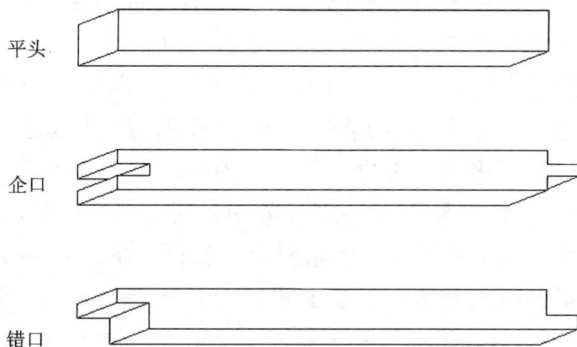

图 2-3-3　条木地板材料节点构造

条木地板铺设方式有空铺和实铺两种,空铺条木地板由龙骨、水平撑和地板三部分构成混凝土基层。缺陷少的优良树种经干燥处理和实铺,可直接将木地板粘贴在水泥砂浆找平后的混凝土基层上。

条木地板有上漆和不上漆之分。不上漆的条木地板是用户铺设安装完毕后再上油漆,而上漆木地板是指生产厂家在木地板生产工程中就上了漆。不上漆的条木地板一般在铺设安装完毕后,经过一段时间,待木材变形稳定后再进行刨光、清扫及油漆。一般采用透明的清漆做涂层,使木材的天然纹理清晰可见,增加室内装饰感。

市场上比较多的是一次成型实木地板,它与现场油漆地板比较,安装过程简单,油漆质量好,但价格较高。实木地板的油漆工艺是一种利用紫外线照射含有感光原料的特种油漆,使油漆分子结构发生重组,从而完成油漆固化的过程,这种固化过程是不可逆的。由于采用了特种油漆和特殊的工艺处理,实木地板的漆面较手工油漆的木地板具有更高的丰满度和自然光泽度,且漆膜均匀完整,反光度分布均匀,漆膜具有耐火性和相对较高的耐磨性。若没有人为的严重破坏,漆板无须每年上油漆保养,使用寿命可高达几十年。

条木地板具有整体感强、自重轻、弹性好、脚感舒适、导热性小、易于清洁、美观大方等特点,尤其是经过良好的表面涂饰处理之后,既显示出优美自然的纹理,又保持亮丽的木材本色,给人以清新雅致、自然淳朴的美好感受。条木地板适用于办公室、会议室、休息室、宾馆客房、舞台、住宅等的地面装饰。

2）复合木地板

随着木材加工技术和高分子材料应用的快速发展,复合地板作为一种新型的地面装饰材料得到了广泛应用。在中国木材资源尤其是珍贵木材资源相对缺乏的情况下,采用复合木地板代替实木地板不失为节约天然资源的好办法。复合木地板分为实木复合地板和强化复合木地板两大类。

① 实木复合地板。实木复合地板分为三层实木复合地板和多层实木复合地板,三层实木复合地板由三层实木板相互垂直层压、胶合而成;多层实木复合地板是以多层实木胶合板为基材,在基材上覆贴一定厚度的珍贵木材薄片或刨切单板为面板,通过合成树脂胶热压而成。目前国内应用较多的是三层实木复合地板。

三层实木复合地板由面层、芯层、底层三层组成。面层为耐磨层,厚度为 4～7 mm,应选择质地坚硬、纹理美观的珍贵树种,如榉木、橡木、樱桃木、水曲柳等锯切板;芯层厚 7～12 mm,可采用软质的速生材,如松木、杉木、杨木等;底层（防潮层）厚2～4 mm,采用速生材（如杨木）或中硬杂木悬切单板。三层板材通过合成树脂胶热压而成,再用机械设备加工成地板。实木复合地板面层的厚度决定其使用寿命,面层板材越厚,耐磨损的时间越长。三层实木复合地板常用规格一般为 2200 mm×（180～200）mm×（14～15）mm。实木复合地板由于各层木材纹理相互垂直胶结,减小了木材的胀缩率,因而变形小、不开裂。

实大复合地板表层采用珍贵的优质硬木板,只需 4～5 mm 厚,可节约珍贵木材。实木复合地板加工精度高,因此,在选择时一定要仔细观察地板的拼接是否严密,并且两相邻板之间应无明显高低差。实木复合地板的主要优点同实木地板:铺装方便简单,可以直接铺于平整的普通水泥地面或其他地面上,涂层光洁均匀、保养方便,尺寸变形小,整体装饰效果好等。不足之处在于,若是胶合质量把关不严和使用维护不当,会发生开胶;若用脲醛胶胶合,板内含有一定的甲醛,对人体有害。

高档次的实木复合地板采用高级 UV 压光漆,这种漆经过紫外光固化,耐磨性能非常好,一般家庭使用这种木地板不必打蜡维护,使用几十年不需上漆。另外,还要考虑地板的亚光度,地板的光亮程度应首先考虑柔和、典雅,对视觉无刺激。高档次的实木复合地板必须使用甲醛含量低的胶料,甲醛释放量应符合国家标准的有关规定,以保证产品的环保性能。

②强化复合木地板。强化复合木地板简称强化木地板或浸渍纸层压木质地板,由耐磨层、装饰层、芯层、防潮层通过合成树脂胶热压胶合而成。其结构为:面层是含有耐磨材料的三聚氰胺树脂浸渍木纹图案装饰纸,芯层为高密度纤维板,底层(防潮层)为浸渍酚醛树脂的平衡纸。由于强化复合木地板的装饰层为木纹图案印刷纸,因此强化复合木地板的花色品种很多,色彩丰富,几乎覆盖了所有的珍贵树种,同时还有色彩丰富、造型别致的拼接图案,使得强化复合木地板能实现许多别具一格的装饰效果。

强化复合木地板一般宽为 180 mm、200 mm,长为 1200 mm、1800 mm,厚为 6 mm、7 mm、8 mm、12 mm 等。强化复合木地板每个边都有榫和槽,易于安装,可直接在普通水泥地面或其他地面上安装,与地面不需胶结,直接浮贴在地面上,无须上漆打蜡。另外,强化复合木地板还具有耐烟烫、耐化学试剂污染、耐磨、易清洁、抗重压、防虫蛀、花纹美丽多样等特点,但弹性不如实木复合地板。强化复合木地板适用于会议室、办公室、高清洁度实验室等,也可用于中、高档宾馆,饭店及民用住宅的地面装修等。强化复合木地板虽然有防潮层,但不宜用于浴室、卫生间等潮湿的场所。

检验强化复合木地板的主要指标如下:第一,表面耐磨转数,这项指标根据使用场合选择,家庭用大于 6000 转,公共场所用大于 9000 转。第二,甲醛释放量,我国针对公共场所空气甲醛浓度已颁布了强制性标准,规定不超过 1.5 mg/L。第三,吸水厚度膨胀率的指标越高,地板越易膨胀,国家规定这项指标合格品应在 10.0% 以内。第四,内结合强度越大,强化复合木地板结合越紧密。国家规定这项指标应达到 1.0 MPa 以上。应引起人们注意的是,实木复合地板和强化复合木地板所用的胶黏剂中含有一定量的甲醛,这些甲醛逐渐会向周围环境释放。甲醛是一种对人体有害的物质,人体处于甲醛浓度较高的环境中,会引起眼睛、鼻腔以及呼吸道的不适,长期处于这种环境中有致癌的危险。空气中甲醛浓度过高会致人死亡。因此,消费者在选择地板时,应选择甲醛含量较少的地板,最好选购经国家质检部门检验合格的地板;并且在铺设后的一段时间内,注意保持室内通风,新居应在装修 1 个月以后再搬进居住。室内还可以放置一些花、草等绿色植物,有助于减少室内的有害气体。

3)软木地板

软木实际上并非木材,它是由阔叶树种的树皮上采割而获得的"栓皮"。该类树的树皮不同于一般的树皮,其树皮中栓皮层极其发达,质地柔软,皮很厚,纤维细,成片状剥落。软木作为天然材料,弹性、柔韧性好,保温隔热性好。此外,软木还是一种吸声性和耐久性均极佳的材料,吸水率接近于零,这是由于软木的细胞结构呈蜂窝状,中间密封空气占 70%。

软木地板是以优质天然软木为原料,经过粉碎、热压而成板材,再通过机械设备加工成地板。还可以以软木为基层,优质原木薄板为表层,经加工复合成软木复合地板。这种板材外形类似于软质厚木板,因此,人们俗称为"软木",如今人们还把这种地板称为软木地板。软木地板系天然木质产品，应放置于干燥、通风的场所，若长期存放于湿度大于65％的场所，其尺寸和形状将会发生变化。此外，安装时应注意选用与软木地板相配套的胶黏剂。

软木地板经过特殊处理后，既保持了原木天然的色泽纹理，又具有软木特有的弹性和柔韧性，看似木板，踏如地毯。由于软木具有特殊细胞结构，软木地板具有弹性好、吸声减震、保温隔热、防水、防火、阻燃、抗静电、耐磨及不变形、不扭曲、不开裂等优点，被誉为环保性高档装饰材料，可取代地毯。软木地板适用于高级宾馆、计算机房、播音室、幼儿园及住宅等地面装饰。

世界上的软木制品以葡萄牙的产品最为有名，质量也最好，其产量居世界首位。我国生产软木地板的厂家较少，但近几年来在产品花色品种的开发及质量上都取得了较大的进步。现有的软木地板品种有天然软木地板、天然软木复合地板、特种橡胶软木地板等。

软木除用来制造地板外，还可用来制造墙面装饰材料——软木贴墙板。软木贴墙板完全是天然软木的纹理，图案自然，切割容易，弯曲不裂；表面经磨绒处理，手感十分舒适，冷、暖兼顾的色调给人以亲切、宁静的感受。软木贴墙板有块材，常用规格为600 mm×300 mm；也有宽为480 mm、长为8～10 m的卷材。

2. 木质人造板材

凡以木材或木质碎料等为原料，进行各种加工处理而制成的板材，通称为木质人造板材。人造板材可科学合理地利用木材，提高木材的利用率，是对木材进行综合利用的主要途径。木质人造板材与天然木板材相比，具有幅面大、质地均匀、变形小、强度大等优点，在现代建筑装饰装修、家具制造等方面得到广泛应用。值得注意的是，木质人造板材所采用的胶黏剂中含有一定量的甲醛，会污染环境并对人体有害，选用时要注意甲醛释放量应符合国家标准《室内装饰装修材料 人造板及其制品中甲醛释放限量》(GB 18580)的规定。建筑装饰工程中常用的木质人造板材有胶合板、纤维板、刨花板、细木工板等。

1）胶合板

胶合板是将原木软化处理后旋切成单皮（薄板），按奇数层数并使相邻单板的纤维方向相互垂直，再用胶黏剂胶合热压而成的人造板材。胶合板的层数有3层、5层、7层、9层和11层，常用的为3层和5层，俗称三合板、五合板。胶合板的面层通常选用光滑平整且纹理美观的单板，也可用各类装饰板等材料制成贴面胶合板，以提高胶合板的装饰性能。

胶合板的最大优点是各层单板按纹理纵横交错胶合，在很大程度上克服了木材各向异性的缺点，使胶合板材质均匀，强度高。同时，胶合板还具有幅面大、吸湿变形小、不易翘曲开裂、使用方便、纹理美观及装饰性好等优点，是建筑装饰装修工程及制造家具中用量最大的人造板材之一。胶合板的主要缺点是要使用大径级的优等原木作为单板的原料，随着森林资源，尤其是珍贵的天然森林资源的缺乏，胶合板的应用发展也受到限制。

胶合板按照有关国家标准分为特等、一等、二等、三等四个级别。胶合板的常用规格为 1220 mm×2440 mm。胶合板的类型很多,按制作单板的方法分为旋切胶合板和刨切胶合板;按胶合板的性能分为阻燃胶合板、普通胶合板和特种胶合板。胶合板的分类如表 2-3-6 所示。

表 2-3-6　胶合板的分类

分类方法	名称	主要特点及应用
按制作单板的方法分	旋切胶合板	主要用于家具内部部件的制作,常用阔叶材制作,如椴木、杨木、桦木等
	刨切胶合板	主要用于高档家具或装饰中的重要表面部件,常用珍贵阔叶材或花纹美丽的树种制作,现常在普通胶合板上覆贴刨切单板,制成装饰胶合板
按胶合板的性能分	阻燃胶合板	单板经阻燃处理,采用阻燃胶黏剂,燃烧性能能达到 B1 级标准。主要用于防火要求高的场所,如歌厅、舞厅等娱乐场所的装修等
	普通胶合板	Ⅰ类(NOF)胶合板:耐气候、耐沸水胶合板,主要用于室外;Ⅱ类(NS)胶合板:耐水胶合板,室内和室外均可用;Ⅲ类(NC)胶合板:耐潮胶合板,室内常温使用;Ⅳ类(BNC)胶合板:不耐潮胶合板,用于温度较低的环境
	特种胶合板	用于特殊用途,如混凝土模板、防辐射等

2) 纤维板

纤维板是以植物纤维为主要原料,经破碎浸泡、纤维分离、板坯成型和热压作用而制成的一种人造板材。纤维板的原料非常丰富,如木材采伐加工剩余物(树皮、刨花、树枝等)、稻草、麦秸、玉米秆、竹材等。纤维板按表观密度可分为三类:硬质纤维板(表观密度大于 800 kg/m³)、半硬质纤维板(表观密度为 400～800 kg/m³)和软质纤维板(表观密度小于 400 kg/m³)。硬质纤维板的强度高、结构均匀、耐磨、易弯曲和打孔,可代替薄木板用于室内墙面、天花板、地面和家具制作等;半硬质纤维板表面光滑、材质细密、结构均匀、加工性能好,且与其他材料的黏结力强,是制作家具的良好材料,主要用于家具、隔断、隔墙、地面等;软质纤维板的结构松软,故强度低,但吸音性和保温性好,是一种良好的保温隔热材料,主要用于吊顶等。建筑装修工程中应用较多的是硬质纤维板。

3) 刨花板

刨花板是将木材加工剩余物、采伐剩余物、小径木或非木材植物纤维原料加工成刨花,再与胶黏剂混合经过热压制成的一种人造板材。

刨花板具有质量轻、幅面大、板面严整挺实、加工性能好等优点,缺点是握钉力差、强度较低,主要用作绝热和吸声材料。对刨花板进行二次加工,进行贴面处理可制成装饰板,这样既增强了板材的表面硬度和强度,又使板材具有装饰性,可用作吊顶、隔墙、家具等材料。

刨花板的厚度一般为13～20 mm,幅面尺寸为1220 mm×2440 mm。刨花板分为A类和B类,A类又分为优等品、一等品和二等品三级。各类刨花板的外观质量应符合表2-3-7的规定。

表 2-3-7　刨花板外观质量要求

缺陷名称		A类			B类
		优等品	一等品	二等品	
断痕、裂透		不许有			
金属夹杂物		不许有			
压痕		不许有	轻微	不显著	轻微
胶斑、石蜡斑、油污斑等污染点数	单个面积大于 40 mm²	不许有			
	单个面积在 10～40 mm² 之间	不许有		2	不许有
	单个面积小于 10 mm²	不计			
漏沙		不许有		不计	不许有
边角残损		在公称尺寸内不许有			
在任意 400 cm² 板面上各种刨花尺寸的允许个数	≥10 mm²	不许有	3		不计
	5～10 mm²	3	不计		不计
	<5 mm²	不计	不计		不计

4）细木工板

细木工板又称大芯板,它是由木条或木块组成板芯,两面粘贴单板或胶合板的一种人造板材。细木工板质量轻、板幅宽、耐久、吸声、隔热、易加工、胀缩小,有一定的强度和硬度,是木装修中做基底的主要材料之一,主要用于建筑装饰和家具制造等行业。

细木工板按照板芯结构分为实心细木工板和空心细木工板,实心细木工板用于面积大、承载力相对较大的装饰装修,空心细木工板用于面积大而承载力小的装饰装修;按胶黏剂的性能分为室外用细木工板和室内用细木工板;按面板的材质和加工工艺质量不同,分为优等品、一等品和合格品三个等级。

常用细木工板的板厚为 12 mm～25 mm,幅面尺寸为 1220 mm×2440 mm。

5）木质人造板材表面装饰方法

木质人造板材用于建筑物室内装饰时,其表面一般要做饰面层,饰面层不仅增加了装饰效果,而且有利于改善人造板材的物理力学性能。人造板材表面装饰的方法很多,常用的饰面方法主要有以下几种。

① 贴面装饰。用于人造板贴面装饰的材料很多,通常有薄木贴面、装饰纸贴面、塑料贴面、纺织品贴面、金属贴面、无纺布贴面等。

② 涂料装饰。用于人造板饰面层的涂料很多,常用的有透明涂饰、不透明涂饰和直接印刷涂饰。

③ 表面加工装饰。人造板可通过表面加工进行装饰,常用手法有烙印装饰、压花纹装饰、雕塑装饰、开槽装饰等。

④ 特殊装饰。人造板进行特殊装饰的方法有夜光装饰、电化铝烫印装饰、静电植绒装饰等。

不同的人造板装饰面层会产生不同的装饰效果,设计时应根据建筑物整体要求的气氛、环境的协调等因素来综合考虑,切忌盲目随意地选择。

3. 木装饰线条

木装饰线条是选用硬质、纹理细腻、木质较好的木材,经干燥处理后,用机械加工或手工加工而成。木装饰线条在室内装饰中起到固定、连接、加强饰面装饰效果的作用,可作为装饰工程中各平面相接处、相交处、分界面、层次面、对接面的衔接口、交接条等的收边封口材料。

木装饰线条(简称木线条)的品种规格繁多,从材质上分,有硬质杂木线、水曲柳木线、核桃木线等;从功能上分,有压边线、墙腰线、天花角线、弯线、挂镜线、楼梯扶手等;从款式上分,有外凸式、内凹式、凸凹结合式、嵌槽式等。各类木线条造型各异,每类木线条又有多种断面形状,常用木线条的造型如图 2-3-4 所示。

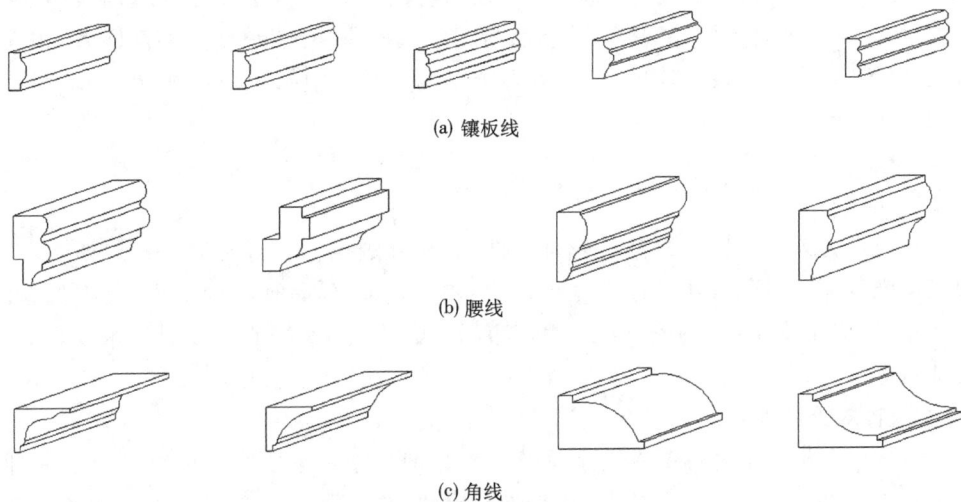

(a) 镶板线

(b) 腰线

(c) 角线

图 2-3-4　常用木线条的造型图示

木线条具有独特的优点,它材质硬、木质细、耐磨、耐腐蚀、不劈裂、切面光滑、加工性能好、黏结性好。此外,木线条涂饰性好,可油漆成各种色彩或木纹本色,又可进行对接、拼接,还可弯曲成各种弧线。木线条主要用作建筑室内装修的墙腰饰线、墙面洞口装饰线、护壁板和勒脚的压条装饰线、门框装饰线、顶棚装饰角线、门窗及家具的镶边线等。建筑物室内采用木线条装饰,可增添古朴、高雅、亲切的美感。

4. 刨切微薄木

刨切微薄木是以色木、桦木或多瘤的树根为原料,经水煮软化后,刨切成厚

0.1 mm左右的薄板，再用胶黏剂粘贴在坚韧的纸上制成卷材；或者采用水曲柳、柳桉等树材，刨切成厚 0.2～0.5 mm 的微薄木，再采用先进的粘贴工艺，将微薄木粘贴在胶合板基层上，制成微薄木贴面板，以直纹为主，装饰感强。

刨切微薄木花纹清晰美丽，色彩悦目，真实感和立体感强，具有自然美的特点。采用树根瘤制作的微薄木，具有雀眼花纹的特色，装饰效果更佳。刨切微薄木主要用作高级建筑物的室内墙面、门饰等部位的装饰和家具饰面。装饰立面时，应根据花纹的特点区分上下端。施工安装时，应注意以直纹为主。建筑物室内采用刨切微薄木装饰，在选择树种和花纹的同时，应考虑室内家具的色调、灯具灯光以及其他附件的陪衬颜色，以获得更好的装饰效果。

5. 木花格

木花格是用木板和枋木制作成若干个分格的木架，这些分格的尺寸或形状一般各不相同，造型丰富多样。木花格宜选用硬木或杉木树材制作，要求材质具有木节少、木色好、无虫蛀和腐朽等特点。木花格具有加工制作简单、饰件轻巧纤细、表面纹理清晰等特点，多用作建筑物室内的花窗、隔断、博古架等，能起到调整室内设计的格调、改进空间效能和提高室内艺术效果等作用。

除了以上所述的木质装饰制品外，建筑物室内还有许多小部件的装饰，也是采用木材制作的，如窗台板、窗帘盒、踢脚板等。它们和室内地板、墙壁相互联系、相互衬托。设计时应注意整体效果，以求得整个空间格调、材质、色彩的协调，力求用简洁的手法达到最好的装饰效果。

3.1.3 竹质装修材料

竹材作为天然生长的材料，与木材的性质和外观类似。竹材的生长周期短，有很高的强度，不易折断，且富有弹性和韧性，装饰效果好，是理想的节木、代木材料。近几年，竹材在装饰领域崭露头角，目前市场上的竹质装修材料主要有竹木胶合板、竹地板等。

1. 竹木胶合板

竹木胶合板是将竹材单板或小竹条用胶黏剂粘贴在木质胶合板上制成的一种装饰板材。竹木胶合板有 2 层、3 层、4 层、5 层和 6 层，厚度为 2.5～13 mm，幅面规格1220 mm×2440 mm。

竹木胶合板质量轻、幅面大、材质坚韧，硬度和强度均高于木材，加工性能好，可进行锯、刨等各种机械加工，也可进行开榫、胶合接长等后续加工，具有风雅、朴实的民族风格，可作为室内墙面、顶棚等部位的装饰板材和用于家具制作。

2. 竹地板

竹地板是采用中上等竹材，经严格选材、漂白、脱水、防虫和防腐等工序处理后，再经高温、高压下的热固胶合而成。竹地板按外观形状分为条形竹地板和方形竹地板，按涂料不同又分为原色地板和上色地板。

竹地板表面光洁,外观呈现自然竹纹,色泽高雅美观,符合人们崇尚大自然的心理。竹地板还具有耐磨、耐压、阻燃、弹性好、防潮、经久耐用等优点,能弥补木地板易变形的缺点,是高级宾馆、办公楼及现代家庭地面装饰的新型材料。

3.2　室内塑料类装修材料

3.2.1　塑料基本知识

1. 装饰塑料的特性

装饰塑料与传统的建筑装饰材料相比,具有以下优良特性。

① 优良的加工性能。塑料可采用比较简单的方法制成各种形状的产品,如薄板、薄膜、管材、异形材料等,并可采用机械化的大规模生产。

② 质量轻,强度高。塑料的密度为 $0.8\sim2.2\ \text{g/cm}^3$,是钢材的 $1/5$,混凝土的 $1/3$,铝的 $1/2$,是一种优良的轻质高强材料。因此,塑料及其制品不仅应用于建筑装饰工程中,也广泛应用于航空、航天等许多军事工程中。

③ 绝热性好,吸声、隔声性好。塑料制品的热导率小,其导热能力为金属的 $1/600\sim1/500$,混凝土的 $1/40$,砖的 $1/20$,泡沫塑料的热导率与空气相当,是理想的绝热材料。塑料(特别是泡沫塑料)可减小振动,降低噪声,是良好的吸声材料。

④ 装饰性好。塑料制品不仅可以着色,而且色泽鲜艳持久,图案清晰。可通过照相制版印刷,模仿天然材料的纹理,达到以假乱真的效果。还可通过电镀、热压、烫金制成各种图案和花型,使其表面具有立体感和金属的质感。

⑤ 耐水性和耐水蒸气性强。塑料属憎水性材料,一般吸水率和透气性很低,可用于防水、防潮工程。

⑥ 耐化学腐蚀性好,电绝缘性好。塑料制品对酸、碱、盐等有较好的耐腐蚀性,特别适合做化工厂的门窗、地面、墙壁等。塑料一般是不良导体,电绝缘性好,可与陶瓷、橡胶媲美。

⑦ 功能设计性强。改变塑料的组成配方与生产工艺,可改变塑料的性能,生产出具有多种特殊性能的工程材料,如强度超过钢材的碳纤维复合材料;具有承重、保温、隔声的复合板材。

⑧ 经济性。塑料制品是消耗能源低、使用价值高的材料。生产塑料的能耗低于传统材料,其范围为 $63\sim188\ \text{kJ/m}^3$,而钢材为 $316\ \text{kJ/m}^3$,铝材为 $617\ \text{kJ/m}^3$。塑料制品在安装使用过程中,施工和维修保养费用低,有些塑料产品还具有节能效果。如塑料窗保温隔热性好,可节省电力能耗;塑料管材内壁光滑,输水能力比铁管高 30%,节省能源十分可观。因此,广泛使用塑料及其制品有明显的经济效益和社会效益。

2. 常用装修塑料

塑料按照受热时性能变化的不同,分为热塑性塑料和热固性塑料。热塑性塑料经加热成型,冷却硬化后,再经加热还具有可塑性;热固性塑料经初次加热成型并冷却固化后,再经加热也不会软化和产生塑性。常用的热塑性塑料有聚氯乙烯(PVC)、聚乙烯(PE)、聚丙烯(PP)、聚苯乙烯(PS)、改性聚苯乙烯(ABS)、有机玻璃(PMMA)等;常用的热固性塑料有酚醛树脂(PF)、不饱和聚酯树脂(UP)、环氧树脂(EP)、有机硅树脂(SI)、玻璃纤维增强塑料(GRP)等。常用建筑装饰塑料的特性与用途如表 2-3-8 所示。

表 2-3-8 常用建筑装饰塑料的特性与用途

名　称	特　性	用　途
聚氯乙烯(PVC)	耐化学腐蚀性和电绝缘性优良,力学性能较好,难燃,但耐热性差	有硬质、软质、轻质发泡制品,可制作地板、壁纸、管道、门窗、装饰板、防水材料、保温材料等,是建筑工程中应用最广泛的一种塑料
聚乙烯(PE)	柔韧性好,耐化学腐蚀性好,成型工艺好,但刚性差,易燃烧	主要用于防水材料、给排水管道、绝缘体材料等
聚丙烯(PP)	耐化学腐蚀性好,力学性能和刚性超过聚乙烯,但收缩率大,低温脆性大	管道、容器、卫生洁具、耐腐蚀衬板等
聚苯乙烯(PS)	透明度高,机械强度高,电绝缘性好,但脆性大,耐冲击性和耐热性差	主要用来制作泡沫隔热材料,也可用来制造灯具平顶板等
改性聚苯乙烯(ABS)	具有韧、硬相均衡的力学性能,电绝缘、耐化学腐蚀性好,尺寸稳定,但耐热性、耐候性差	主要用于生产建筑五金和各种管材、模板、异形板等
有机玻璃(PMMA)	有较好的弹性、韧性、耐老化性,耐低温性好,透明度高,易燃	主要用作采光材料,可代替玻璃且性能优于玻璃
酚醛树脂(PE)	绝缘性和力学性能良好,耐水性、耐酸性好,坚固耐用,尺寸稳定,不易变形	生产各种层压板、玻璃钢制品、涂料和胶黏剂
不饱和聚酯树脂(UP)	可在低温下固化成型,耐化学腐蚀性和电绝缘性好,但固化收缩率较大	主要用于生产玻璃钢、涂料和聚酸装饰板等
环氧树脂(EP)	黏结性和力学性能优良,电绝缘性好,固化收缩率低,可在室温下固化成型	主要用于生产玻璃钢、涂料和胶黏剂等产品
有机硅树脂(SI)	耐高温、低温,耐腐蚀,稳定性好,绝缘性好	用于高级绝缘材料或防水材料
玻璃纤维增强塑料(又名玻璃钢,GRP)	强度特别高,质轻,成型工艺简单,除刚度不如钢材外,各种性能均很好	在建筑工程中应用广泛,可用作屋面材料、墙体材料、排水管、卫生器具等

3.2.2　塑料装修材料

用于建筑装修装饰的塑料制品很多,几乎遍及建筑物的各个部位,常用的有塑料地板、塑料壁纸、塑料装饰板、塑钢门窗、塑料管材等。

1. 塑料地板

一般将用于地面装饰的各种塑料块板和铺地卷材通称为塑料地板,目前常用的塑料地板主要是聚氯乙烯(PVC)地板。PVC 地板具有较好的耐燃性和自熄性,色彩丰富,装饰效果好,脚感舒适,弹性好,耐磨,易清洁,尺寸稳定,施工方便,价格较低,广泛应用于各类建筑的地面装饰。PVC 地板分为硬质块材、半硬质块材和软质卷材。中国以生产半硬质塑料地板为主,并已制定了《半硬质聚氯乙烯块状地板》(GB 4085)和《聚氯乙烯卷材地板　第 1 部分:非同质聚氯乙烯卷材地板》(GB 11982.1)等国家标准和有关的试验方法。

1) 常用 PVC 地板的组成和结构

① 半硬质单色 PVC 地砖。半硬质单色 PVC 地砖属于块材地板,是最早生产的一种 PVC 地板。单色 PVC 地砖分为素色和杂色拉花两种。

② 印花贴膜 PVC 地砖。印花贴膜 PVC 地砖由面层、印刷层和底层组成。面层为透明的 PVC 膜,厚度一般为 0.2 mm 左右,起保护印刷图案的作用。

③ 软质单色 PVC 卷材地板。软质单色 PVC 卷材地板通常是匀质的,底层、面层组成材料完全相同。

④ 印花不发泡 PVC 卷材地板。印花不发泡 PVC 卷材地板结构与印花 PVC 地砖相同,也由三层组成。

⑤ 印花发泡 PVC 卷材地板。印花发泡 PVC 卷材地板的基本结构与不发泡 PVC 卷材地板接近,但它的底层是发泡的。

除以上介绍的 PVC 地板外,塑料还可制成抗静电 PVC 地板、防尘 PVC 地板等。抗静电 PVC 地板主要用于计算机房、实验室、精密仪表控制车间等的地面铺设。防尘 PVC 地板具有防尘作用,适用于纺织车间和要求空气净化的防尘仪表车间等。

2) PVC 地板的规格和性能

PVC 地板的规格:每卷长度为 20 m～30 m,宽度为 1800 mm 或 2000 mm,总厚度为 1.5 mm(家用)、2.0 mm(公共建筑用)。带基材的发泡聚氯乙烯卷材地板代号为 FB,带基材的致密聚氯乙烯卷材地板代号为 CB。

对 PVC 地板测试的项目主要有外观尺寸、抗拉强度、延伸率、耐烟头性、耐污染性、耐磨性、耐刻性、耐凹陷性、阻燃性、硬度等。各类 PVC 地板的性能比较如表 2-3-9 所示。

表 2-3-9　各类 PVC 地板的性能比较

项　　目	种　类				
	半硬质地板	印花贴膜地砖	软质单色卷材	不发泡印花卷材	发泡印花卷材
表面质感	紫色、拉压花印花	平面、橘皮压纹	平面、拉花、压纹	平面、压纹	平面、化学压花
弹性	硬	软～硬	软	软～硬	软、有弹性
耐凹陷性	好	好	中	中	差
耐刻性	差	好	中	好	好
耐烟头灼烧性	好	差	中	差	最差
耐污染性	好	中	中	中	中
耐机械损伤性	好	中	中	中	较好
脚感	硬	中	中	中	好
施工性	粘贴	粘贴	可不粘	可不粘,可能翘曲	可不粘,平伏
装饰性	一般	较好	一般	较好	好

2. 塑料壁纸

塑料壁纸是以纸或其他材料为基材,以聚氯乙烯为面层,经压延、涂布以及印刷、压花、发泡等多种工艺制成的一种墙面装饰材料。由于目前塑料壁纸所用的树脂均为聚氯乙烯,因此也称聚氯乙烯壁纸。

1) 塑料壁纸的特点

① 装饰效果好。塑料壁纸表面可进行印花、压花及发泡处理,能仿制天然石材、木纹、锦缎等,达到以假乱真的地步;还可根据设计要求,印制适合各种环境的花纹图案,色彩也可任意调配,做到自然流畅、清淡高雅。

② 性能优越。塑料壁纸具有一定的伸缩性和耐裂强度,允许底层结构(如墙面、顶棚面等)有一定的裂缝。另外,塑料壁纸还可根据需要加工成具有难燃、吸声、防霉、防菌等特性的产品,且不易结露,不怕水洗,不易受机械损伤。

③ 粘贴方便。纸基的塑料壁纸可用普通的 107 胶黏剂或白乳胶粘贴,施工简单且透气性好,陈旧后易于更换。塑料壁纸的湿纸状态强度较好,可在尚未完全干燥的墙面上粘贴,而不致造成起鼓、剥落。

④ 易维修保养,使用寿命长。塑料壁纸表面可清洗,对酸、碱有较强的抵抗能力。

综上所述,塑料壁纸与其他材料相比,其艺术性、经济性和功能性综合指标更佳,是一种品种丰富、功能齐全的墙面装饰材料。选用时应以图案和色彩为主要指标,综合考虑价格和其他技术性能。

2) 塑料壁纸的类型

常用塑料壁纸的类型大致可分为三类,即普通壁纸、发泡壁纸和特种壁纸。

① 普通壁纸。普通壁纸是以 80 g/m² 的纸作为基材,涂以 100 g/m² 左右的聚氯乙烯糊状树脂(PVC 糊状树脂),经印花、压花等工序制成。普通壁纸花色品种多,有单色印花、压花、有光印花和平光印花等,生产量大,价格便宜,是应用最为广泛的一种壁纸。

② 发泡壁纸。发泡壁纸是以 100 g/m² 的纸作为基材,涂以 300～400 g/m² 的聚氯乙烯糊状树脂,经印花、发泡等工序制成。发泡壁纸又可分为低发泡印花壁纸、高发泡印花壁纸和低发泡印花压花壁纸。发泡壁纸色彩多样,有富有弹性的凸凹花纹或图案,立体感强,浮雕艺术效果及柔光效果好,并且还有吸声作用。但发泡壁纸的图案易落灰烟、尘土,易脏污陈旧,不宜用在烟尘较大的室内场所。

③ 特种壁纸。特种壁纸是指具有特殊功能的壁纸,又称为专用壁纸,常见的有耐水壁纸、防火壁纸、特殊装饰壁纸等。

耐水壁纸是以玻璃纤维毡作为基材(其他工艺与塑料壁纸相同),配以具有耐水性能的胶黏剂,以适应卫生间、浴室等墙面的装饰要求。它能用水清洗,但使用时若接缝处渗水,会将胶黏剂溶解,导致壁纸脱落。

防火壁纸以石棉纸作为基材,同时面层的 PVC 中掺有阻燃剂。防火壁纸具有很好的阻燃防火功能,燃烧时也不会放出浓烟或毒气,适用于防火要求很高的建筑室内装饰。

特殊装饰壁纸的面层采用丝绸、金属彩砂、麻、毛及棉纤维等制成,可产生光泽、散射、珠光等艺术效果,使墙面生辉。它可做成风景壁画类壁纸,即在壁纸的面层印刷风景名胜、艺术壁画,常由多幅拼接而成,适用于装饰厅、堂墙面。

3) 塑料壁纸的规格与技术要求

① 目前塑料壁纸的规格有以下三种。

窄幅小卷幅宽为 530～600 mm,长为 10～12 m,每卷为 5～6 m²。中幅大卷幅宽为 760～900 mm,长为 25～50 m,每卷为 25～45 m²。宽幅大卷幅宽为 920～1200 mm,长为 50 m,每卷为 49～50 m²。小卷塑料壁纸施工方便,选购数量和花色都比较灵活,比较适合民用建筑,一般用户可自行粘贴。中卷、大卷塑料壁纸粘贴时施工效率高,接缝少,适合公共建筑,一般要由专业人员粘贴。

② 塑料壁纸的外观是影响装饰效果的要点,塑料壁纸的外观质量应满足表 2-3-10 的要求。

表 2-3-10　塑料壁纸的外观质量

名　称	优 等 品	一 等 品	合 格 品
色差	不允许有	不允许有明显差异	允许有差异,但不影响使用
伤痕和皱褶	不允许有	不允许有	允许纸基有明显折印,但壁纸表面不允许有死折
气泡	不允许有	不允许有	不允许有影响外观的气泡
套印精度	偏差≤0.7 mm	偏差≤1 mm	偏差≤2 mm
露底	不允许有	不允许有	允许有 2 mm 的露底,但不允许密集
漏印	不允许有	不允许有	不允许有影响使用的漏印
污染点	不允许有	不允许有目视明显的污染点	允许有目视明显的污染点,但不允许密集

3. 塑料装饰板

塑料装饰板是以树脂为基材或浸渍材料,采用一定的生产工艺制成的具有装饰功能的板材。塑料装饰板具有质量轻、装饰性好、生产工艺简单、施工方便、易于保养、便于和其他材料复合等特点,在装饰工程中的用途越来越广泛。塑料装饰板按原材料的不同可分为硬质 PVC 装饰板、塑料贴面装饰板、有机玻璃装饰板、玻璃钢装饰板、塑料复合夹层板等类型。

1) 硬质 PVC 装饰板

硬质 PVC 装饰板有透明和不透明两种。透明板是以 PVC 为基料,掺入增塑剂和抗老化剂,挤压成型的;不透明板是以 PVC 为基料,掺入填料、稳定剂、颜料等,经捏合、混炼、拉片、切粒、挤出或压延而成型的。硬质 PVC 装饰板按断面形式可分为平板、波形板、异形板、格子板等。

① 平板。硬质 PVC 平板表面光滑,易清洗,耐腐蚀,色泽鲜艳,不变形,同时具有良好的施工性,可锯、可刨、可钻、可钉,常用于室内饰面、家具台面等。

② 波形板。硬质 PVC 波形板是以 PVC 为基材,用挤出成型法制成各种波形断面的板材。这种波形断面可以增加抗弯刚度,又可通过波形的变换来吸收 PVC 较大的伸缩。硬质 PVC 波形板的波形一般与水泥波形瓦、彩色钢板波形板等相同,必要时可与这些材料配合使用。为了得到特殊的装饰效果,其波形可有多种形式。

彩色硬质 PVC 波形板常用于外墙面装饰,鲜艳的色彩可给建筑的立面增色。透明 PVC 横波板可用于发光平顶,上面安放灯具可使整个平顶发光。透明 PVC 纵波板由于长度没有限制,可做成拱形采光屋面,中间没有接缝,水密性好。

③ 异形板。异形板又称 PVC 扣板,硬质 PVC 异形板有单层异形板和中空异形板两种基本结构。单层异形板一般做成方形波,以使立面线条明显。型材的一边有钩形的断面,另一边有槽形的断面,连接时钩形的一边嵌入槽内,中间有一段重叠区,这样既能遮盖固定螺钉,又能接缝防水,这种柔性的连接能充分地适应型材横向的热伸缩。硬质 PVC 单层异形板的厚度一般为 1.0~1.5 mm,宽度一般为 100~200 mm,长度虽然没有限制,但考虑到运输方便,常用的为 4~6 m。

中空异形板为栅格状薄壁异形断面,在型材的一边有凸出的肋,另一边有凹槽,板材之间的连接一般采用企口连接的形式。中空异形板内部有封闭的空气腔,所以有优良的隔热、隔声性能。同时其薄壁空间结构也大大增加了刚度,比平板或单层板材具有更好的抗弯强度,而且材料也较节约,单位面积质量轻。

硬质 PVC 异形板表面可印刷各种装饰几何图案,如仿木纹、仿石纹等,有良好的装饰性,而且表面光滑、防潮、易于清洁、安装简单,常用作墙板和潮湿环境(厨房、卫生间、盥洗室等)的吊顶板。

④ 格子板。硬质 PVC 格子板是将硬质 PVC 平板用真空成型方法,使它成为具有各种立体图案的方形或矩形的板材。格子板经真空成型后,具有空间形体结构,可大大提高其刚度,减小板面的翘曲变形,吸收 PVC 塑料板面在纵横两个方向的热

伸缩。格子板常用的规格为 500 mm×500 mm,厚度为 2～3 mm。

格子板的立体板面可形成迎光面和背光面的强烈反差,使整个墙面或顶棚具有极富特点的光影装饰效果,常用作体育馆、图书馆、展览馆等公共建筑的墙面和吊顶。

2) 塑料贴面装饰板

最常见的塑料贴面装饰板是三聚氰胺层压板,它是以厚纸为骨架,浸渍酚醛树脂或三聚氰胺甲醛等热固性树脂,多层叠合后经热压固化而成的可覆盖在各种基材上的薄性贴面材料。三聚氰胺甲醛树脂清澈透明,耐磨性优良,常用作表面的浸渍材料,故通常以此作为板材的名称。

三聚氰胺层压板的结构为多层结构,通常有表层纸、装饰纸和底层纸。表层纸的主要作用是保护装饰纸的花纹图案,增加表面的光亮度,提高表面的硬度、耐磨性和抗腐蚀性;装饰纸对花纹图案有装饰作用和防止底层树脂渗透的覆盖作用,要求具有良好的覆盖性、湿强度和吸收性,易于印刷;底层纸是板材的基层,其主要作用是增加板材的刚性和强度,要求具有较高的湿强度和吸收性,对于有防火要求的层压板,还需对底层纸进行阻燃处理。三聚氰胺层压板除以上的三层外,根据板材的性能要求,有时在装饰层下加一层覆盖纸,在底层下加一层隔离纸。三聚氰胺层压板的常用规格有 915 mm×915 mm、915 mm×1830 mm、1220 mm×2440 mm 等,厚度有 0.5～2.0 mm 等。厚度在 0.8～1.5 mm 的常用作贴面板,厚度在 2 mm 以上的层压板可单独使用。

三聚氰胺层压板由于骨架是纤维材料厚纸,因此有较高的机械强度,且表面耐磨;采用热固性塑料,耐热性优良,在高温下不软化、不开裂、不起泡,具有良好的耐烫、耐燃性;表面光滑致密,具有较强的耐污性,耐腐蚀,耐擦洗,经久耐用。三聚氰胺层压板常用于墙面、柱面、台面、吊顶和家具饰面工程。

3) 有机玻璃装饰板

有机玻璃是以甲基丙烯酸甲酯为主要原料,加入引发剂、增塑剂等聚合而成的热塑性塑料。有机玻璃分为无色透明有机玻璃、有色有机玻璃和珠光玻璃等。无色透明有机玻璃是以甲基丙烯酸甲酯为主要原料,在特定的硅玻璃模或金属模内浇注聚合而成;有色有机玻璃是在甲基丙烯酸甲酯单体中,配以各种颜料经浇注聚合而成,有透明有色、半透明有色、不透明色三大类。珠光玻璃是在甲基丙烯酸甲酯单体中,加入合成鱼鳞粉并配以各种颜料经浇注聚合而成。

利用有机玻璃制成的有机玻璃装饰板,具有极好的透光率,可透过 90% 的光线,并能透过紫外线的 73%;机械强度较高,耐热性、耐候性和抗寒性较好;耐腐蚀性及绝缘性优良;在一定的条件下,易加工成型,且尺寸稳定。其主要缺点是质地较脆,易溶于有机溶剂;表面硬度不大,容易擦毛等。

有机玻璃装饰板在建筑上主要用作室内高级装饰材料,如室内隔断、门窗玻璃、扶手的护板、大型灯具罩等,还可用作宣传牌及其他透明防护材料。

4. 塑钢门窗

塑钢门窗是 20 世纪 50 年代由德国开发研制的新型建材产品，问世多年来经过不断的研究和开发，解决了原料配方、窗型设计、设备、组装工艺及五金配件等一系列技术问题，在各类建筑中得到广泛的应用。塑钢门窗具有许多优良的性能，成为继木材、钢材、铝合金之后崛起的新一代建筑门窗。

1）塑钢门窗的概念

所谓塑钢，是塑料与钢材混凝在一起，即外观是塑料，里面是钢材加固。塑钢门窗是用塑钢型材通过切割、焊接的方式制成门窗框、扇，再装配上橡塑密封条、五金配件等附件而制成的。为了增加门窗型材的刚性，在型材空腔内添加钢衬，所以称为塑钢门窗。塑钢门窗按构造分为单框单玻、单框双玻两种。

2）塑钢门窗的性能特点

塑钢门窗与普通木门窗、钢门窗相比，主要有以下特点。

① 密封性能好。塑钢门窗的气密性、水密性、隔声性均好。塑钢门窗的隔声量可达 32 dB。

② 保温隔热性好。由于塑料型材为多腔式结构，其传热系数小，且有可靠的嵌缝材料密封，故其保温隔热性远比其他类型门窗好得多，主要用作建筑工程节能门窗。

③ 耐候性、耐腐蚀性好。塑料型材采用特殊配方，塑钢门窗可长期使用于温差较大的环境中，烈日暴晒不会使塑钢门窗出现老化、脆化、变质等现象，使用寿命可达 30 年以上。另外，塑钢门窗具有耐水、耐腐蚀的特性。

④ 防火性能好。塑钢门窗不自燃、不助燃、能自熄且安全可靠，这一性能扩大了塑钢门窗的使用范围。

⑤ 强度高，刚度好，坚固耐用。在塑钢门窗的型材空腔内添加钢衬，增加了型材的强度和刚度，故塑钢门窗能承受较大荷载，且不易变形，尺寸稳定，坚固耐用。

⑥ 装饰性能好。由于塑钢门窗尺寸工整、缝线规则、色彩艳丽丰富，同时经久不褪色，且耐污染，因而具有较好的装饰效果。

⑦ 使用维修方便。塑钢门窗不锈蚀，不褪色，表面不需要涂漆，同时玻璃安装不用油灰腻子，不必考虑腻子干裂问题，所以塑钢门窗在使用过程中基本上不需要维修。

3）塑钢门窗的应用和节能

我国生产的塑钢门窗有平开门、平开窗、推拉门、推拉窗及地弹簧门五大类。塑钢门窗除其本身的优良性能外，无论在节约能耗、使用能耗还是在保护环境方面，都比木门窗、钢门窗、铝合金门窗有明显的优越性。

5. 塑料管材及其配件

塑料管材被大量地用来生产各种塑料管道及配件，在建筑电气安装、水暖安装工程中广泛使用。

　　塑料管道与传统的铸铁管、石棉水泥管和钢管相比,主要具有以下优点:质量轻,塑料管的质量轻,密度只有钢、铸铁的 1/7,铝的 1/2,故施工时可大大减轻劳动强度;耐腐蚀性好,塑料管道不锈蚀,可用来输送各种腐蚀性液体。

3.3　室内纤维织物类装修材料

3.3.1　纤维织物基本知识

1. 装饰织物用纤维的种类

装饰织物用纤维有天然纤维、化学纤维和无机纤维。

1) 天然纤维

① 羊毛纤维。羊毛纤维弹性好,不易变形,不易被污染,不易燃,易于清洗,而且能染成各种颜色,制品美丽豪华,经久耐用。此外,毛纺品是热的不良导体,给人一种温暖感觉。羊毛纤维最大的缺点是易被虫蛀。

② 棉、麻纤维。棉、麻均为植物纤维,棉纺品有印花和素面等品种,可以做窗帘、墙布、垫罩等,棉纺品易洗、易熨烫。灯芯绒布和斜纹布可做垫套装饰之用。棉布性柔,易污、易皱。而麻纤维性刚、强度高,制品挺括、耐磨,但价格较高。由于植物棉、麻纤维的资源不足,因此常掺入人造化学纤维混合纺制成混纺制品,不仅降低了价格,同时也改善了性能。

③ 丝绸纤维。丝绸一直被用作装饰材料。它滑润、柔韧、半透明、易上色,而且色泽光亮柔和,可直接用作室内墙面裱糊或浮挂,是一种高级的装饰材料。

④ 其他纤维。我国地域广阔,植物纤维资源丰富,品种也较多,如木质纤维、苇纤维、椰壳纤维及竹纤维等,均可用于制作不同类型的装饰制品。

2) 化学纤维

石油化学工业的发展,为各种化学纤维的生产创造了良好的条件。在纺织品市场上,化学纤维占有十分重要的地位。

① 化学纤维的分类如表 2-3-11 所示。

表 2-3-11　化学纤维的分类

人造纤维	黏胶纤维(人造棉、人造毛、人造丝、富强纤维)
	铜氨纤维
	醋酸纤维素纤维(醋酯纤维)
合成纤维	聚酯纤维(涤纶)、聚酰胺纤维(锦纶)、聚丙烯腈纤维(腈纶)、聚丙烯纤维(丙纶)、聚氯乙烯纤维(氯纶)、聚氨基甲酸酯纤维(氨纶)

② 常用的合成纤维。

聚酯纤维(涤纶)耐磨性能好,略比锦纶差,却是棉花的 2 倍,羊毛的 3 倍,尤其可贵的是,它在湿润状态下同干燥时一样耐磨,它耐热、耐晒、不发霉、不怕虫蛀,但涤纶染色较困难。清洁制品时,使用清洁剂要小心,以免制品颜色变浅。

聚酰胺纤维(锦纶)亦称尼龙,耐磨性能好,在所有有机天然纤维和化学纤维中,它的耐磨性最好,比羊毛高 20 倍,比黏胶纤维高 50 倍。如果用 15% 的锦纶和 85% 的羊毛混纺,其织物的耐磨性能比羊毛织物高 3 倍多。它不怕虫蛀,不怕腐蚀,不发霉,吸湿性能低,易于清洗。但锦纶也存在弹性差、易吸尘、易变形、遇火易局部熔融、在干热环境下易产生静电等缺点。锦纶在与 80% 的羊毛混合后其性能可得到较为明显的改善。

聚丙烯纤维具有强度高、质地好、弹性好、不霉不蛀、易于清洗、耐磨性好等优点,而且原料来源丰富,生产过程也较其他合成纤维简单,生产成本较低。

聚丙烯腈纤维(腈纶)轻于羊毛(羊毛的密度为 1.32 g/cm^3,而腈纶的密度为 1.07 g/cm^3),蓬松卷曲,柔软保暖,弹性好,在低伸长范围内弹性回复能力接近羊毛,强度相当于羊毛的 2~3 倍,且不受湿度影响。腈纶不霉、不蛀,耐酸碱腐蚀,最突出的特点为非常耐晒,这是天然纤维和大多数合成纤维所不能比的。如果把各种纤维放在室外暴晒一年,腈纶的强力只降低 20%,棉花则降低 90%,其他纤维(如蚕丝、羊毛、锦纶、黏胶)的强力完全丧失干净。但腈纶的耐磨性在合成纤维中较差。

3）无机纤维

玻璃纤维是由熔融玻璃制成的一种纤维材料,直径从数微米至数十微米。玻璃纤维性脆,较易折断,不耐磨,但抗拉强度高,伸长率低,吸湿性小,不燃,耐高温,耐腐蚀,吸声性能好,可纺织加工成各种布料、带料,或织成印花墙布等。

2. 纤维的鉴别方法

市场上销售的纤维品种比较多,鉴别方法也很多,其中比较简单可行的方法是燃烧法。各种化学纤维与天然纤维燃烧速度的快慢、产生的气味和灰烬的形状等均不相同,可从织物上取出几根纱线,用火柴点燃,观察它们燃烧时的情况,就能分辨出是哪一种纤维。几种主要纤维燃烧时的特性如表 2-3-12 所示。

表 2-3-12　几种主要纤维燃烧时的特性

纤维名称	燃烧特性
棉	燃烧很快,发出黄色火焰,有烧纸般的气味,灰末细软,呈深灰色
麻	燃烧起来比棉花慢,也发黄色火焰与烧纸般的气味,灰烬颜色比棉花深些
丝	燃烧比较慢,且缩成一团,有烧头发的气味,燃后呈黑褐色小球,用指一压即碎
羊毛	易燃烧,冒烟而起泡,有烧头发的气味,灰烬多,燃后成为有光泽的黑色脆块,用指一压即碎
黏胶、富强纤维	燃烧很快,发出黄色火焰,有烧纸的气味,灰烬极少,呈深灰或浅灰色
锦纶	燃烧时没有火焰,稍有芹菜气味,纤维迅速卷缩,熔融成胶状物,趁热可以把它拉成丝,一冷就成为坚韧的褐色硬球,不易研碎

续表

纤维名称	燃烧特征
涤纶	点燃时纤维先蜷缩、熔融,然后燃烧。燃时火焰呈黄白色,很亮、无烟,但不延燃,灰烬成黑色硬块,能用手压碎
腈纶	点燃后能燃烧,但比较慢。火焰旁边的纤维先软化、熔融,然后燃烧,有辛酸气味,然后成脆性小黑硬球
丙纶	燃烧时可发出黄色火焰,并迅速蜷缩、熔融;燃烧后呈熔融状胶体,几乎无灰烬,如不待其烧尽,趁热时也可拉成丝,冷却后也成为不易研碎的硬块

3.3.2　地毯及挂毯材料

地毯是一种历史悠久的世界性装饰制品,最初仅为铺地、御寒湿及坐卧之用。由于民族文化的陶冶和手工技艺的发展,地毯逐步发展成为一种高级的装饰品。

地毯具有实用价值和欣赏价值,能起到抗风湿、吸尘、保护地面和美化室内环境的作用。它富有弹性、脚感舒适,且能隔热保温,降低空调费用;而且能隔声、吸声、降噪,使住所更加宁静、舒适。地毯固有的缓冲作用,能防止滑倒、减轻碰撞,使人步履平稳。另外,丰富而巧妙的图案构思及配色,使地毯具有较高的艺术性,同其他材料相比,它给人以高贵、华丽、美观、舒适而愉快的感觉,是比较理想的现代室内装饰材料。

挂在墙上供人观赏的地毯称为挂毯或艺术挂毯,其材料一般为纯毛和丝,图案花色精美,给人以美的享受,是珍贵的装饰品和艺术品。用艺术挂毯装点室内,不仅能产生高雅的艺术美感,还可以增加安逸平和的气氛。

1. 地毯

1) 地毯的分类与特性

(1) 按材质分类可分为六大类。

① 纯毛地毯。纯毛地毯是以粗绵羊毛为主要原料制成的一种地毯。由于羊毛不易变形、不易磨损、不易燃烧、不易被污染,而且弹性好、隔热性能优良。因此,纯毛地毯具有弹性大、拉力强、光泽足等特点,可用作高档铺地装饰材料。

纯毛地毯的耐磨性一般是由羊毛的质地和用量决定的。用量以每平方厘米的羊毛量,即绒毛密度来衡量。对于手工编织的地毯,一般以"道"的数量来衡定其密度,即在垒织方向(自上而下)、1 英尺(1 英尺 = 0.3048 m)内垒织的经纬线的层数(每一层又称一道)。地毯的档次亦与道数成正比关系,一般家用地毯为 90~150 道,高级装修用的地毯均在 250 道以上,目前最精制的地毯为 400 道地毯。

纯毛地毯分为手工编织地毯和机织地毯两种。其中,手工编织地毯是采用我国特制的优质绵羊毛纺纱,用现代染色技术染出最牢固的颜色,用精湛的技巧织成美丽的图案后,再以专用机械平整毯面或剪凹花地周边,最后用化学方法洗出丝光。手工地毯具有图案优美、色泽鲜艳、富丽堂皇、质地厚实、富有弹性、柔软舒适及经久耐用等特点,铺地装饰效果极佳。手工编织地毯由于做工精细、产品名贵,故价格较高,用于国家级的大会堂、迎宾馆、高级饭店和高级住宅、会客厅、舞台以及其他装饰性要求高的场所。

机织纯毛地毯具有毯面平整、光泽好、富有弹性、脚感柔软和抗磨耐用等特点。与化纤地毯相比,其回弹性、抗静电、抗老化、耐燃性等都优于化纤地毯。与手工纯毛地毯相比,其性能相似,但价格远低于手工纯毛地毯。因此,机织纯毛地毯是介于化纤地毯和手工纯毛地毯之间的中档地面铺盖材料。机织纯毛地毯最适合在宾馆、饭店的客房、楼梯、楼道、宴会厅、酒吧间、会客厅、会议室及住宅内满铺使用。另外,这种地毯还有阻燃性产品,可用于防火性能要求高的建筑室内地面。

近年来,我国还开发生产了纯羊毛无纺地毯,即不用纺织或编织方法而制成的纯毛地毯。它具有质地优良、消声抑尘、使用方便、工艺简单及价格低等特点,但弹性和耐久性稍差。

② 混纺地毯。混纺地毯是指将羊毛与合成纤维混纺后再织造的地毯,其性能介于纯毛地毯和化纤地毯之间。由于合成纤维的品种多,且性能也各不相同,当混纺地毯中所用纤维品种或掺量不同时,混纺地毯的性能也不尽相同,如在羊毛中掺加15%的锦纶纤维,织成的地毯比纯毛地毯更耐磨损;在羊毛纤维中加入20%的尼龙纤维,可使地毯的耐磨性提高5倍,装饰性能不亚于纯毛地毯且价格下降。

③ 化纤地毯。化纤地毯也叫合成纤维地毯,是以各种化学纤维为主要原料,经过机织法或簇绒法等加工成面层织物后,再与麻布背衬材料复合处理而成的一种地毯。用于制作化纤地毯的化学纤维主要有锦纶、腈纶、丙纶及涤纶等。

化纤地毯的共同特性是不霉、不蛀、耐腐蚀、质轻、吸湿性小及易于清洗等。但各种化学纤维的特性并不相同,应注意其间的区别。在着色性能方面,涤纶纤维的着色性很差,颜料在其上的附着力很小,故在清理涤纶地毯时应注意,如果擦洗频繁或清洁剂选用不当,可能会引起地毯褪色。在耐磨性能方面,锦纶纤维是所有化学纤维中最好的,涤纶次之,腈纶纤维最差。在耐暴晒性能方面,腈纶纤维最好,涤纶次之,而锦纶和丙纶纤维均比较差。在弹性方面,丙纶和腈纶纤维的弹性恢复能力较好,在低延伸范围内接近于羊毛,而锦纶和涤纶纤维则均比较差。在静电特性方面,锦纶纤维在干热环境条件下比较容易造成静电的积累,其他三种化学纤维的静电积累问题并不很严重。

化纤地毯按面层织物的织造方法不同,可分为簇绒地毯、针刺地毯、机织地毯、黏合地毯和静电植绒地毯等,其中以簇绒地毯产销量最大,其次是针刺地毯和机织地毯。

化纤地毯为目前用量最大的中、低档地毯品种。一般来说,化纤地毯适合在宾馆、饭店、招待所、接待室、餐厅、住宅居室、活动室及船舶、车辆、飞机等的地面铺设。高绒头、高密度、流行色、格调新颖、图案美丽的化纤地毯,可用于三星级以上的宾馆。机织提花工艺地毯属高档产品,其外观可与手工纯毛地毯媲美。化纤地毯的缺点是存在易变形、易产生静电、遇火易局部熔化等问题。化纤地毯可以摊铺,也可以粘铺在木地板、马赛克地面、水磨石地面及水泥混凝土地面上,其外观及触感酷似纯毛地毯,耐磨而富有弹性,色泽艳丽,装饰效果显著,可在宾馆、饭店等公共建筑中代替纯毛地毯使用。

④ 剑麻地毯。剑麻地毯是植物纤维地毯的代表,它以剑麻纤维(西沙尔麻)为原料,经过纱纺、编织、涂胶和硫化等工序制成。产品分素色和染色两类,有斜纹、螺纹、鱼骨纹、帆布平纹、半巴拿马纹和多米诺纹等多种花色品种,幅宽 4 m 以下,卷长 50 m 以下,可按需要裁切。剑麻地毯具有耐酸碱、耐磨、尺寸稳定、无静电现象等特点,较羊毛地毯经济实用,但弹性较其他类型的地毯差,可用于楼、堂、馆、所等公共建筑地面及家庭地面。

⑤ 塑料地毯。塑料地毯是以聚氯乙烯树脂为基料,加入填料、增塑剂等多种辅助材料和添加剂,然后经混炼、塑化,并在地毯模具中成型的一种新型地毯。这种地毯具有质地柔软、色泽美观、脚感舒适、经久耐用、易于清洗及质量轻等特点。塑料地毯一般是方块地毯,常见规格有 500 mm×500 mm、400 mm×600 mm、1000 mm×1000 mm 等。塑料地毯可用于一般公共建筑和住宅地面,如宾馆、商场、舞台等公用建筑及高级浴室等。

⑥ 橡胶地毯。橡胶地毯是以天然橡胶为原料,用地毯模具在蒸压条件下模压而成的,所形成的橡胶绒长度一般为 5～6 mm。橡胶地毯的供货形式一般是方块地毯,常见产品规格有 500 mm×500 mm、1000 mm×1000 mm。橡胶地毯除具有其他材质地毯的一般特性,如色彩丰富、图案美观、脚感舒适、耐磨性好,还具有隔潮、防霉、防滑、耐蚀、防蛀、绝缘及清扫方便等优点,适用于各种经常淋水或需要经常擦洗的场合,如浴室、走廊、卫生间等。

(2) 按编制工艺分类可分为两大类。

① 手工类地毯。手工类地毯即以人工和手工工具完成毯面加工的地毯。按其编织方法的不同又分为手工打结地毯、手工簇绒地毯、手工绳条编织地毯和手工绳条缝结地毯。

② 机制类地毯。机制类地毯即以机械设备完成地毯毯面加工过程的地毯。按其具体编造方法的不同又可分为机织地毯、簇绒地毯、针织地毯、针刺地毯、黏合地毯、针缝地毯、静电植绒地毯和辫编地毯。

本节选取三种典型地毯进行介绍。

① 手工打结地毯。手工打结地毯亦称手编地毯,即以手工打结方式形成裁绒结的地毯,是我国的一种传统民间工艺品。它采用双经双纬,通过人工打结裁绒,将绒毛层与基底一起织作而成。这种地毯图案千变万化,色彩丰富、做工精细,是地毯中的高档品。但其工效低、产量少,因而成本高,价格昂贵。

② 簇绒地毯。簇绒法是目前生产化纤地毯的主要方式。簇绒地毯是我国目前生产量最大的一种地毯,它是由带有复式针的簇绒机织造的地毯,即在簇绒机上,将绒毛纱线在预先制出的初级帮衬(底布)的两侧编织成线圈,再将其中一侧用涂层或

胶黏剂固定在底布上,这样就生产出了厚实的圈绒地毯,若再用锋利的刀片横向切割毛圈顶部,并经修剪,就成了簇绒地毯。习惯上,将圈绒的产品称为缝编地毯,而将后期经过割绒处理的平绒产品,称为簇绒地毯。簇绒地毯生产时绒毛高度可以调整,其特点是毯面厚度比较大(绒毛长度为 7~15 mm),毯面比较密实,不仅弹性好、脚感舒适,并且可在毯面上印染各种图案花纹,视感非常好,是很受欢迎的中档产品。

簇绒地毯按技术要求评定等级,其技术要求分内在质量和外观质量两个方面。簇绒地毯外观质量评等规定如表 2-3-13 所示。按内在质量分合格品和不合格品两个等级,全部达到技术指标为合格,当有一项不达标时即为不合格品,并不再进行外观质量评定。按外观质量分为优等品、一等品和合格品三个等级。簇绒地毯的最终等级是在各项指标全部达到的情况下,以外观质量所定的等级作为产品的等级。

表 2-3-13　簇绒地毯外观质量评等规定

序号	外观疵点	优等品	一等品	合格品
1	破损(破洞、撕裂、割伤)	不允许	不允许	不允许
2	污渍(油污、色渍、胶渍)	无	不明显	不明显
3	毯面折皱	不允许	不允许	不允许
4	修补痕迹	不明显	不明显	较明显
5	脱衬(背衬黏结不良)	无	不明显	不明显
6	纵、横向条痕	不明显	不明显	较明显
7	色条	不明显	较明显	较明显
8	毯边不平齐	无	不明显	较明显
9	渗胶过量	无	不明显	较明显

③ 无纺地毯。无纺地毯是指针刺地毯、黏合地毯等品种,是近些年才出现的一种普及型廉价地毯,其价格为簇绒地毯的 1/4~1/3(在国外市场上一般为簇绒地毯的 1/6)。它是无经纬编织的短毛地毯,其制造方法是先以无纺织造的方式将各种纤维(一般为短纤维)制成纤维网,然后以针扎、缝编、黏合等方式将纤维网与底衬复合,故有针刺地毯、黏合地毯等品种之分。这种地毯因生产工艺简单,生产效率较高,故成本低、价廉,但其耐久性、弹性及装饰性等均比较差。为提高其强度和弹性,可在毯底加缝或加贴一层麻布底衬,也可再加贴一层海绵底衬。

(3) 按图案类型分类可分为以下五类。

① 京式地毯。它的图案特点是有主调图案,其他图案和颜色都是衬托主调图案的。图案工整对称、色调典雅,四周方形边框醒目,具有庄重古朴的艺术特点,且所有图案均具有独特的寓意和象征性。

② 美术式地毯。其特点是有主调色彩,其他颜色和图案都是衬托主调色彩的。图案色彩华丽,富有层次感,具有富丽堂皇的艺术风格。它借鉴了西欧装饰艺术的特点,常以盛开的玫瑰花、苞蕾卷叶、郁金香等组成花团锦簇的图案。

③ 仿古式地毯。它以传统纹样图案、风景、花鸟为题材,给人以古色古香、古朴典雅的感觉。

④ 彩花式地毯。图案突出清新活泼的艺术格调，以深黑色做主色，配以小花图案，呈现百花争艳的情调，色彩绚丽，名贵大方。

⑤ 素凸式地毯。色调较为清淡，图案为单色凸花织作，纹样剪片后清晰美观，犹如浮雕，富有幽静雅致的情趣。

（4）按规格尺寸分类可分为两类。

① 块状地毯。不同材质的地毯均可成块供应，形状多为方形及长方形，通用规格尺寸从（610 mm×610 mm）～（3660 mm×6710 mm）不等，共计 56 种。另外还有圆形、椭圆形等。厚度则随质量等级而有所不同。

纯毛块状地毯还可成套供应，每套由若干块形状和规格不同的地毯组成。方块地毯的常见规格有 350 mm×350 mm、500 mm×500 mm、1000 mm×1000 mm 等几种。由于方块地毯的单位面积质量较大（簇绒地毯的单位面积质量为 1400～1850 g/m²，而方块地毯单位面积质量为 4000 g/m² 左右），且块与块之间为密实铺接，故虽无固定措施，但铺设后一般不易移动，比较平整。目前生产的拼花式方块地毯，是由花色各不相同的 500 mm×500 mm 的方块地毯组成一箱，铺设时可组成不同的图案。这种地毯在相邻两边留有燕尾榫，另外的相邻两边开有燕尾槽。在铺设时可利用这种榫卯结构将方块地毯联成一个整体，以增强其稳定性。这种拼扣式方块地毯一般属中高档产品，由于在毯背面加设有橡胶或泡沫塑料垫层，故弹性很好，脚感更为舒适。

块状地毯铺设方便灵活，位置可随意变动，给室内设计提供了更大的选择性，可以满足不同人的不同要求。同时，对已磨损的部位可随时调换，从而延长地毯的使用寿命，达到既经济又美观的目的。

门口毯、床前毯、道毯等小块地毯在室内的铺设，不仅使室内不同的功能区有所划分，还可以打破大片灰色地面的单调感，起到画龙点睛的作用。尼龙等化纤小块地毯还可铺放在浴室和卫生间，起到防滑作用。

② 卷状地毯。化纤地毯、剑麻地毯及无纺纯毛地毯等常按整幅成卷供货，其幅宽有 1.8 m、2.4 m、3.2 m 和 4 m 等几种，每卷长度一般为 20～50 m，也可按要求加工。这种地毯为标准机织地毯，一般适合于室内满铺或固定式铺设，可使室内具有宽敞感和整洁感，但损坏后不易更换。

（5）按使用场所不同分类，地毯可分为以下六级。

轻度家用级：铺设在不常使用的房间或部位。

中度家用或轻度专业使用级：用于主卧室或餐室等。

一般家用或中度专业使用级：用于起居室及楼梯、走廊等交通频繁的部位。

重度家用或一般专业使用级：用于家中重度磨损的部位。

重度专业使用级：价格昂贵，家庭不用，用于有特殊要求的场合。

豪华级：地毯品质好，绒毛纤维长，豪华气派，用于高级卧室。

建筑室内地面铺设的地毯，是根据建筑装饰的等级、使用部位及使用功能等要求而选用的。总之,高级装饰选用纯毛地毯,一般装饰选用化纤地毯。

2)地毯性能要求

(1)耐磨性。

耐磨性是用户挑选地毯时的依据,也是衡量地毯使用耐久性的重要指标。地毯的耐磨性常用耐磨次数表示,即地毯在固定压力下磨至背衬露出所需要的次数。耐磨次数越多,表示耐磨性越好。耐磨性的优劣与地毯材质、绒毛长度、道数多少有关。化纤地毯耐磨性如表 2-3-14 所示。从表中可看出,化纤地毯比羊毛地毯耐磨,且地毯越厚越耐磨。

表 2-3-14　化纤地毯耐磨性

类型	面层织造工艺及材料	绒毛长度/mm	耐磨性/次	备注
1	机织法丙纶	10	＞10000	
2	机织法腈纶	10	7000	
3	机织法腈纶	8	6400	
4	机织法腈纶	6	6000	
5	机织法涤纶	6	＞10000	耐磨次数是指地毯在固定的压力下磨损后露出背衬所需要的次数
6	机织法羊毛	8	2500	
7	簇绒法丙纶、腈纶	7	5800	
8	日本簇绒法丙纶、腈纶	10	5400	
9	日本簇绒法丙纶、腈纶	7	5100	

(2)弹性。

弹性是反映地毯受压力后,其厚度产生压缩变形的程度,也是判断地毯是否达到脚感舒适的重要性能指标。地毯的弹性通常用动态负载下(规定次数下周期性外加荷载撞击后)地毯厚度减少值及中等静负载后地毯厚度减少值来表示。化纤地毯的弹性次于羊毛地毯,丙纶地毯的弹性次于腈纶地毯。

3)地毯的应用

地毯是相对比较高级的装饰材料,所以应正确、合理地选用和储运,以免造成浪费和损坏。首先,在订购地毯时,应说明所购地毯的品种,包括材质、图案类型(或图案号码)、颜色及规格尺寸等。如是高级羊毛手工编织地毯,还应说明经纬线的道数和厚度。如有特殊需要,可自行提出图样颜色及尺寸。在搬运地毯前,应先把地毯卷在圆管上,圆管直径不易过细,在搬运过程中,不能弯曲,不能局部重压,以防止地毯折皱和损坏毯面。运输地毯的车船应洁净、无潮湿,并须覆盖防雨苦布,防日晒和雨淋。如地毯暂时不用,应卷起来,用塑料薄膜包裹,分类储存在通风、干燥的室内,距热源不得小于 1 m,温度不超过 40 ℃,并避免阳光直接照射。大批量地毯的存放不可码垛过高,以防毯面出现压痕,对于纯羊毛地毯应定期撒放防虫药物。

2. 挂毯

艺术挂毯采用我国高级纯毛挂毯的传统做法,即采用裁绒打结编织技法织造而成。挂毯的规格尺寸多样,可按需要加工,大的可达上百平方米,小的则不足 1 平方米。挂毯的图案题材十分广泛,多为动物花鸟、山水风光等,这些图案往往取材于优秀的绘画名作,包括国画、油画和水彩画等,例如规格为 3050 mm×4270 mm 的"奔马图"挂毯即取材于一代画师徐悲鸿的名画。挂毯的图案还可以取材于名胜古迹、经典的摄影作品。

3.3.3　墙面装饰织物材料

墙面装饰织物是指以纺织物和编织物为面料制成的壁纸或墙布,其原料可以是丝、羊毛、棉、麻或化纤等,也可以是草、树叶等天然材料。壁纸是一种薄型饰面材料,主要通过黏结剂粘到具有一定强度的平整基层上。用壁纸裱贴墙面、顶棚等部位,在中国已有悠久的历史。从明清以来,就有用纸张、锦缎裱贴墙面的做法。民间早就有用彩纸及印花纸糊墙及糊顶棚的习惯,特别在北方更为普遍,这样做不仅美化了环境,使室内环境焕然一新,同时也起到保暖的作用。民间的这种做法,由于纸的质量较差,耐磨性、耐久性均不够理想,所以往往是一年一更新。随着社会的发展与科学技术的进步,壁纸这种装饰材料发展非常快、种类繁多。其产品不仅满足了装饰方面的要求,在耐磨及耐久等方面,也具有优良的性能。

现代装饰的快速发展,使得织物已成为一种十分重要的材料。用织物作为室内装饰,可以通过窗帘、台布、挂毯和靠垫等室内织物的呼应,改善室内的气氛、格调、意境和使用功能,增加室内装饰效果。因此,各种织物在建筑装饰中获得越来越广泛的应用。墙面装饰织物的外观质量与主要性能如表 2-3-15 所示。

表 2-3-15　墙面装饰织物的外观质量与主要性能

疵 点 名 称	一 等 品	二 等 品	备 注
同批内色差	4 级	3～4 级	同一包(300 m)内
左中右色差	4～5 级	4 级	指相对范围
前后色差	4 级	3～4 级	指同卷内
深浅不均	轻微	明显	严重为次品
褶皱	不影响外观	轻微影响外观	明显影响外观为次品
花纹不符	轻微影响外观	明显影响外观	严重影响外观为次品
花纹印偏	1.5 cm 以内	3 cm 以内	
边疵	1.5 cm 以内	3 cm 以内	
豁边	1 cm 以内,3 处	2 cm 以内,3 处	
破洞	不透露胶面	轻微影响胶面	透露胶面为次品
色条色泽	不影响外观	轻微影响外观	明显影响外观为次品
油污水渍	不影响外观	轻微影响外观	明显影响外观为次品
破边	1 cm 以内	2 cm 以内	
幅宽	同卷内不超过±1.5 cm	同卷内不超过±2 cm	

中国生产的墙面装饰织物主要品种有织物壁纸、玻璃纤维印花贴墙布、无纺贴墙布、化纤装饰墙布、棉纺装饰墙布和织锦缎等。

1. 织物壁纸

织物壁纸又称纺织纤维壁纸,由棉、麻、丝和羊毛等天然纤维或化学纤维制成各种色泽、花式的粗细纱,用不同的纺纱工艺和花色拈线加工方式将纱线粘到基层纸上,从而制成花样繁多的纺织纤维壁纸,还可以用扁草、竹丝或麻皮条等天然材料,经过漂白或染色再与棉线交织后同基纸粘贴,制成植物纤维壁纸。织物壁纸的性能与规格如表 2-3-16 所示。

表 2-3-16 织物壁纸的性能与规格

项 目	技 术 指 标	规 格
氧指数	(QT)20~22	宽度:530 mm、914 mm,长度:7.3 m、10.5 m一卷
抗静电性能	$4.5 \times 10^7 \, \Omega$	
吸收因数	平均 19%(250~2000 Hz)	
耐摩擦性能	2000 次(外加压力 500 g 圆轨运动摩擦)	
抗拉强度	纵向 17.8 kg,横向 3.4 kg	
吸湿伸缩率	纵向 0.5%,横向 2.5%	

织物壁纸质感丰富,立体感强,色调柔和、高雅,具有无毒、吸声、透气等功能,不褪色、耐磨、耐晒、无塑料气味、无静电且强度高于塑料壁纸,是新型高档装饰材料。织物壁纸适用于宾馆、饭店、办公大楼、会议室、接待室、疗养所、计算机房、广播室及家庭等墙面装饰。

织物壁纸现有纸基织物壁纸和麻草壁纸两种。

1) 纸基织物壁纸

纸基织物壁纸是由棉、麻、丝和羊毛等天然纤维及化学纤维制成各种色泽、花色的粗细纱,再与纸基层黏合而成的。这种壁纸是用各色纺线的排列达到艺术装饰效果。有的品种为绒面,可以排成各种花纹,有的带有荧光,有的线中编有金、银丝,使壁面呈现金光点点,还可以压制成浮雕图案,别具一格。

纸基织物壁纸的特点是色彩柔和幽雅,立体感强,吸声效果好,耐日晒,不褪色,无毒无害,无静电,不反光,且具有透气性和调湿性。纸基织物壁纸适用于宾馆、饭店、办公大楼、会议室、接待室、疗养所、计算机房、广播室及家庭卧室等墙面装饰。

2) 麻草壁纸

麻草壁纸是以纸为基底,以编织的麻草为面层,经复合加工而制成的室内装饰材料。麻草壁纸的厚度为 0.3~1.3 mm,宽一般为 960 mm,长有 5.5 m、7.32 m 等规格。麻草壁纸具有吸声、阻燃、散潮气、不吸尘、对人体无任何影响及不变形等特点,并且具有自然、古朴、粗犷的大自然之美,给人以置身于原野、回归自然的感觉。麻草壁纸适用于会议室、接待室、影剧院、酒吧、舞厅以及饭店、宾馆的客房等的墙壁贴面装饰,也可用于商店的橱窗设计等。

2. 玻璃纤维印花贴墙布

玻璃纤维印花贴墙布是以中碱玻璃纤维布为基材,表面涂以耐磨树脂,印上彩色图案制成的。玻璃纤维印花贴墙布的主要规格、技术性能如表 2-3-17 所示。

表 2-3-17　玻璃纤维印花贴墙布的主要规格、技术性能

规　　格				技术性能				
厚/mm	宽/mm	长/(m/匹)	单位质量/(g/mm)	日晒牢度/级	刷洗牢度/级	摩擦牢度/级	断裂强度/N	
							经向	纬向
0.17～0.20	840～880	50	190～200	5～6	4～5	3～4	≥700	≥600
0.17	850～900	50	170～200	—	—	—	≥600	—
0.20	880	50	200	4～6	4(干洗)	4～5	≥500	—
0.71	860～880	50	180	5	3	4	≥450	≥400

这种印花墙布的特点是:玻璃布本身具有布纹质感,经套色印花后,装饰效果好,且色彩鲜艳,花色多样,室内使用不褪色、不老化,防水防火,耐湿性强,可用肥皂水洗刷,并且价格低廉、施工简单、粘贴方便。适用于招待所、旅馆、饭店、宾馆、展览馆、餐厅、工厂净化间以及居民住宅等室内墙面装饰,尤其适用于室内卫生间等墙面的装贴。

3. 无纺贴墙布

无纺贴墙布是采用棉、麻等天然纤维或涤纶 PE-TP、腈纶 PAN 等合成纤维,经无纺成型、涂布树脂、印刷彩色花纹等工序制成的一种新型贴墙面材料。这种贴墙布的特点是富有弹性,不易折断,纤维不老化、不散头,对皮肤无刺激作用,色彩鲜艳,图案雅致,具有一定的透气性和防潮性,能擦洗而不褪色,且粘贴施工方便。无纺贴墙布适用于各种建筑物的室内墙面装饰,尤其是涤纶棉无纺贴墙布,除具有麻质贴墙布的所有性能外,还具有质地细腻、光滑等特点,特别适合高级宾馆和高级住宅使用。无纺贴墙布的主要品种、规格、技术性能如表 2-3-18 所示。

表 2-3-18　无纺贴墙布的主要品种、规格、技术性能

产品名称	规　　格	技　术　性　能
涤纶无纺墙布	厚度:0.12～0.18 mm 宽度:850～900 mm 单位质量:75 g/ mm	强度:2.0 MPa(平均) 黏结牢度(乳白胶或化学糯糊粘贴): ①混合砂浆墙面,5.5 N/25 mm;②油漆墙面,3.5 N/25 mm
无纺印花涂塑料墙布	厚度:0.8～1.0 mm, 宽度:920 mm,长度:50 m/卷, 每箱 4 卷,共 200 m	强度:2.0 MPa 黏结牢度:3～4 级 胶黏剂:聚醋酸乙烯乳胶
麻无纺墙布	厚度:0.12～0.18 mm 宽度:850～900 mm 单位质量:100/ mm	强度:1.4 MPa(平均) 黏结牢度(乳白胶或化学糯糊粘贴): ①混合砂浆墙面,2.0 N/25 mm;②油漆墙面,1.5 N/25 mm

4. 化纤装饰墙布

化纤装饰墙布是以化学纤维织成的布(单纶或多纶)为基材,经一定处理后印花而成。常用的化学纤维有黏胶纤维、醋酯纤维、丙纶、腈纶、锦纶和涤纶等。所谓多纶墙布是指多种化纤与棉纱混纺制成的墙布。化纤装饰墙布的主要品种、规格、技术性能如表 2-3-19 所示。

表 2-3-19　化纤装饰墙布的主要品种、规格、技术性能

产品名称	规　　格	技术性能
化纤装饰墙布	厚度:0.15～0.18 mm;宽度:820～840 mm;长度:50 m 每卷	
多纶黏涤棉墙布	厚度:0.32 mm;长度:50 m 每卷;单位质量:8.5 kg/卷;胶黏剂:配套使用"DL"香味胶黏剂	日晒牢度:黄绿色类 4～5 级,红棕色类 2～3 级;摩擦牢度:干 3 级,湿 2～3 级;拉断强度:径向 300～400 N/(5 cm×20 cm);耐老化性:3～5 年

这种墙布具有无毒、无味、透气、防潮、耐磨及不分层等特点,适用于宾馆、饭店、办公室、会议室等。

5. 棉纺装饰墙布

棉纺装饰墙布是以纯棉平布为基材,经前处理、印花、涂布耐磨树脂等工序制作而成。该墙布强度大、静电小、蠕变性小、无光、吸声、无毒、无味,对施工工作人员和使用者均无害,花形繁多,色泽美观大方,可用于宾馆、饭店及其他公共建筑和较高级的民用建筑中的装饰,适用于基层为砂浆、混凝土、石膏板、胶合板、纤维板和石棉水泥板等墙面的基层粘贴或浮挂。棉纺装饰墙布还常用作窗帘。夏季采用这种薄型的淡色窗帘,无论是自然下垂,还是双开平拉成半弧形,均会给室内创造出清静和舒适的氛围。

6. 高级墙面装饰织物

高级墙面装饰织物是指锦缎、丝绒、呢料等织物,这些织物的纤维材料、织造方法及处理工艺不同,所产生的质感和装饰效果也不相同,因而给人的美感也有所不同。

高档场所装饰织物采用锦缎浮挂墙布的做法。锦缎也称织锦缎,是中国的一种传统丝织装饰品,其绚丽多彩、古雅精致的各种图案,加上丝织品本身的质感与丝光效果,使其显得高雅华贵,具有很高的装饰作用,常被用于高档场所室内墙面的浮挂装饰,也可用于室内高级墙面的裱糊。但因其价格昂贵、柔软易变形、施工难度大、不能擦洗、不耐脏、不耐光、易留下水渍的痕迹、易发霉,其应用受到了很大的限制。

丝绒色彩华丽,质感厚实温暖,格调高雅,主要用作高级建筑室内窗帘、软隔断或浮挂,可营造出富贵、豪华的氛围。粗毛呢料、仿毛化纤织物和麻类织物,质感粗实厚重,具有温暖感,吸声性能好,还能从纹理上显示出厚实、古朴等特点,适用于高级宾馆等公共厅堂柱面的裱糊装饰。

7. 窗帘帷幔

随着现代建筑的发展,窗帘帷幔已成为室内装饰不可缺少的内容。窗帘帷幔除了调节室内环境色调、装饰室内之外,还有遮挡外来光线、保证私密性、保护地毯及其他织物陈设不因日晒褪色、防止灰尘进入、保持室内清静,以及隔声消声等作用。若窗帘采用厚质织物,尺寸宽大,褶皱较多,其隔声效果更佳;同时还可以起到调节室内湿度的作用,给室内创造出舒适的环境。窗帘帷幔原料已从棉、麻等天然纤维纺织品发展为人造纤维纺织品或混纺织品。其主要品种有棉布、混纺麻织品、黏胶纤维(人造丝)织品、醋酸纤维织品、三酸纤维织品和聚丙烯腈纤维织品等。

窗帘帷幔按材质一般分四大类。

① 粗料,包括毛料、仿毛化纤织物和麻料编织物等,属厚重型织物。粗料的保温、隔声、遮光性好,风格朴实大方或古典厚重。

② 绒料,含平绒、条绒、丝绒和毛巾布等,属柔软细腻织物。绒料纹理细密,质地柔和,自然下垂,具有保暖、遮光、隔声等特点,且华贵典雅,温馨宜人,可用于单层或双层窗帘中的厚层。

③ 薄料,含花布、府绸、丝绸、尼龙纱等,属轻薄型织物。薄料质地薄而轻,品种繁多,打褶后悬挂效果好,且便于清洗,但遮光、保暖和隔声等性能较差,可单独用于制作窗帘,也可与厚窗帘配合使用。

④ 网扣及抽纱。窗帘的悬挂方式很多,从层次上分为单层和双层;从开闭方式上分为单幅平拉、双幅平拉、整幅竖拉和上下两段竖拉等;从配件上分设置窗帘盒,暴露和不暴露窗帘杆等;从拉开后的形状分自然下垂和半弧形等。

合理选择窗帘的颜色及图案是达到室内装饰目的较为重要的一个环节。窗帘颜色的选择,要根据室内的整体性及不同气候、环境和光线而定,如随着季节的变化,夏季选用淡色薄质的窗帘为宜,冬天选用深色和质地厚实的窗帘为最佳。窗帘的颜色还应同室内墙面、家具、灯光的颜色配合,与之相协调。图案是在选择窗帘时要考虑的另一重要因素。竖向的图案或条纹会使窗户显得窄长,水平方向的图案或条纹使窗户显得短宽。碎花条纹使窗户显得大,大图案窗帘使窗户显得小。一般大空间宜采用大图案窗帘,小空间宜采用小图案窗帘。

3.3.4　其他纤维材料

1. 矿物棉装饰吸声板

矿物棉属于轻质、保温、吸声的无机纤维材料,用于防火门、复合板的夹层及吸声墙体等,表面涂以饰面层,就变成集吸声、防火、装饰、轻质为一体的顶棚材料。此种类型的材料目前用量较大,应用的范围也比较广,是深受人们喜爱的一种顶棚饰面材料。矿物棉装饰吸声板按原材料的不同分为矿渣棉装饰吸声板和岩棉装饰吸声板。

1)矿渣棉装饰吸声板

矿渣棉是以矿渣为主要原料,经熔化、高速离心或喷吹等工序制成的一种棉状人造无机纤维,具有优良的保温、隔热、吸声、抗震及不燃等性能。矿渣棉装饰吸声板是以矿渣棉为主要原料,加入适量的胶黏剂、防尘剂、增水剂等,经加压成型、烘干、固化、切割与贴面等工序而制成。矿渣棉装饰吸声板的规格尺寸主要有 300 mm×300 mm、600 mm×600 mm、600 mm×1200 mm,厚度分为 12 mm、15 mm 和 20 mm。矿渣棉装饰吸声板的物理力学性能如表 2-3-20 所示。

表 2-3-20　矿渣棉装饰吸声板的物理力学性能

体积密度/ (kg·m³)	抗折强度/MPa				含水率 (%)	吸收因数	热导率/ [W/(m·K)]	燃烧性
	板厚/mm							
	9	12	15	19				
≤500	≥0.744	≥0.846	≥0.795	≥0.653	<3	0.4~0.6	<0.0875	A级(不燃)

矿渣棉装饰吸声板表面具有多种花纹图案,如毛毛虫、十字花、大方花、小朵花、树皮纹、满天星及小浮雕等,色彩繁多,装饰性好,同时还具有质轻、吸声、降噪、保温、隔热、不燃及防火等性质。矿渣棉装饰吸声板作为吊顶材料(有时也作为墙面材料),广泛用于影剧院、音乐厅、播音室、旅馆、医院、办公室、会议室、商场及噪声较大的工厂车间等,以改善室内音质,消除回声,提高语言的清晰程度,或降低噪声,改善生活和劳动条件。

2) 岩棉装饰吸声板

岩棉是采用玄武岩为主要原料生产的人造无机纤维,其生产工艺与矿渣棉相同。岩棉的性能略优于矿渣棉。岩棉装饰吸声板的生产工艺与矿渣棉装饰吸声板相同,板材的规格、性能与应用也与矿渣棉装饰吸声板基本相同。

2. 吸声用玻璃棉制品

1) 吸声用玻璃棉板

吸声用玻璃棉板也称玻璃纤维黏合板。它是以玻璃纤维为主要原料,加入适量的胶黏剂、防潮剂及防腐剂等,经热压加工而成的一种像毡片一样的玻璃纤维板。使用吸声用玻璃棉板时,为了具有良好的装饰效果,常对其表面进行处理,一是贴上塑料面纸,二是进行表面喷涂,做成浮雕形状,色彩以白色居多。吸声用玻璃棉板按所用玻璃棉分为 2 号、3 号吸声板,各号吸声板又按体积密度(kg/m³)划分密度等级,各密度等级与厚度的规定如表 2-3-21 所示。吸声板的规格为 120 mm×600 mm。吸声用玻璃棉板的技术指标主要有降噪因数、含水率、不燃性及憎水率等。

表 2-3-21　吸声用玻璃棉板的密度等级与厚度

密度等级与 吸声板种类		板厚/mm					
		15	20	25	40	50	75
密度等级 /(kg·m³)	2号板	40,48,64,80,96	32,42,48,64,80,96		32,40,48		32
	3号板	96,120	80,96,120		80	—	—

　　吸声用玻璃棉板较矿物棉装饰吸声板质轻,具有防火、吸声、隔热、抗震、不燃、美观、施工方便与装饰效果好等优点。其广泛应用于剧院、礼堂、宾馆、商场、办公室和工业建筑等处的吊顶及内墙装修,可改善室内音质、降低噪声、改善环境和劳动条件。

　　2）吸声用玻璃棉毡

　　吸声用玻璃棉毡按所用玻璃棉的种类分为 1 号玻璃棉毡和 2 号玻璃棉毡。1 号玻璃棉毡的密度等级为 8 kg/m^3,规格为 2800 mm × 600 mm,厚度为 50 mm、75 mm、100 mm 和 150 mm。2 号玻璃棉毡的密度等级分为 10 kg/m^3、12 kg/m^3、16 kg/m^3、20 kg/m^3 和 24 kg/m^3,长度分为 1200 mm、2800 mm、5500 mm 和 11000 mm,宽度分为 600 mm 和 1200 mm,厚度分为 25 mm、40 mm、50 mm、75 mm、100 mm 和 150 mm。玻璃棉毡的降噪系数略高于玻璃棉板,其他性能与玻璃棉板基本相同,但强度很低。

【本章要点】

　　室内装修软质类材料主要是指竹木质材料、塑料、纤维织物及其系列制品等材料,在室内装修材料选择中应掌握其特征。木质材料主要由天然木材和人造板材组成,它是室内装修主要材料之一,特别是人造板材,其随着开发利用已逐渐被人们所认知,并且向着防火、防腐、节能、环保方向发展。塑料类材料主要由合成树脂、添加剂、增塑剂及着色剂组合而成,其重量轻,装饰性好,而且色彩丰富,经济实惠,是室内装修设计的常用材料。塑料制品有装饰板、壁纸、塑料隔断、门窗等。纤维织物是指纤维地毯、墙饰织物,布艺织物等纤维材料,它们又分别由多种纤维材料与纺织方法制作而成。其中最常见的是天然纤维、化学纤维和无机纤维,它们直接影响着织物的质地、肌理效果和性能的应用。

【思考与练习】

2-3-1　常用的木质材料都有哪些品种？它们有哪些优点？

2-3-2　试举室内装修中木质地板的基本种类以及材料适用范围。

2-3-3　分别介绍几种木线、木门窗套、木制家具的选材与适用范围。

2-3-4　试分析塑料的组成,它的优缺点是什么？

2-3-5　试举室内装修材料中塑料制品常用的材料。

2-3-6　常用的塑料饰板、塑料壁纸、塑料家具都有哪些？

2-3-7　纤维织物分为几种类型？其特点表现是什么？

2-3-8　常用的地毯材料如何分类？在实际选材中应注意什么？

第4章 室内装修涂料、油漆及胶黏剂材料

4.1 室内涂料类装修材料

4.1.1 涂料基本知识

建筑装饰涂料的组成之间都存在着或多或少的差异,这是因为涂料是多种成分的混合物。通常按照涂料中各个组成部分所发挥的作用,可将建筑装饰涂料的组成分为主要成膜物质、次要成膜物质、稀释剂和助溶剂四部分。

1. 建筑涂料的组成

1) 主要成膜物质

主要成膜物质主要指胶黏剂,还包括一些基料和固化剂,其作用是将其他组分黏结成一个整体,并能牢固地附着在被涂基层表面,形成坚韧的、连续均匀的保护膜。主要成膜物质的性质对形成涂膜的坚韧性、耐磨性、耐候性等方面具有重要的影响,主要成分为油料和树脂。

① 油料。涂料中使用的油料主要是植物油,按其能否结成膜以及成膜所需的时间长短,分为干性油(桐油、亚麻油等)、半干性油(豆油、棉籽油等)和不干性油(蓖麻油、椰子油等)。

② 树脂。仅使用油料也可以制成涂料,但这种涂料形成的涂膜在硬度、光泽、耐水性、耐酸碱性等方面往往不能满足现代装饰工程的要求。因此,在现代建筑涂料中,大量采用性能优异的树脂作为主要成膜物质。树脂有天然树脂、人造树脂和合成树脂三类。建筑装饰涂料所使用的成膜物质以合成树脂为主,如聚乙烯醇系缩聚物、聚醋酸乙烯及其共聚物、丙烯酸酯及其共聚物、环氧树脂、聚氨酯树脂、氯磺化聚乙烯酯等。用合成树脂制得的涂料性能优异,涂膜光泽好,是生产量最大、品种最多、应用最广泛的涂料之一。

2) 次要成膜物质

次要成膜物质主要是指涂料中的颜料和填料,它不能离开主要成膜物质而单独构成涂膜。次要成膜物质以微细粉状均匀地分散在涂料的介质中,使涂料具有鲜艳夺目的色彩、优良的质感,并使涂料具有一定程度的遮盖力。它还能减少涂料的收缩,增加膜层的机械强度,提高涂料的抗老化性和耐候性,并能阻止紫外线的穿透。

① 颜料。颜料是不溶于水、溶剂或涂料基料的一种微细粉末状有色物质。它能均匀分散在涂料介质中形成悬浮物。有些特殊颜料能使涂膜具有抑制金属腐蚀、耐

高温的特殊效果。理想的颜料应具备以下特点：良好的耐碱性；资源丰富，易于收集，价格低廉；良好的耐候性；无放射性污染；无有毒气体排放。颜料按照来源可分为天然颜料和人工颜料，按照其作用可分为有色颜料、防锈颜料和填料，按其化学组成可分为有机颜料和无机颜料。

着色颜料的主要作用是使着色物遮盖物面，是颜料中品种最多的一类。着色颜料按它们在涂料使用时所显示的色彩可分为红、黄、蓝、白、黑等。着色颜料常用品种如表 2-4-1 所示。

表 2-4-1　着色颜料常用品种

颜　　色	品　　种
绿色颜料	铬绿、锌绿
	酞青绿
绿色颜料	朱红、铁红
	甲苯胺红
蓝色颜料	铁蓝、钴蓝、群蓝
	酞菁蓝等
白色颜料	氧化锌、太白粉、立德粉
黑色颜料	炭黑、石黑、铁黑
	苯胺黑
黄色颜料	铅铬黄、铁黄
	耐晒黄、联苯胺黄
金属颜料	铝粉、铜粉

② 填料。填料的主要作用是改善涂料的涂膜性质，降低生产成本。填料主要是一些碱土金属盐、轻质碳酸钙、云母粉等，多为白色粉末状的天然材料或工业副产品。

2. 稀释剂

稀释剂也称溶剂，是涂料的重要组成部分。溶剂不但易挥发，使树脂成膜，而且能够溶解各种油料、树脂，从而降低涂料的黏度以达到施工的要求。

溶剂的溶解能力即每一种树脂自身特殊的溶解性，很多树脂只能溶于某些特定类型的溶剂中。有些溶剂不能单独使用，只有在助溶剂的作用下才有溶解的能力。有机化合物分子一般分为极性和非极性两种，其中极性固体很容易溶于极性溶剂而难溶于非极性溶剂。带有羟基的极性较大的树脂就能很好地溶解在酒精中，而沥青不溶于极性溶剂，但能很好地溶解在汽油、松香水、松节油等烃类化合物中。由溶解能力高的溶剂制成的涂料黏度低、浓度大，故涂刷后能得到机械强度大的厚涂膜。

应注意稀释剂的挥发性、毒性和易燃性，以避免不必要的人身和财产损失。

3. 建筑涂料的分类

1）按主要成膜物质的化学成分分类

按主要成膜物质的化学成分分类，可将建筑涂料分为有机涂料、无机涂料、复合涂料三类。

（1）有机涂料。

有机涂料常用的三种类型：溶剂型涂料、水溶性涂料、乳胶涂料。

溶剂型涂料是以高分子合成树脂为主要成膜物质，以有机溶剂为稀释剂，加入适量的颜料、填料（体质颜料）及辅助材料，经研磨而成的涂料。

溶剂型涂料的主要特点有：涂膜细腻光洁、坚韧、气密性好、有较好的硬度；耐水性、耐候性、耐酸碱性好；施工温度要求不高，可在接近零度的环境中施工；易燃、涂膜透气性差；基层干燥条件要求高；其溶剂的挥发对人体健康有害，且价格较高。

水溶性涂料是以水溶性合成树脂为主要成膜物质，以水为稀释剂，加入适量的颜料、填料及辅助材料，经研磨而成的涂料。这类涂料的水溶性很好，可直接溶于水中，与水形成单相的溶液。但它的耐水性、耐洗刷性、耐候性较差，一般用于内墙。

乳胶涂料又称乳胶漆。它是由合成树脂借助乳化剂的作用，以 $0.1 \sim 0.5~\mu m$ 的极细微粒子分散于水中构成乳液，并以乳液为主要成膜物质，加入适量的颜料、填料、辅助材料经研磨而成的涂料。乳胶涂料的主要特点有：价格低廉，它以水为稀释剂，不含价格较高的有机溶剂；无毒，不燃，有一定的透气性，对人体无害；对基层潮湿程度要求不高，耐水、耐擦洗性较好；施工温度要求较高，一般需要在 10 ℃ 以上；可作为内外墙建筑涂料。

（2）无机涂料。

无机涂料是历史上出现最早的一类涂料，其最早的代表性产品是无机抹灰材料。早期的无机涂料的涂膜质地疏松、耐水性差、易起粉，但硅溶胶、水玻璃的成功应用改变了无机涂料的面貌，使之成为品质良好、应用广泛的一种涂料。

无机涂料的主要特点有：资源丰富，生产工艺较简单，价格便宜，节约能源；温度适应性好，可在较低的温度下施工，受气温的影响较小；颜色均匀，不易褪色；对基层处理要求不高，黏结力较强；耐久性好，遮盖力强，耐热性好，不燃，对人体健康无危害，环境污染程度小。

（3）复合涂料。

有机涂料品种丰富、发展空间大；无机涂料对人体健康影响小，资源广泛。但它们都有各自的不足。无机涂料、有机涂料相结合的复合涂料恰恰融合了它们的特点，起到了取长补短、发挥优势的作用。

无机-有机复合建筑涂料的研制，为涂料的开发与应用提供了全新的思路，为改善建筑涂料的性能，降低成本，更好地适应建筑装饰工程的施工要求、装饰要求、环保要求等方面提供了一条切实可行的途径。如聚乙烯醇水玻璃内墙涂料就比聚乙烯醇涂料的耐水性有所提高，而硅溶胶、丙烯酸系列复合外墙涂料在涂膜的柔韧性及耐候性方面更能适应大气温度差的变化。

2）其他分类方法

按照使用功能，可将建筑涂料分为装饰性涂料、防火涂料、保温涂料、防腐涂料、防水涂料等。以涂膜的状态特征为分类基础，可将涂料分为薄质涂料、厚质涂料、砂壁涂料及变形凹、凸花纹涂料等。常见的涂料品种和分类方法如表 2-4-2 所示。

表 2-4-2 常见的涂料品种和分类

序号	分类方法	涂 料 类 别					
		序号	代号	类别	序号	代号	类别
1	按主要成膜物质分	1	Y	油脂漆类	10	X	烯氢树脂漆类
		2	T	天然树脂漆类	11	B	丙烯酸类
		3	F	酚醛漆类	12	Z	聚酯漆类
		4	L	沥青漆类	13	H	环氧漆类
		5	C	醇酸漆类	14	S	聚氨酯漆类
		6	A	氨基漆类	15	W	元素有机漆类
		7	Q	硝基漆类	16	J	橡胶漆类
		8	M	纤维素漆类	17	E	其他漆类
		9	G	过氯乙烯漆类			
2	按建筑物使用部位分	①外墙涂料；②内墙涂料；③地面涂料；④天棚(顶棚)涂料；⑤屋面涂料					
3	按涂料状态分	①溶剂型涂料；②水溶性涂料；③乳液性涂料；④粉末涂料					
4	按特殊功能分	①防火涂料；②防水涂料；③防霉涂料；④防结露涂料；⑤防虫涂料					
5	按装饰质感分	①薄质涂料；②厚质涂料；③复层涂料					

4. 涂料的命名及型号

建筑涂料以涂料的主要成膜物质为命名的依据。涂料的颜色位于涂料名称的最前面，有时可用颜料和名称代替颜色的名称。涂料的基本名称代号如表 2-4-3 所示。

表 2-4-3 涂料的基本名称代号

代号	基 本 名 称	代号	基 本 名 称	代号	基 本 名 称
00	清油	30	(浸渍)绝缘漆	62	示温漆
01	清漆	31	(覆盖)绝缘漆	63	涂布漆
02	厚漆	32	(绝缘)磁漆	64	可剥漆
03	调和漆	35	硅钢片漆	66	感光漆
04	磁漆	37	电阻漆	67	隔热涂料
05	洪漆	38	半导体漆	80	地板漆
06	底漆	41	水线漆	81	渔网漆
07	腻子	42	甲板漆	82	锅炉漆
09	大漆	44	船底漆	83	烟囱漆
12	乳胶漆	50	耐酸漆	84	黑板漆
13	其他水溶性漆	51	耐碱漆	85	调色漆

代 号	基 本 名 称	代 号	基 本 名 称	代 号	基 本 名 称
14	透明漆	52	防腐漆	86	标志漆、马路漆
16	锤纹漆	53	防锈漆	98	胶液
19	晶纹漆	54	耐水漆	99	其他
23	罐头漆	55	耐热漆		

5. 涂料的选用原则

随着装饰涂料的种类越来越丰富,如何选用最合适的涂料,已成为装饰工程的课题之一。涂料的选用原则包括以下几项。

① 建筑表面不同的使用功能是选择涂料的基本依据。

② 选择的涂料类型应当与建筑物表面材质相匹配。

③ 根据建筑物表面装修的更新周期,选用不同耐久性的涂料。

4.1.2 内墙涂料

内墙涂料通常用于顶棚和墙面,主要功能是装饰及保护内墙墙面及顶棚,使其达到良好的使用功能和装饰效果。

1. 内墙涂料的特点

1) 色彩丰富

生活环境的不同、年龄的不同、民族的不同、所受教育程度的不同等诸多因素,造成人们对色彩的倾向性不同,因此内墙涂料的色彩极为丰富,几乎所有的色彩都可以加工调制。

2) 耐碱、耐水性、耐洗刷性好

由于墙面多带有碱性,因此要求内墙涂料具备一定的耐碱性。为了防潮的需要,同时也为了内墙洁净的需要,内墙涂料必须有一定的耐水性和耐洗刷性。

3) 无毒、环保

内墙涂料是影响室内空间环境质量的重要因素。据统计,人们平均每天至少有80%的时间生活在室内环境中。因此,内墙涂料无毒、无污染,对人体的健康极为重要。我国在涂料的"绿色"概念上有具体的要求。

2. 常用内墙涂料

1) 合成树脂乳液内墙涂料

合成树脂乳液内墙涂料,是以合成树脂乳液为成膜材料制成的内墙涂料,广泛应用于室内墙面装饰,但不宜用于容易受潮的墙面,如厨房、卫生间、浴室等的墙面。合成树脂乳液内墙涂料的技术指标应符合《合成树脂乳液内墙涂料》(GB/T 9756)的规定,如表 2-4-4 所示。目前,常用的品种有苯-丙乳胶漆、乙-丙乳胶漆、氯-偏共聚乳液内墙涂料、聚醋酸乙烯乳胶内墙涂料等。

表 2-4-4 合成树脂乳液内墙涂料的技术指标要求

项 目	技术指标
在容器中的状态	无硬块,搅拌后呈现均匀状态
固体含量[(120±2)℃,2 h]/(%)	≥45
遮盖力(白色及浅色)/(g/m)	≤250
干燥时间/h	≤2
耐洗刷性/次	≥300
耐碱性(48 h)	不发生起泡、掉粉现象,允许轻微失光和变色
耐水性(96 h)	不发生起泡、掉粉现象,允许轻微失光和变色
低温稳定性	不凝聚,不结块,不分离
颜色及外观	表面平整,符合相关色差范围

① 乙-丙乳胶漆是以聚醋酸乙烯与丙烯酸酯共聚乳液为主要成膜物质,加入适量的填料及颜料、助剂后,经过研磨、分散制成的半光或有光内墙涂料。乙-丙乳胶漆主要用于建筑内墙装饰,其保色性好且耐碱性、耐水性、耐久性都较好,具有良好的光泽和质感,是一种常用的中高档的内墙装饰涂料。乙-丙乳胶漆的主要技术指标如表 2-4-5 所示。

表 2-4-5 乙-丙乳胶漆的主要技术指标

项 目	技术指标	项 目	技术指标
黏度/s	20~50	冲击功/(N·m)	≥4
光泽/(%)	≤20	耐水性(浸水 96h,板面破坏)/(%)	不超过 5
固体含量/(%)	≥45	最低成膜温度/℃	≥5
柔韧性/级	1	遮盖力/(g/m²)	≤170

② 苯-丙乳胶漆是由苯乙烯、丙烯酸酯、甲基丙烯酸等三元共聚乳液为主要成膜物质,加入适量的填料、颜料和助剂,经研磨、分散后配制而成的一种无光内墙涂料。其耐碱、耐水、耐擦性及耐久性都非常优秀,通常用于高档内墙装饰,同时也适用于外墙装饰。苯-丙乳胶漆的主要技术指标如表 2-4-6 所示。

表 2-4-6 苯-丙乳胶漆的主要技术指标

项 目	技术指标	项 目	技术指标
黏度/s	20	固体含量/(%)	≥51±2
光泽/(%)	≤10	遮盖力/(g/m²)	白色及浅色:≥130, 其他色:≥110
最低成膜温度/℃	>3	耐水性(96 h)	无变化
冻融循环(−15~15 ℃,5 次)	通过,无变化	耐擦洗性	可擦洗 2 000 次以上

③ 氯-偏共聚乳液内墙涂料是以氯乙烯与偏氯乙烯共聚乳液为基料,加入适量的填料、颜料和助剂等成分加工而成的一种水乳性涂料。它由一组色浆和一组氯偏清漆组成,色浆与氯偏清漆以 120∶30 的比例配制而成。氯-偏共聚乳液内墙涂料的主要技术指标如表 2-4-7 所示。

表 2-4-7　氯-偏共聚乳液内墙涂料的主要技术指标

项　目	技术指标	项　目	技术指标
黏度/s	<35	耐磨性/$(g \cdot cm^{-2})$	≤0.006
附着力/(%)	100	耐污性	良好
固体含量/(%)	≥45	耐水性(30 d)	浸泡无变化
细度/μm	≤70	耐热性(100 ℃以下)	无变化
最低成膜温度/℃	5	燃烧性	自熄
表干时间/h	1		

氯-偏共聚乳液内墙涂料具有很多优点,具体如下:无毒、无味,良好的耐水性、耐碱性、耐磨性、防水性,对各种气体、水蒸气等有极低的透过性;施工简便,涂刷性能好,成膜均匀,涂层快干;对基层要求不高,可在稍潮湿的基层上施工。

④ 聚醋酸乙烯乳胶内墙涂料是以聚醋酸乙烯乳液为主要成膜物质,加入适量的填料、少量的颜料及助剂,经加工制成的水乳型涂料。它具有干燥迅速、透气性好、附着力强、耐水性较好、无毒无味、施工简单、颜色鲜艳等优点。聚醋酸乙烯乳胶漆的主要技术指标如表 2-4-8 所示。

表 2-4-8　聚醋酸乙乳胶漆的主要技术指标

项　目	技术指标	项　目	技术指标
涂膜颜色与外观	符合标准样本及色差范围,平整无光	耐热性(80 ℃,6 h)	无变化
黏度/s	30~40	硬度(刷于玻璃板干后,48 h 摆杆法)	≥0.3
固体含量/(%)	≥45	耐水性(96 h)	漆膜无变化
附着力/(%)	100	干燥时间/h	实干≤2
冲击功/$(N \cdot m)$	≥4	遮盖力/$(g \cdot m^{-2})$	白色及浅色:≤170

2) 水溶性内墙涂料

① 聚乙烯醇水玻璃内墙涂料是以聚乙烯醇水溶液加水玻璃所组成的液体为基料,混合适当比例的填充料、颜料及表面活性剂,配制而成的水溶性内墙涂料。聚乙烯醇水玻璃内墙涂料的具体技术指标如表 2-4-9 所示。

表 2-4-9　聚乙烯醇水玻璃内墙涂料的技术指标

项目	技术指标	项目	技术指标
沉淀分层情况（100 mL 量筒中静放观察）	24 h 沉淀 5 mm	固体含量/（%）	30～40
		黏度［涂 4-黏度计，（25±1）℃］/s	30～60
涂刷性能	无刷痕、稍有小气泡		
耐热性［(80±2)℃,5 h］	无发黏、开裂等现象	耐水性（玻璃板试件，25 ℃，浸 24 h）	无剥落、起泡、皱皮等现象
表面干燥时间（25 ℃，湿度小于 75%）/h	≤1		
附着力（水泥砂浆板或石棉水泥板试件）/（%）	100	耐洗刷性（玻璃试件，重压 200 g，湿绸布擦拭 20 次）	稍有掉粉
		紫外线照射（20 h）	无起壳、变色
细度（刮板法）/μm	80	漆膜	平整无光

聚乙烯醇水玻璃内墙涂料具有如下主要特点：对人体健康无害；不易燃，表面光洁光滑，不起粉；对基材要求不高，能在稍潮湿的墙面上施工；与各类墙面，如石膏板混凝土、水泥砂浆、纸筋石灰面、石棉水泥板等，都有一定的黏结力，价格低廉、干燥迅速。

② 聚乙烯醇缩甲醛内墙涂料又称 803 内墙涂料，它是以聚乙烯醇与甲醛不完全缩合反应而生成的聚乙烯醇半缩甲醛水溶液为胶结材料，加入适当的颜料、填料及相应的助剂，经混合、搅拌、研磨、过滤等工序制成的一种涂料。聚乙烯醇缩甲醛内墙涂料是聚乙烯醇水玻璃内墙涂料的改良产品，前者在耐水性、耐擦洗性等方面略优于后者。聚乙烯醇缩甲醛内墙涂料的主要技术指标如表 2-4-10 所示。

表 2-4-10　聚乙烯醇缩甲醛内墙涂料的主要技术指标

项　目	技术指标	项　目	技术指标
表面干燥时间（35 ℃，相对湿度 65%±5%）/min	<3	耐水性（浸水 24 h）	不起泡，不脱粉
沉降值（25 ℃±1 ℃，24 h）/ml	≤3	涂刷效果	表面平整，不脱粉
附着力/（%）	100	耐热性（80 ℃，2～6 h）	不发黏，不开裂，不脱粉
遮盖力/（g·m⁻²）	≤300	耐湿擦（50 次）	无变化，不脱粉
黏度（涂 4-黏度计，25 ℃±1 ℃）/s	50～70		

聚乙烯醇缩甲醛内墙涂料的主要特点如下：无毒无味，对人体健康没有不良影响；干燥迅速、遮盖力强、施工方便；对施工温度要求不高，冬季低温下不易结冻；耐湿擦性好，对墙面有较好的附着力；对基层要求不高，能在稍潮湿的基层及旧墙面上施工。

3）多彩内墙涂料

多彩内墙涂料又称为多彩花纹涂料，是一种较常用的墙面、顶棚装饰材料。其配制原理是将带色的溶剂型树脂涂料慢慢地掺入甲基纤维素和水组成的溶液中，通过不断搅拌，使其分散成细小的溶剂型油漆涂料滴，形成不同颜色油滴的混合悬浊液。

① 多彩内墙涂料按其介质的不同，可分为水包油型、水包水型、油包油型和油包水型四种（见表 2-4-11）。

表 2-4-11　多彩内墙涂料的基本类型

类型	分散相	分散介质
O/W 型（水包油）	溶剂型涂料	保护胶体水溶液
W/W 型（水包水）	水性涂料	保护胶体水溶液
O/O 型（油包油）	溶剂型涂料	溶剂或可溶于溶剂的成分
W/O 型（油包水）	水性涂料	溶剂或可溶于溶剂的成分

② 多彩内墙涂料具有以下主要特点：涂层色泽丰富、立体感好、装饰效果好；涂膜的耐久性较佳；涂膜质地较厚，具有良好的弹性，有类似壁纸的效果；耐油、耐水、耐腐、耐洗刷、透气性好；适用范围较广，可用于混凝土、砂浆、石膏板、木材、钢材、铝等多种基面的装饰。

③ 多彩涂料的涂层由底层、中层、面层涂料复合而成。底层涂料主要起封闭潮气的作用，防止涂料由于墙面受潮而剥落，也保护涂料免受碱性的侵蚀，一般使用具有较强耐碱性的溶剂型封闭漆；中层涂料起到黏结面层和底层的作用，并能有效消除墙面色差，起到突出多彩面层涂料的鲜艳色彩、光泽和立体感的作用，通常应选用性能良好的合成树脂乳液内墙涂料；面层涂料即为多彩涂料，喷涂到墙面之后，可获得丰富亮丽的色彩。

底层涂料（溶剂型油漆涂料）可采用刷涂、辊涂或喷涂等多种方法操作。操作时根据基层的情况和具体的环境气温情况，可酌情加入 10％左右的稀释剂，等待 2 h 后再刷中层涂料覆盖。

中层涂料（水乳型涂料）同样也可采用刷涂、辊涂或喷涂等多种方法操作。操作时可酌情加入 15％～20％的自来水稀释，需要涂刷 1～2 遍，间隔 4 h。

面层涂料（水乳型多彩涂料）由于固体含量很高，要求用专用喷枪喷涂。面层涂料的喷涂不能掺任何稀释剂。喷涂时因喷雾散发较远，应将不需喷涂的部位遮盖起来。面层涂料要求施工气温在 10 ℃左右，因为当气温过低时，面层涂料稠度将增加。

④ 多彩涂料的技术质量指标：多彩内墙涂料的技术质量指标应符合表 2-4-12 中的规定。

4）多彩立体涂料

多彩立体涂料也称幻彩材料、梦幻涂料，它以变幻奇特的质感及艳丽多变的色彩为人们展现出一种全新感觉的装饰效果，是一种高级内墙涂料。多彩立体涂料是纤维质水溶性涂料，主要成分为水溶性乳胶和人造纤维、天然纤维。

多彩立体涂料的主要特点如下。

① 色彩丰富，色彩可按设计要求现场配置，可任意套色。

② 质感丰富，色泽高雅，涂膜能够呈现珍珠、贝壳等所具有的优美质感。

③ 无毒、无味、吸声、防潮、无污染。

表 2-4-12　多彩内墙涂料的技术质量指标

类　别	项　目	技术指标
涂层性能	实干燥时间/h	≤24
	耐洗刷性/次	≥300
	涂膜外观	与标准样本基本相同
	耐碱性(48 h)	不起泡,不掉粉,允许微失光和变色
	耐水性(96 h)	不起泡,不掉粉,允许微失光和变色
涂料性能	黏度(涂 4-黏度计)/s	80～10
	储存稳定性(0～30 ℃)	6 个月
	不挥发物含量/(%)	≥19
	施工性	喷涂无困难
	在容器中的状态	经搅拌后均匀,无结块

④ 易于施工,无接缝,不起皮。

⑤ 抗冻性良好,可在较低温度下施工。

⑥ 维护方便,污染的墙面只需重新涂刷即可,且无剥落现象。

⑦ 适用性好,可用于混凝土、砂浆、石膏、木材、玻璃、金属等多种基层材料。

⑧ 装饰效果良好。

5）其他内墙涂料

① 仿瓷涂料是以多种高分子化合物为基料,配以多种助剂、颜料和无机填料,经过加工而制成的一种具有良好光泽涂层的涂料。由于其涂层具有瓷器般的优美光泽,装饰效果良好,故称仿瓷涂料或瓷釉涂料。仿瓷涂料使用方便,可在常温下自然干燥,其涂膜具有耐磨、耐沸水、耐化学品、耐冲击、耐老化及硬度高等特点,涂层丰满细腻,且坚硬光亮。仿瓷涂料应用广泛,可在水泥面、金属面、塑料面、木料等固体表面进行刷涂与喷涂,广泛使用在公共建筑内墙,住宅建筑内墙、厨房、卫生间、浴室等处。

② 发光涂料是可以在夜间发光的一种涂料,一般分为蓄光性发光和自发性发光两类。蓄光性发光涂料含有成膜物质、填充剂和荧光颜料等组成成分。它之所以能在夜间发光,是由于涂料中的荧光颜料(主要是硫化锌等无机颜料)受到光线的照射后被激活、释放能量,使其在夜间和白天都可发出明显可见的光。自发性发光涂料的组成成分除了蓄光性发光涂料的组成成分外,还含有极少量的放射性元素。当荧光颜料的蓄光消耗完毕之后,放射性物质就会放出射线刺激,涂料得以继续发光。

③ 仿绒涂料是由树脂乳液和不同色彩聚合物微粒配制而成的涂料。其特色在于涂层富有弹性,色彩图案丰富,有一种类似于织物的绒面效果,手感柔和。仿绒涂料常被用于需要营造温馨、高雅气氛的室内环境之中。

④ 纤维涂料是由织物纤维配制而成的,也称锦壁涂料。它具有纤维材料的装饰效果,手感舒适,图案丰富,色彩鲜艳。

⑤ 天然真石漆是以天然石材为原料,经特殊工艺加工而成的高级水溶性涂料。

它具有阻燃、防水、环保等特点,并且模拟天然岩石的逼真效果,施工简单。天然真石漆的装饰性能优秀,效果典雅、高贵,立体感强。

4.2　室内油漆类装修材料

油漆是人们最熟悉也是较常用的一种涂料。油漆表面有亚光、半亚光和光亮之分,消费者可根据需求选择。油漆对基材表面具有保护功能,使木制品的防蛀、防水、防腐性能大大提高。油漆的装饰作用也十分明显,它表面光滑亮泽、经久耐用。油漆中也含有对人体有害的物质,如甲苯、挥发性有机化合物(VOC)等,因此,应注意通风,以防中毒。

4.2.1　天然漆材料

天然漆是将树上采集的液汁,经部分脱水后进行过滤而获得的黄色黏稠状液体。天然漆具有漆膜坚实、光泽亮丽、耐久耐磨性好及耐油、耐水、耐腐蚀、绝缘、耐热等许多优点,并与基材表面有很好的结合性。天然漆又称大漆,分为生漆和熟漆两种。生漆不用催干剂,可直接作为涂料使用,经过加工后制成熟漆。天然漆主要用于木制家具和工艺美术品的加工制作。天然漆在室内装饰设计中用量并不大,但在一些追求中国古典风格的装饰工程中,天然漆仍然为设计师所推崇。

4.2.2　调和漆材料

调和漆是在熟干性油中加入颜料、溶剂、催干剂等成分调和制成的一种涂料,是比较常用的一种油漆,适用于钢材、木材等材料表面的保护和装饰。调和漆有质地均匀,黏稠度适中,漆膜耐蚀性好,不易开裂,遮盖力强,耐晒性好,耐久性好,施工方便等优点。在使用调和漆时可根据具体的设计要求添加相应的颜料,以获得多种多样的颜色。

4.2.3　清漆材料

清漆又称树脂漆,是把树脂溶于相应的溶剂之中,再加入适量的催干剂加工制成的。树脂漆分单组分漆和双组分漆。单组分树脂漆由树脂和溶剂组成,双组分树脂漆是在单组分树脂漆的基础上添加固化剂等辅料制成的。常用的树脂有醇酸树脂、环氧树脂、聚氨酯树脂、酚醛树脂等。树脂漆通常不添加任何颜料,涂刷于材料表面,以获得透明的光亮薄膜。树脂漆最大的特点是能清晰显示出基材原有的肌理和纹路,感觉自然、柔和、立体感强,因此被广泛应用在纹理美观的高档木质基材上。

4.2.4　瓷漆材料

瓷漆是在清漆的基础上加入无机颜料而制成的,因漆膜光亮、质地坚硬、外观酷似瓷器而得名。其色彩多样、附着力强,广泛应用于室内装修工程和家具的表面处理,也可用于钢材的表面装饰处理。

4.3　胶黏剂类材料

胶黏剂是指具有良好的黏接性能,能把两物体紧密牢固地胶接起来的非金属物质。随着现代化学工业的发展,各种合成胶黏剂不断涌现,胶黏剂在建筑及装饰工程中的应用也越来越广泛。这是因为胶黏剂和其他连接方法(焊接、铆接、螺栓连接等)相比,具有很多突出的优点,如不受胶结物的形状、材质等因素的限制,胶接方法简单,胶接后具有良好的密封性,几乎不增加胶结物的重量等。目前,胶黏剂已成为建筑装修工程中不可缺少的配套材料,发展前景十分广阔。

胶黏剂属于有机高分子材料,含有甲醛等有害物质,污染环境且对人体有害。因此,应严格控制胶黏剂中有害物质的含量。胶黏剂中有害物质的含量应符合国家相关标准的规定。

1. 胶黏剂的组成

胶黏剂通常由黏结料、固化剂、增韧剂、稀释剂、填料和改性剂等组成。对于某一种胶黏剂来说,不一定都含有这些成分,也不限于这几种成分。胶黏剂的组成成分主要是由胶黏剂的性能和用途决定的。

① 黏结料是胶黏剂中最基本的组分,起着黏结作用。黏结料的性质决定了胶黏剂的性能、用途和使用条件,一般胶黏剂用黏结料的名称来命名。黏结料多由各种树脂、橡胶类及天然高分子化合物组成。

② 固化剂是促使黏结料通过化学反应加快固化的组分,也是胶黏剂的主要成分,其性质和用量对胶黏剂的性能起着重要作用。有的胶黏剂中的树脂(如环氧树脂)若不加固化剂,其本身不能变成坚硬的固体。

③ 增韧剂的作用是为了提高胶黏剂硬化后的韧性和抗冲击能力,常用的增韧剂有邻苯二甲酸二丁酯和邻苯二甲酸二辛酯。

④ 稀释剂又称为溶剂,主要起降低胶黏剂黏度、提高胶黏剂的湿润性和流动性的作用,使其便于操作。常用的有机溶剂有丙酮、苯、甲苯等。

⑤填料在一般的黏结剂中不发生化学反应,但它能降低胶黏剂的热膨胀系数,减少收缩性,提高胶黏剂的机械强度和抗冲击强度;同时填料价格便宜,可显著降低胶黏剂的成本。常用的填料有滑石粉、石棉粉、铝粉等。

⑥ 改性剂是为了改善胶黏剂某一方面的性能,以满足特殊要求而加入的组分,如为提高胶接强度,可加入偶联剂等。另外还有防老化剂、稳定剂、防腐剂、阻燃剂等。

2. 胶黏剂的分类

胶黏剂的品种繁多,组成各异,用途也各不相同。为了方便选择和使用,常按黏结料的性质、胶黏剂的强度特性和固化条件来分类。

1）按黏结料的性质分类

胶黏剂按黏结料的性质不同，分为有机胶黏剂和无机胶黏剂两大类，如表 2-4-13 所示。

表 2-4-13　胶黏剂按黏结料性质不同的分类

胶黏剂	有机胶黏剂	天然胶黏剂	动物胶：鱼胶、骨胶、虫胶等
			植物胶：淀粉、松香、阿拉伯树胶等
		合成胶黏剂	热固性树脂胶黏剂：环氧、酚醛、脲醛、有机硅等
			热塑性树脂胶黏剂：聚醋酸乙烯酯、乙烯-醋酸乙烯酯等
			橡胶型胶黏剂：氯丁胶、丁腈胶、硅橡胶等
			混合型胶黏剂：酚醛-环氧、酚醛-丁腈、环氧-尼龙等
	无机胶黏剂		磷酸盐型、硅酸盐型、硼酸盐型

2）按胶黏剂的强度特性分类

① 结构胶黏剂的胶接强度高，至少与被胶结物本身的材料强度相当，同时对耐油、耐热和耐水等性能都有较高的要求。

② 非结构胶黏剂具有一定的强度，但不能承受较大的荷载，只起定位作用，如聚醋酸乙烯酯等。

③ 次结构胶黏剂又称准结构胶黏剂，其物理力学性能介于结构胶黏剂和非结构胶黏剂之间。

3. 装饰工程常用的胶黏剂

胶黏剂的种类很多，它不仅广泛应用于建筑装饰工程中，而且常用于防水工程、管道工程及金属构件修补等。以下介绍几种在建筑装修工程中常用的胶黏剂。

1）酚醛树脂类胶黏剂

酚醛树脂是热固性树脂中最早用于胶黏剂的品种之一。它是由苯酚与甲醛在碱性介质（如氨水、氢氧化钡）中，经缩聚反应制得的线型结构的低聚物，也称甲阶可溶性酚醛树脂。这种树脂是用水或者乙醇作为溶剂制成胶液，在加热或者使用催化剂的情况下能进一步缩聚成交联网状结构而固化，因而可用作胶黏剂。这类胶黏剂的品种如下。

① 酚醛树脂胶黏剂。因酚醛树脂固化后形成网状结构，故酚醛树脂胶黏剂强度较高，耐热性好，但胶层较脆硬。它主要用于木材、纤维板、胶合板及硬质泡沫塑料等多孔材料的黏接。市面上常见的酚醛树脂商品胶有 FQ-100U 冷固型酚醛树脂胶和铁锚 206 胶等。

② 酚醛-缩醛胶黏剂是聚乙烯醇缩醛改性的酚醛树脂胶黏剂。它的特点是耐低温、耐疲劳、耐气候老化性极好，韧性优良，因而使用寿命长。它主要用于黏结金属、陶瓷、玻璃、塑料和其他非金属材料制品。市面上常见的酚醛-缩醛商品胶有 E-5 胶、

FN-301 胶和 FN-302 胶等。

③ 酚醛-丁腈胶黏剂。采用丁腈橡胶改性酚醛树脂所制成的胶黏剂称为酚醛-丁腈胶黏剂。它的特点是高强度、坚韧、耐油、耐热、耐寒及耐气候老化,使用温度为 —55~260 ℃。它主要用于黏结金属、玻璃、纤维、木材、皮革、PVC、尼龙、酚醛塑料和丁腈橡胶等。

④ 酚醛-氯丁胶黏剂。酚醛-氯丁胶黏剂是由氯丁橡胶改性酚醛树脂制成的。它具有固化速度快、无毒、胶膜坚韧及耐老化等特点,主要用于皮革、橡胶、泡沫塑料和纸张等材料的黏结。

⑤ 酚醛-环氧胶黏剂。酚醛-环氧胶黏剂是用环氧树脂改性酚醛树脂制成的。其特点是高强度、耐高温、耐老化及电绝缘性好,主要用于金属、陶瓷和玻璃纤维增强塑料的黏接。

2) 聚醋酸乙烯酯类胶黏剂

聚醋酸乙烯酯类胶黏剂分为溶液型和乳液型两种类型,其中聚醋酸乙烯乳液胶黏剂是用量最大的胶黏剂之一。聚醋酸乙烯酯类胶黏剂广泛用于黏结墙纸,也可作为水泥增强剂和木材的胶黏剂等。

① 聚醋酸乙烯胶黏剂又称"白乳胶",它是由醋酸乙烯经乳液聚合而制成的一种乳白色的、带酯类芳香的乳胶状液体。聚醋酸乙烯胶黏剂的特点是胶液呈酸性,具有较强的亲水性,使用方便,流动性好,有利于多孔材料的黏结,但其胶结强度不高,耐水性差,主要用于受力不太大的胶结中,如纸张、木材和纤维等。聚醋酸乙烯胶黏剂的使用温度不应低于 5 ℃,也不应高于 80 ℃,否则会影响胶接强度。

② SG 791 建筑装饰胶黏剂是聚醋酸乙烯类单组分胶黏剂,具有使用方便、黏接强度高、价格低等特点。SG 791 建筑装饰胶黏剂可用于混凝土、砖、石膏板、石材等墙面上黏结木条、木门窗框、窗帘盒和瓷砖等,还可以在墙面上黏结钢、铝等金属构件。

③ 601 建筑装修胶黏剂是以聚醋酸乙烯为基体原料,配以适当的助剂与填料而制成的单组分胶黏剂。601 建筑装修胶黏剂的特点是固化速度快、初始胶接强度高、耐老化、耐低温、耐潮湿及使用方便、使用范围广等,可用于混凝土、木材、陶瓷、石膏板、聚苯乙烯泡沫板和水泥刨花板等各种微孔材料的黏结。

④ 水性 10 号塑料地板胶黏剂是以聚醋酸乙烯乳液为基体材料配制而成的单组分水溶性胶液。水性 10 号塑料地板胶黏剂具有黏结强度高、无毒、无味、干燥快、耐老化等特性,而且价格便宜,施工安全、方便,存放稳定,但它的储存温度不宜低于 3 ℃,可用于聚氯乙烯地板、木地板与水泥地面的黏结。

⑤ 4115 建筑胶黏剂是以溶液聚合的聚醋酸乙烯为基料配制而成的常温固化单组分胶黏剂。4115 建筑胶黏剂的固体含量高、收缩率低、挥发快、黏接力强、无污染,对于多种微孔建筑材料有良好的黏结性能,如木材、水泥制品、陶瓷、纸面石膏板、矿棉板、水泥刨花板、玻璃纤维水泥增强板等。

3）环氧树脂类胶黏剂

环氧树脂类胶黏剂俗称"万能胶"，是以环氧树脂为主要原料，掺加适量的固化剂、增塑剂、填料和稀释剂等配制而成的。环氧树脂是一种分子结构中含有两个或者两个以上环氧基的高分子化合物，属于热塑性树脂，本身不能固化，必须有固化剂的参与才能固化。因此环氧树脂类胶黏剂大多为双组分。

环氧树脂类胶黏剂具有胶结强度高、收缩率小、耐腐蚀、耐水、耐油和电绝缘性好等特点，是目前广泛使用的胶黏剂之一。此类胶黏剂除了对聚乙烯、聚四氟乙烯、有机硅树脂、硅橡胶等少数几种塑料黏结性较差外，对金属、玻璃、陶瓷、木材、塑料、皮革、水泥制品和纤维材料等都具有良好的黏结能力。

环氧树脂类胶黏剂品种较多，在市面上销售的环氧树脂类胶黏剂有 6202 建筑胶黏剂、XY-507 胶、HN-605 胶、EE-3 建筑胶黏剂等。

4）聚乙烯醇缩甲醛类胶黏剂

① 聚乙烯醇缩甲醛胶黏剂又称 107 胶，它是以聚乙烯醇与甲醛在酸性介质中进行缩合反应而制得的。107 胶外观呈无色透明的水溶液状，具有良好的黏结性能，胶接强度可达 0.9 MPa，在常温下能长期储存，但在低温下容易冻胶。107 胶可用于壁纸、墙布的裱糊，还可以用作装饰涂料的主要成膜物质。在水泥砂浆中常加入 107 胶，用来增加砂浆层的黏结力。

107 胶价格便宜，在建筑装饰工程中应用非常广泛。但它也有缺点，这种胶黏剂在生产过程中，由于聚合反应的不完全，有一部分游离的甲醛存在，甲醛扩散到空气中对人体有害，尤易造成呼吸道疾病。因此，在室内使用这种胶黏剂后，一定要通风晾置一段时间，将游离的甲醛排除掉，避免对人体健康造成影响。

② 801 胶是由聚乙烯醇与甲醛在酸性介质中缩聚反应后再经氨基化而制成的一种微黄或无色透明的胶体。801 胶的特点是固体含量高、胶接强度大，其耐水性、耐酸性、耐碱性、耐磨性及剥离强度等均优于 107 胶，但在干燥过程中仍有部分游离的甲醛存在，对人体有一定的刺激。801 胶可用于粘贴瓷砖、墙布、壁纸等，也可用于涂料的成膜物质。

5）聚胺酯类胶黏剂

聚胺酯类胶黏剂是以多异氰酸酯和聚氨基甲酸酯为黏结物质，加入改性材料、填料和固化剂等胶黏剂制成的，一般为双组分。聚胺酯类胶黏剂的特点是胶接力强、耐低温性优异、可在常温下固化、韧性好、使用范围广，但耐热性和耐水性差。聚胺酯类胶黏剂的品种较多，常用的有 405 胶、CH-201 胶、JQ-1 胶、JQ-2 胶、JQ-3 胶、JQ-4 胶、JQ-38 胶等。

① 405 胶是以多异氰酸酯和末端含有羟基的聚酯为原料制成的胶黏剂。405 胶具有常温固化、黏接力强、耐水、耐油、耐弱碱等特点，对于纸张、皮革、木材、玻璃、金属和塑料等有良好的黏结力。

② CH-201 胶是由聚氨酯预聚体和固化剂（以多羟基化合物或二元胺化合物为

主体)组成的胶黏剂。CH-201 胶具有常温固化、气味小、使用周期长等特点,并能在干燥或潮湿条件下黏结,可用于地下室、宾馆走廊以及使用腐蚀性化工原料的车间等潮湿环境和经常用水冲洗的地面的黏接,也适用于 PVC 板与水泥地面、木材及钢板等的黏接。

6) 橡胶类胶黏剂

橡胶类胶黏剂是以合成橡胶为黏结物质,加入有机稀释剂、补强剂和软化剂等辅助材料组成的。橡胶类胶黏剂一般具有良好的黏结性、耐水性和耐化学腐蚀性。橡胶类胶黏剂在干燥过程中会散发出有机溶剂,对人体有一定的刺激。

橡胶类胶黏剂的主要品种有 801 强力胶、氯丁胶黏剂、202 胶、XY-405 胶等。不同品种的胶黏剂适用的胶结材料不同,黏接范围差异很大,使用时应根据材料选择不同的品种。

① 801 强力胶是以酚醛改性氯丁橡胶为黏结物质的单组分胶,可在室温下固化,使用方便,黏结力强,适用于塑料、纸张、木材、皮革及橡胶等材料的黏接。801 强力胶含有有机溶剂,属易燃品,应隔离火源,放置在阴凉处。

② 氯丁胶黏剂是采用专用氯丁橡胶为成膜物质配制而成的,具有一定的耐水、耐酸碱性,适用于地毯、纤维制品和部分塑料的黏接。

4.4　装修腻子及修补材料

4.4.1　涂刷装修腻子材料

腻子在涂料工程中主要用以嵌填涂饰面基层的缝隙、孔眼和凹坑等不平缺陷,使基层表面平整,方便涂饰并保证涂饰质量。在涂料工程中,可以采用商品腻子,也可以自行配制腻子。

腻子按其干燥速度可分为快干型腻子和慢干型腻子两种;按黏结剂不同可分为水性腻子、油性腻子和挥发性腻子三种;按装饰效果可分为透明腻子和不透明腻子两种。对腻子的基本要求是应具有塑性和易涂性,干燥后应坚固,并应与底漆、面漆配套使用。腻子一般由体质颜料、黏结剂、着色颜料、溶剂或水、催干剂等组成。常用的体质颜料有碳酸钙(大白粉)、硫酸钙(石膏粉)、硅酸钙(滑石粉)等;黏结剂常采用熟桐油、清漆、合成树脂溶液、乳液等。

在实际施工中,腻子应分遍嵌填,并且必须等头遍腻子干燥打磨平整后,再嵌填下一道腻子或涂刷底漆和面漆,否则会影响涂层的附着力。腻子嵌填的要点是实、平、光,使之与基层接触紧密、黏结牢固、表面平整光洁,从而减少打磨工序的工作量并节省涂料,确保涂饰质量。

刮腻子多用于不透明涂饰中打底或基层满刮,如抹灰面或在石膏板表面刷涂料、木质基层上刷混色油漆时,多采用满刮腻子的做法。当在木质基层上涂刷本色油漆时,可用虫胶漆或清漆加入适量体质颜料和着色颜料作为腻子满刮。

4.4.2 刷浆装修腻子材料

刷浆施工前常将基层表面满刮腻子,俗称"刮大白"。抹灰墙面常采用大白粉或滑石粉作为主要材料,加入适量的纤维素、107 胶等作为黏结材料,以增强腻子的强度。在石膏板基层上刷涂料时,一般采用石膏腻子填补钉眼、板缝,再用大白粉或滑石粉做体质颜料,加入适量含有纤维素的 107 胶、108 胶等作为黏结材料,加水搅拌成糊状,满刮于石膏板基层表面。近年来,仿瓷大白等新型材料被广泛地使用在建筑内墙饰面上,将新型大白材料直接压光形成装饰面层,而不用再刷涂料。

4.4.3 石材修补材料

天然石材在加工、运输和安装过程中,难免会出现尺寸偏差、缺棱掉角等情况,同时又由于天然石材具有色差、色斑等自然缺陷,因此,对饰面石材的修补十分必要。在实际施工中,根据修补时所采用的材料不同,一般可分为以下几种方法。

1. 水泥型修补法

水泥型修补法是采用各种颜色的水泥为黏结材料,以大理石、花岗岩、工业废渣等石屑或粉末为骨料,经配料、搅拌、固化成型、养护、磨光、抛光、打蜡等工序而完成修补的。水泥型修补法适用于装饰性要求不高的石材饰面修补。

2. 树脂型修补法

树脂型修补法是采用不饱和树脂聚酯为胶结材料,以石英砂、大理石、方解石等石屑或粉末为骨料,经配料、搅拌、成型、养护、磨光、抛光、打蜡等工序而完成修补。这种方法的饰面修补效果优于水泥型修补法。

3. 专用理石胶修补法

专用的理石胶多为双组分,由不饱和树脂配合固化剂组成,使用时根据固化时间的长短按比例加入固化剂。常见的专用理石胶主要有白色、黑色和黄色等,主要用于石材间的黏接、石纹的修补以及小面积的缺棱掉角修补。

【本章要点】

室内装修涂料、油漆及胶黏剂等材料是指水性或油性刷浆及粘贴修补类的材料,它们是装修材料中不可缺少的内容。涂料主要由有机涂料、无机涂料及复合涂料组成,并详细分为装饰性涂料、防火保温涂料、防水防腐涂料等,其色彩丰富,且有耐擦洗、无毒环保等优点,将是装修材料的发展趋势。油漆分为天然漆、清漆、调和漆及瓷漆等,它们各有特性,且色彩多样、变幻万千,是室内装修中关键的工序材料。胶黏剂及修补腻子材料具有黏接、修补便捷,材料施工灵活等特点,所以也是室内装修工程中不可缺少的配套材料。胶黏剂分为树脂类、乙烯类、环氧树脂类、甲醛类、橡胶类等。

【**思考与练习**】

2-4-1 装修材料内墙涂料有哪些分类？分别说明其特征。

2-4-2 防火涂料在室内装修中所起的作用是什么？

2-4-3 试说明油漆的分类与使用注意事项。

2-4-4 试说明清漆与调和漆在使用中的注意事项。

2-4-5 胶黏剂材料的使用特点是什么？

2-4-6 含有甲醛类胶黏剂等的材料在使用时应注意哪些方面？

第 3 篇

室内装修构造设计

第 1 章　室内常用装修构造做法

1.1　室内构造做法概述

　　建筑装饰装修构造是建筑装饰设计的重要组成部分,它是将装饰材料通过一定的结构工艺与建筑界面相连接,使其安全稳定地依附在建筑表面,达到使用功能与审美功能的要求。不同的材料由于本身的特性区别,会有不同的施工要求和安装办法。同时,相同的材料也会因为不同造型,产生不同的结构做法。另外,随着装饰材料的推陈出新,新工艺、新做法不断涌现,大大提高了装修的速度和质量。为此,了解一定的装饰装修构造知识,有助于我们对建筑装修设计进行深化。根据装饰材料的依附部位,以下将从建筑界面的顶面、墙面、地面及室内常规做法进行具体介绍(见图 3-1-1、图 3-1-2)。

图 3-1-1　建筑界面装修效果

图 3-1-2　公共空间中材料与构造的处理

1.2　室内吊顶类构造做法

　　房屋顶棚是现代室内装饰处理的重要部位,其形式有悬吊式和直接式两种。

　　顶棚有两大系列:一是以金属材料为骨架系列,一是以木龙骨为骨架系列。处理上可分为明架(骨架露出)及暗架(骨架隐藏)两种方式。

　　悬吊式顶棚由三部分组成:吊杆或吊筋(镀锌铁丝、钢筋、螺栓、型钢、木方等)、龙骨(木质、轻钢、铝合金)及面层(各种抹灰、各种罩面板和装饰板材)(见图3-1-3、图3-1-4)。

图 3-1-3　建筑空间中多种暗架吊顶处理效果

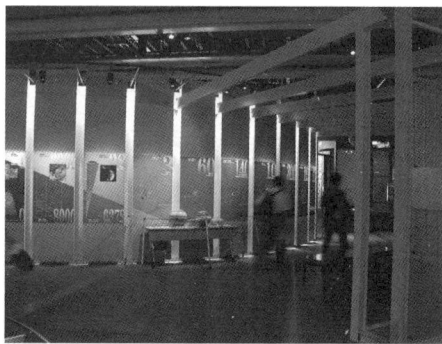

图 3-1-4　建筑空间中的明架吊顶形式

1.2.1　吊顶龙骨构造做法

1. U形轻钢吊顶龙骨构造

　　U形轻钢吊顶龙骨是以镀锌钢带、铝带、铝合金型材或薄壁冷轧退火黑铁皮卷带为原料,经冷弯或冲压而成的顶棚吊顶骨架支承材料(见图3-1-5)。

图 3-1-5　U形轻钢吊顶龙骨构造

U 形轻钢吊顶龙骨分为主龙骨(大龙骨)、次龙骨(中、小龙骨)及连接件三部分。

主龙骨是轻钢龙骨体系中的主要受力构件,整个吊顶的荷载通过主龙骨传给吊杆,主龙骨是承受均布荷载和集中荷载的连续梁。上人主龙骨间距应不大于1500 mm,不上人龙骨间距应不大于 1200 mm,吊点应分别在 1200～1500 mm、900～1200 mm 之间。相邻龙骨接头必须错开。

次龙骨的主要功能是与饰面板固定,因此次龙骨大多数是构造龙骨,其间距由饰面板的规格决定。对于单块面积较大的板材,次龙骨一般宜控制在 600 mm 左右,以避免可能发生的挠度变形。

连接件是连接主、次龙骨,组成一个骨架的重要部件,一般配套使用,如图 3-1-6 所示。

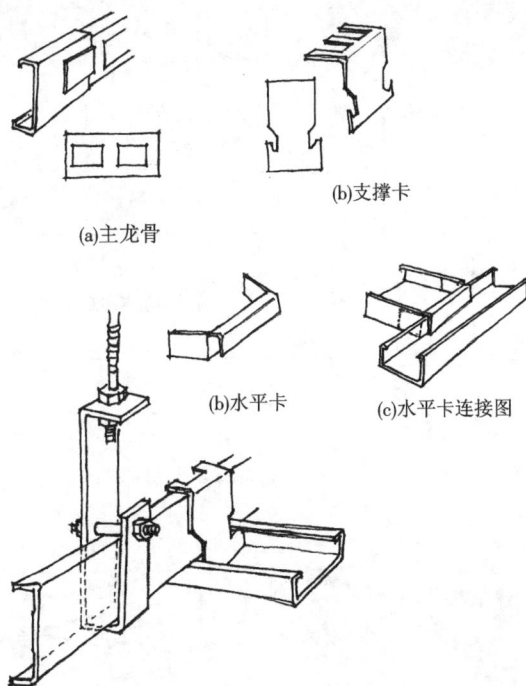

(a)主龙骨   (b)支撑卡   (b)水平卡   (c)水平卡连接图

图 3-1-6 U 形轻钢吊顶龙骨各连接件

2. 铝合金吊顶龙骨构造

铝合金吊顶龙骨是以铝带、铝合金型材经冷弯(在常温下弯曲成型)或冲压而成的顶棚吊顶骨架,要求具有一定的强度和刚度。

用于活动式装配吊顶的明龙骨,断面形状为"T"形,主要由主龙骨、次龙骨、吊挂件三部分组成。主龙骨侧面有长方形孔和圆形孔,长方形孔供次龙骨穿插连接,圆形孔供悬吊固定,如图 3-1-7 至图 3-1-9 所示。

图 3-1-7　暗框"T"形烤漆铝合金龙骨

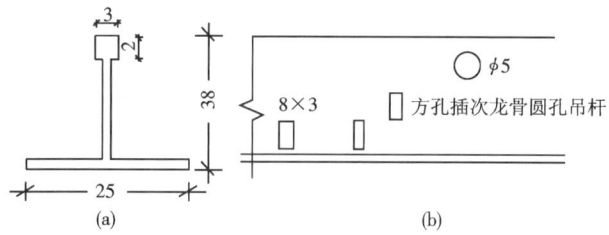

图 3-1-8　"T"形铝合金主龙骨侧面

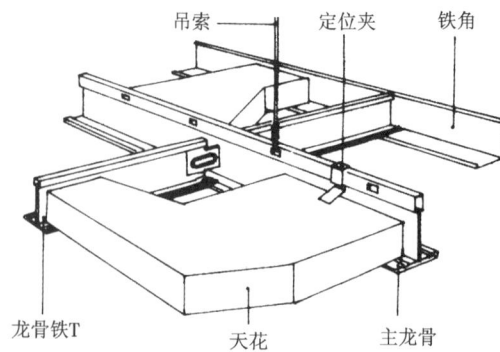

图 3-1-9　铝合金吊顶

3. 木质吊顶龙骨构造

木龙骨作为吊顶龙骨已有悠久的历史。它材质轻、强度高,有较佳的弹性和韧性,耐冲击、耐振动、易于加工,对电、热和声音有高度的隔绝性,并且价格低,安装施工简便,故受到广泛欢迎(见图 3-1-10)。

图 3-1-10　木质吊顶龙骨

目前国内使用最多的木龙骨规格为 3 cm×2.5 cm(开口条),每根 4～4.2 m,每捆 20 根。

木龙骨的安装施工要点如下。

① 弹出吊顶标高线和吊点。

② 按天花板面积和形状大小,在地面上将木龙骨架铺钉好。

③ 在吊点位置,用冲击电钻钻孔,然后装入膨胀螺栓,或者用膨胀螺栓将小木方(木条)固定于楼板底部。

a. 安装吊杆或镀锌铁丝。若用镀锌铁丝悬吊,可直接固定在膨胀螺栓上,若用木龙骨作为吊杆,则可将木龙骨一端固定于楼板底部的小木方上,另一端固定在水平木龙骨架上。

b. 安装木龙骨架。

c. 调平。根据水平标高线,将木龙骨架调平,然后将镀锌吊筋或吊杆与木龙骨架固定。

d. 校正与清理,水平木龙骨架固定后,应再检测一次。

1.2.2　非金属吊顶安装

1. 纸面石膏板吊顶安装

纸面石膏板是在熟石灰中加入适量的轻质填料、纤维、发泡剂、缓凝剂等,加水拌成料浆,浇注在重磅纸上,成型后覆以上层面纸,经凝固、切断、烘干而成。上层面纸经特殊处理后,可制成防火或防水纸面石膏板,另外,石膏板芯材内还含有防火或防水成分。防水纸面石膏板不需再做一层抹灰饰面,但不宜用在雨篷、檐口板或其他高湿部位。

1) 纸面石膏板

纸面石膏板品种较多,主要有三大类:普通纸面石膏板、防水或防火纸面石膏板和石膏装饰吸声板。其中,普通纸面石膏板和防水或防火纸面石膏板一般用作吊顶的基层,需做饰面处理,适合大空间平面吊顶处理(见图 3-1-11),其规格尺寸主要有以下几种。

长度:1800 mm、2100 mm、2400 mm、2700 mm、3000 mm、3300 mm、3600 mm。

宽度:900 mm、1200 mm。

厚度:9 mm、12 mm、15 mm、18 mm,多用 9 mm 和 12 mm(耐火板还有 21 mm 和 25 mm 两种厚度)。

板材的棱边形状:矩形棱边(代号:PJ)、45 倒角棱边(代号:PD)、楔形棱边(代号:PC)、半圆形棱边(代号:PB)、圆形棱边(代号:PY)。

图 3-1-11 纸面石膏板吊顶

2) 纸面石膏板吊顶吸声板

纸面石膏板吊顶吸声板主要用于吊顶的面层,常用规格(长×宽)为 500 mm×500 mm、600 mm×600 mm;厚度为 9 mm、12 mm,其中以 9 mm 厚最为常见。

3) 矿棉装饰吸声板

矿棉装饰吸声板是以矿漆棉为主要原料,加入适量的胶黏剂、防潮剂,加压、烘干而成,具有良好的吸声特性。

矿棉装饰吸声板的常用规格有 500 mm×500 mm、600 mm×600 mm、610 mm×610 mm、625 mm×625 mm、600 mm×1000 mm、600 mm×1200 mm、625 mm×1250 mm;厚度为 13 mm、15 mm、20 mm。矿棉装饰吸声板表面具有多种纹理与图案,色彩更是繁多。其角边处理,根据龙骨的具体形状和安装方法,有斜角、直角、企口等多种形式。

矿棉装饰吸声板的安装,有搁置法、钉固法、粘贴法(将板材用胶黏剂直接粘贴于平顶木条或其他吊顶小龙骨上)及企口暗缝法。在安装构造上,又有明骨天花、跌级天花、暗骨天花之分(见图 3-1-12、图 3-1-13)。

图 3-1-12　铝合金吊顶骨架系统　　　　　图 3-1-13　安装完饰面板后的铝合金吊顶

4)木制胶合板(木工板、密度板等)

利用胶合板和木龙骨制作的吊顶,多适合小型造型顶,表面需进行饰面处理,如涂乳胶漆、贴壁纸或铝塑板等面材。胶合板多选用 3 mm、5 mm、9 mm 厚的板材,应注意材料的防火处理。

5)PVC 板吊顶

PVC 板是一种塑料吊顶材料,一般为条形板材,规格多为 8 mm 厚、250 mm 宽、6000 mm 长,表面有素色和花色图案,或采用仿金属处理(见图 3-1-14)。

图 3-1-14　PVC 板在顶部的使用

1.2.3　金属装饰板吊顶

金属装饰板吊顶质轻、安装方便,安装后即可达到装饰作用,不需在表面再做其他装饰,其龙骨既作为承重杆件,又是固定板条的卡具,可满足吸声、防水、装饰、色彩等多方面需求,在装饰装修中占有重要地位(见图 3-1-15、图 3-1-16)。

图 3-1-15　金属吊顶在空间中的运用

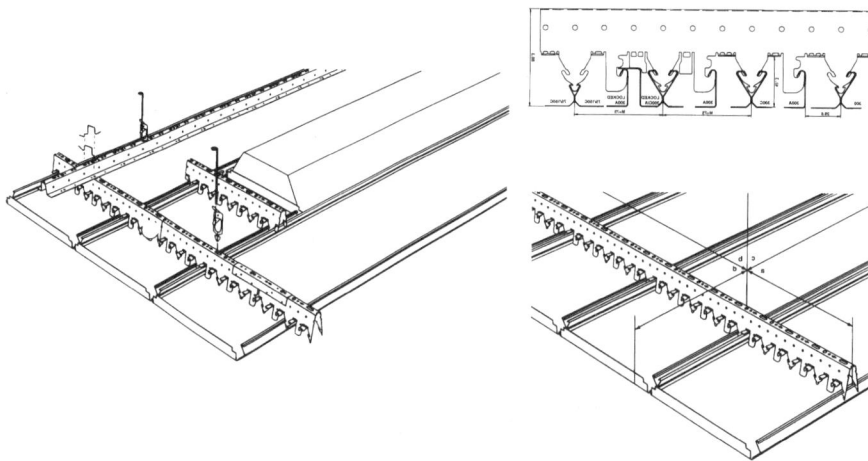

图 3-1-16　金属条形扣板安装构造示意图

可由不同宽度、不同颜色的金属吊顶条组合成复合吊顶,改变板、条以往那种呆板的感觉。同时也可利用平面龙骨制成弧形平面,目前金属吊顶、条有 60 余种颜色,三种面板(光板、标准孔面板、微孔面板)供选择。

金属吊顶板、条用材选择广泛,材质有不锈钢板、铝合金板、防锈铝板、电化铝板、铝带、铜材、镀锌铁等。金属吊顶板、条形状造型主要有条形板、正方板、长方板和异形板。

金属装饰板吊顶中,以金属扣板吊顶和铝合金格栅吊顶应用最为广泛。

金属装饰板吊顶安装方法主要有以下两种。

① 龙骨兼卡具固定法:利用板条所具有的弹性,将板条卡到龙骨上,龙骨兼具龙

骨与卡具双重作用,同板条配套使用。此种方法安装极为方便,板缝易处理,拆卸也简单。

扣板一般多用卡在龙骨上的方法固定,特别是宽度在 150 mm 以下的扣板,绝大部分采用此法。因为板条宽度在 150 mm 以下者,板厚多在 0.5～0.8 mm,弹性好,易于卡紧安装。

② 螺钉固定法:用螺钉将扣板固定在龙骨上,龙骨一般不需同扣板配套使用,可用木龙骨、角钢、槽钢等。

1.3　室内地面类构造做法

室内地面的装修材料很多,每种材料都有其各自的特点,不同饰面材料由于材质的不同,在安装结构上存在不同的方法。目前市场上常用的地面材料有陶瓷、石材、木地板、地毯等材料。

1.3.1　陶瓷地面

陶瓷砖分为瓷质抛光和陶质挂釉两大类。瓷质砖的表面均被玻化抛光,大多用于公共装饰工程的地面及部分墙面,陶质砖的胎薄,表面多挂釉,一般用于厨房、卫生间及阳台的墙面,它们都应便于清洁和保养。

因陶瓷砖及基层的不同,施工方法有两种:一为硬底施工,一为软底施工。硬底施工多适用小块墙砖,软底施工多适用大片地砖(见图 3-1-17)。

图 3-1-17　陶瓷砖在建筑空间中的运用

1.3.2 石材地面

常用于铺设地面的石材一般有大理石和花岗石两类,其中花岗石由于耐磨性好使用较多,石材主要用软地施工法粘贴(见图 3-1-18)。

图 3-1-18 花岗石在大厅地面上的运用

石材地面铺设方法如下。

① 铺设前期工作与墙面、柱面相同,即对色编号、基层修补、找水平、弹线等。

② 弹线后应先铺设若干条干线作为基准,起标筋作用。一般采取由房间中部往四侧铺设的方法。凡有柱子的大厅,宜先铺设柱子与柱子之间的部分,然后向两旁展开,最后收口。

③ 大理石铺设之前,应先行泼水湿润,阴干后备用。先做试铺,在找平层上均匀刷一道素水泥浆,随刷随铺,用 1∶3 干硬性水泥砂浆约 20 mm 厚作为黏结层。板块安放后,用橡皮锤敲击,既要保证铺设高度,又要使砂浆黏结层平整密实。根据锤击的空实声,揭起板块增减砂浆,浇一层水灰比为 0.5 的素水泥浆,再放下石板,四角用橡皮锤轻轻敲击平实,但不得砸边角。

④ 擦缝和养护。大理石铺设干硬后,再用白水泥稠浆填缝嵌实,面层用干布擦拭干净。板材铺设 24 小时后,应洒水养护 1～2 次。养护期 3 天之内,禁止踩踏。

1.3.3 木地板

1. 木地板分类

木地板装修作为地面装修的一个重要方面,近年来无论在材料,还是在施工工艺方面,均更新、发展很快。依材料特点不同,目前木地板主要可分为实木地板、复合木地板和强化复合木地板。

2. 木地板施工

木质地板因具有温度、湿度调节功能和纹理自然、软硬感适中等特性,目前在国内使用很多,但它是一种较难保养的建材,其种类可按颜色差异、质地软硬、表面花纹等进行区分,当然,每种木材各有其表面质感。

木质地板的施工方式可分为三种:①高架式;②防湿式;③平贴式(见图 3-1-19)。

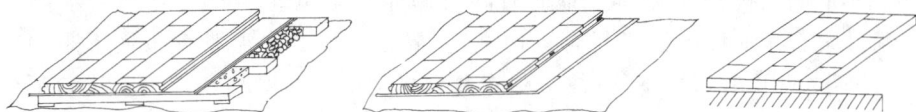

图 3-1-19　木地板的铺装构造示意图

木质地板拼缝有多种形式,其中使用较多的有企口缝、截口缝和平头接缝三种(见图 3-1-20)。

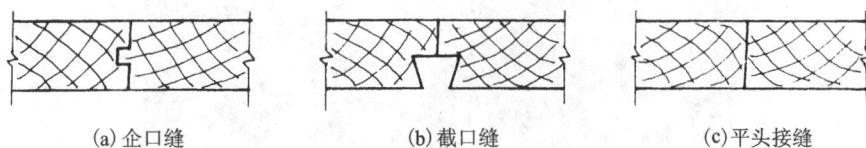

(a)企口缝　　　　　　　(b)截口缝　　　　　　(c)平头接缝

图 3-1-20　木地板的连接构造示意图

1)实木木条地板

实木木条地板面层有单层和双层两种,单层木条地板面层是在木龙骨上直接钉企口板,称普通地板(见图 3-1-21),是目前最常用的木地板铺装方式。双层木条地板面层是在木龙骨上先钉一层木工板垫层,再在其上钉一层硬木企口板,故称硬木地板。地板下的木龙骨结构有架式和实铺式两种形式:木龙骨架式铺装是指木龙骨距

图 3-1-21　实木地板在空间的运用

地面有一定的高度，一般最少在 10 cm，与上述硬木地板配合施工，适合木质地台制作；实铺式铺装是指木龙骨紧贴地面安装，一般配合普通木地板施工。

2）复合木地板和强化复合木地板

复合木地板是以中密度纤维板为基材和特种耐磨塑料贴面板为面材的地面装饰材料。其可直接在普通水泥地面或其他地面上安装，与地面不需胶接，通过板材本身槽榫间的胶接，直接浮铺在地面上，板下须铺设防潮垫。

强化复合木地板区别于复合木地板，主要是基层为多层胶合板而不是中密度板，或表面为薄层实木板基层，故称强化复合木地板。其安装和施工方法与复合木地板一致（见图 3-1-22）。

图 3-1-22　复合木地板的铺装示意图

施工要点如下：

① 条形木地板的铺设方向，习惯上按行走的方向铺设，对于室内房间，宜顺着光线铺钉；

② 铺设方向确定后，为了保证条形地板的顺直，必顺弹线；

③ 以墙面一侧开始，将条形木地板材心向上逐块排紧铺钉，缝隙应小于0.3 mm，板的接口应在木龙骨上，木地板靠墙处要留出 15 mm 空隙，以利通风；

④ 固定方式以钉接固定为主；

⑤ 所有木龙骨和木垫块均要做防腐处理。

1.3.4　地毯铺设

地毯为温暖材料，有烘托气氛的效果，是地面装饰中的高级材料，具有隔声、隔热、柔软舒适、色泽艳丽等特点。地毯按材质分类，有纯毛地毯、混纺地毯、剑麻地毯；按纺织方式分类，有手工编织地毯、无纺地毯、簇绒地毯；按规格尺寸分类，又有方块地毯、成卷地毯；而按地毯的固定方式分类，则有活动式块毯和固定式地毯（见图 3-1-23、图 3-1-24）。

图 3-1-23　多款地毯花色饰样

图 3-1-24　地毯构造示意图

1. 压条(倒刺板)固定

在地毯的下面加设一层垫层,垫层有波纹状的海绵波垫和杂毛毡垫两种。波纹垫一般是泡沫塑料,厚度在 10 mm 左右。加设垫层,增加了地毯地面的柔软性、弹性和防潮性,并易于铺设。将地毯铺设在地面上,沿踢脚板的边缘,用高强水泥钉将倒刺板钉在基层上,即可固定地毯(见图 3-1-25)。

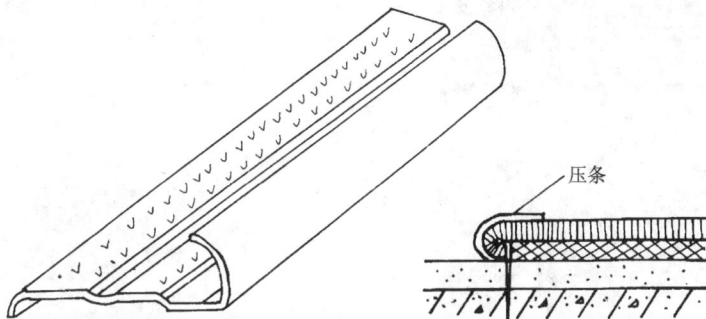

压条

图 3-1-25　地毯的倒刺板(压条)及构造

用倒刺板固定地毯的施工要点如下所述。

① 弹线分格,然后根据房间尺寸和形状,用裁边机从长卷上裁下地毯,每段地毯的长度要比房间长度长约 20 mm,宽度要以裁出地毯边缘后的尺寸计算,弹线裁剪边缘部分。

② 倒刺板固定。沿踢脚板的边缘,用高强水泥钉将倒刺板固定在基层上,间距40 cm左右。在门口处,为不使地毯被踢起和边缘受损,用铝合金压条紧压住地毯面层。倒刺板、收口条和门口压条等也可用螺钉、射钉固定在基层上。

③ 地毯拼缝。将裁好的地毯虚铺在垫层上,然后将地毯卷起,在拼接处进行缝合。接缝处缝合时,先两端对齐,再用直针隔一段先缝几针临时固定,然后再用大针满缝,如果地毯拼缝较长,宜从中间往两端缝,缝完后在地毯背面的缝合处刷5~6 cm白乳胶,然后将缝好的白布条衬在下面,将地毯拼接粘牢。最后将地毯平铺,用弯针在接缝处做绒毛密实的缝合,经弯针缝合后,在表面可以做到不显拼缝。

④ 拉伸固定。先将地毯长边固定在倒刺上,将地毯的毛边掩到踢脚板下面,用地毯撑子将地毯在纵横方向逐段推移伸展,使之拉紧,平伏地面,以保证地毯在使用过程中遇到一定的推力而不隆起,地毯拉紧后,四周在倒刺板或压条上固定。

⑤ 修整清洁。地毯完全铺好后,用裁切刀裁去多余部分,并用扁铲将边缘塞入倒刺板和墙壁之间的缝中,用吸尘器吸去灰尘、绒毛等。

2. 黏结固定法

将黏结剂刷在基层上,然后把地毯固定。

3. 塑料(胶)地板

塑料地板在室内地面使用,是一种常用材料(见图 3-1-26、图 3-1-27),其特点是色彩丰富,脚感舒适,易清洁。它的不足之处是耐磨度相对较弱。塑料地板有卷材和块材之分,主要利用胶黏剂与水泥地面黏结,对水泥地面的平整度要求较高。

图 3-1-26　建筑空间中塑胶地板运用的效果　　图 3-1-27　塑胶地板结构示意图

4. 水泥地板漆

水泥地板漆是一种新型的环氧树脂地面涂料,表面无接缝,色彩选择余地大,脚感类似塑料地板,耐磨度弱,适合人流相对较少的室内地面(见图 3-1-28)。该材料也对水泥地面的平整度要求较高。

图 3-1-28 水泥地板漆在地面上的运用

1.4 室内隔断类构造做法

1.4.1 隔断的区分与特点

室内装修中,墙面与隔断工程往往是施工中的大项,不同的构造和做法,可以产生不同的效果及特点,因此,造价也有所区别。

隔断包括活动隔断(即可装拆、推拉和折叠式隔断)和固定隔断(见图 3-1-29)。

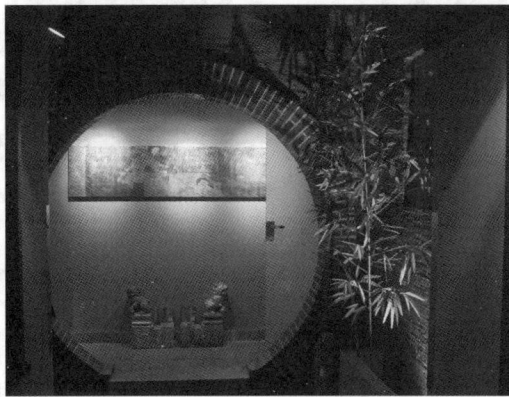

图 3-1-29 空间环境中隔断的虚实变化

隔墙可以理解为固定隔断的一种类型。它包括建筑的外墙和内墙,有承重和非承重的区别,非承重墙即轻质隔墙,在室内空间的分隔中相对自由,可满足不同的需要。建筑室内隔断和隔墙的基本特点是:自身质量轻,可减少对地板和楼板层的荷载;厚度薄,减少占用使用面积;隔声、耐水、耐火,根据具体环境要求,可以有侧重地选材施工;安全、牢固和便于拆装。

隔断(隔墙)根据所用材料不同,可分为以下几大类。

1. 龙骨隔墙

1)木龙骨隔墙

质轻、壁薄,便于拆卸,但耐火、耐水和隔声性能差,并耗用较多木材。

2)石膏龙骨隔墙

用石膏作为龙骨,两侧黏结或钉纸面石膏板、水泥刨花板及石膏板条等。

3)金属龙骨隔墙

一般用薄壁轻型钢做骨架,两侧用自攻螺钉固定石膏板或其他人造板(见图 3-1-30)。

2. 砌筑隔墙

1)砖隔墙

① 黏土砖隔墙:用普通黏土砖、黏土空心砖顺砌或侧砌而成,因此墙体较薄,稳定性差(见图 3-1-31)。

② 玻璃砖隔墙:用特厚玻璃砖或组合玻璃砖砌筑的透明砖墙(见图 3-1-32)。

图 3-1-30　轻钢龙骨墙体骨架示意图

图 3-1-31　黏土空心砖砌筑的隔墙

图 3-1-32　玻璃砖砌筑的隔墙

2)砌块隔墙

砌块隔墙亦称超轻混凝土隔断。它是用比普通黏土砖体积大、堆积密度小的超轻混凝土砌块砌筑的(见图 3-1-33),常见的有加气混凝土、泡沫混凝土、水泥炉渣砌块等。砌块隔墙加固措施与砖隔墙相似,采用防潮性能差的砌块时,宜在墙下部先砌 3～5 皮砖厚墙基。

图 3-1-33 超轻混凝土砌块砖与黏土红砖的对比

3) 条板隔墙

条板隔墙常用的有泰柏墙板、加气混凝土板、多孔石膏板、碳化石膏灰板、水泥木丝板等。厚度为 60～100 mm,宽为 600～1200 mm,高度等同房间实际高度。

1.4.2 木质隔断

木质隔断一般采用木龙骨、胶合板、纤维板、木工板、木板条、木拼板等作为结构和罩面板。它可减轻隔断(隔墙)自身重量,降低劳动强度,加快施工速度,表面可进行装饰面层处理,如饰面板刷油漆或内墙乳胶漆(见图 3-1-34、图 3-1-35)。

图 3-1-34 木质装饰隔断的运用

图 3-1-35 木质造型隔断带来的装饰效果

胶合板隔墙是装修中常见的一种构造,一般适合较小面积的分割。木质隔断常用材料还有木工板和密度板,其内部结构一样,制作简单方便(见图 3-1-36)。

1) 胶合板隔墙施工做法

① 根据现场具体情况和设计要求,核对尺寸无误后,先用木龙骨制作隔墙骨架,

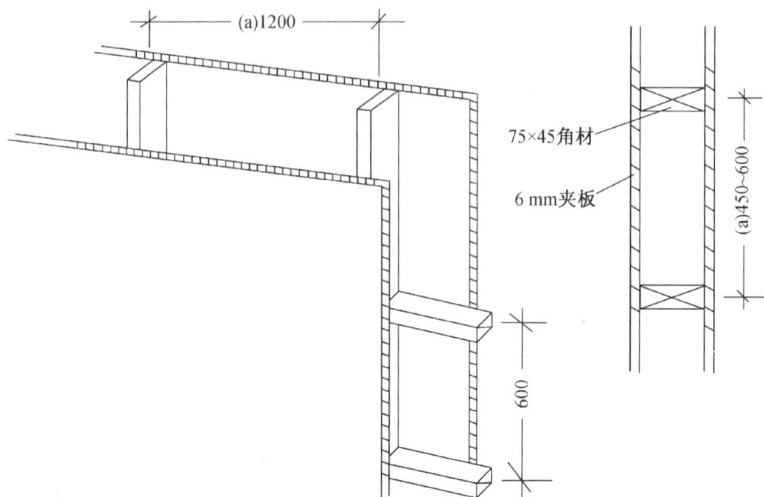

图 3-1-36　木质隔断构造示意图

骨架呈井格状,用膨胀螺栓、水泥钢钉、铁钉或预埋钢筋将其与墙、顶、地面固定。

② 用线垂检查木骨架垂直和平整度。

③ 在木骨架上涂刷多遍防火涂料。

④ 用气钉枪将胶合板固定在木骨架前后面上,封闭前在木骨架中填充防火岩棉,可起到防火、隔音的效果。若用铁钉固定,应将钉帽砸扁后使用,并钉入板面 0.5 mm 左右,涂上防锈漆后用油性腻子抹平。

⑤ 胶合板表面满刮腻子,待腻子干透后,再做饰面装饰处理。

2) 施工注意事项

① 湿度较大的房间,不得使用未经防水处理的胶合板。

② 铺钉胶合板前,电源管线应铺装完毕。

③ 墙和柱的胶合板罩面下端,如用木踢脚板覆盖,胶合板罩面应离地面 20～30 mm。用大理石、水磨石踢脚板时,胶合板罩面下端应与踢脚板上口齐平,接缝严密。

④ 墙面用胶合板,在阳角处应做护角,以防使用中损坏墙角。

1.4.3　U 形轻钢龙骨石膏板隔墙

1. 轻钢龙骨构件

隔墙轻钢龙骨主要采用轻钢墙体龙骨,其安装快捷方便,多用于室内空间分割和局部墙面找平,骨架内可填充岩棉,起到防火和隔音的效果,表面可贴装饰面板(见图 3-1-37)。

2. U 形轻钢墙体龙骨安装及构造

① 根据设计图纸要求,将沿地、沿顶龙骨准确地固定在混凝土楼板上,固定龙骨

射钉间距离水平方向最大 800 mm,垂直方向最大 1000 mm。

② 竖龙骨的上、下两端插入沿顶、沿地龙骨,按要求调整尺寸,精确定位,放线垂直,并用长钳打铆眼将其和沿顶(地)龙骨固定。对于有耐火等级的墙体,竖龙骨长度应比上下之间实际距离短 30 mm,以便在上下形成 15 mm 的膨胀缝。竖龙骨间距 400~600 mm。靠墙(柱)的竖龙骨,用射钉将其固定,钉距 1000 mm。沿顶、沿地龙骨一般用膨胀螺栓与楼(地)面连接固定构造。

3. 石膏板隔墙安装与构造

1) 单层石膏板隔墙安装

耐火等级墙体石膏板应纵向铺板,

图 3-1-37 轻钢龙骨中的岩棉填充

即纸面包封边与竖龙骨平行,但只将平接边固定到龙骨上,注意平接边要落在竖龙骨翼板中央,不能将石膏板固定到沿顶、沿地龙骨上。一般无防火要求的石膏板墙,石膏板既可纵向铺设,也可横向铺设。当有电线、管线、岩棉板时,应安装在空腔内。然后铺另一面的石膏板,两侧石膏板之间的接缝,应错开一个竖龙骨设置。

螺钉用 3.5 mm×25 mm 高强自攻螺钉,周边螺钉中心间距最大为 200 mm,中间龙骨上,螺钉中心间距最大为 300 mm。

单层轻钢龙骨石膏板隔墙结构图如图 3-1-38 所示。

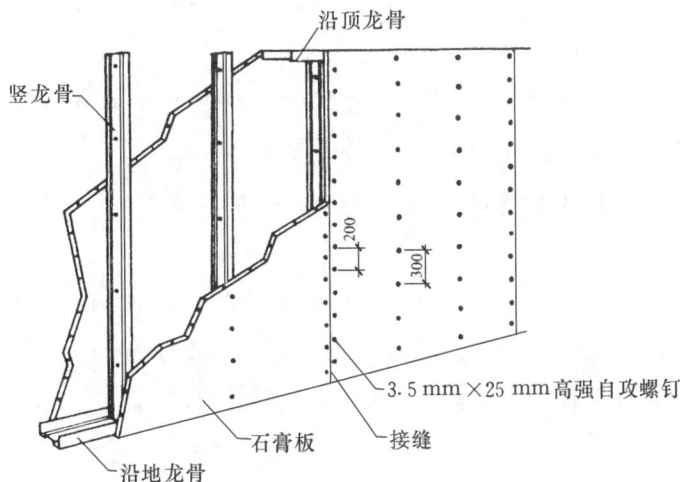

图 3-1-38 单层轻钢龙骨石膏板隔墙结构图

2）双层石膏板隔墙安装

第二层石膏板的固定方法与第一层相同。但第二层板的接缝不能与第一层板的接缝落在同一竖龙骨上。用 3.5 cm 的高强自攻螺钉将板固定在所有竖龙骨上，当为防火墙时，不得将石膏板固定在沿顶、沿地龙骨上（见图 3-1-39）。

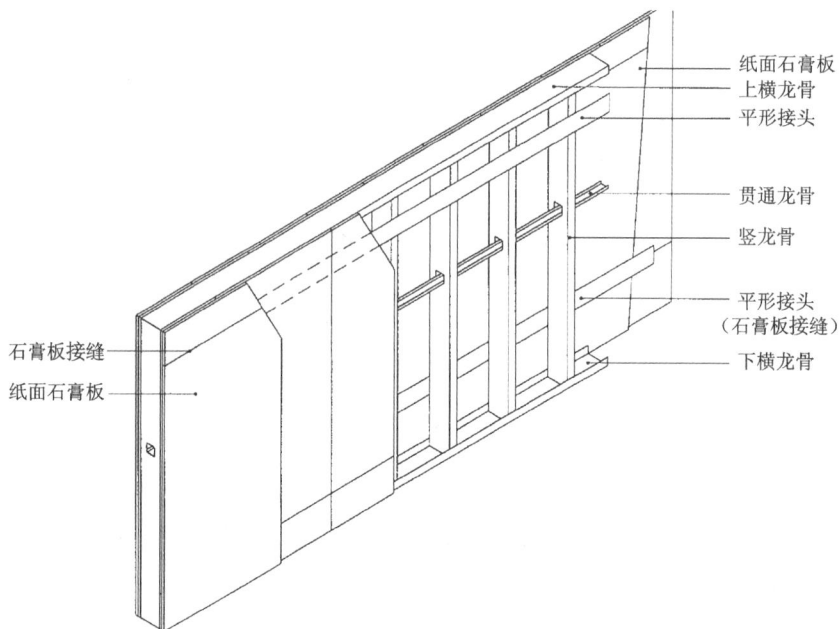

图 3-1-39 双层石膏板隔墙构造

3）石膏板曲面墙圆柱安装与构造

① 对于半径 6～15 m 的曲面墙，竖龙骨间距为 300 mm，石膏板最好横向铺设。

② 当曲面半径为 1000 mm 时，竖龙骨间距为 150 mm。

③ 装板时，在曲面的一端加以固定，然后轻轻地、逐渐向板的另一端的骨架方向推动，直至完成曲面为止。

④ 当曲面半径为 350 mm 时，在装板前应将面纸和背纸弄湿，注意应均匀洒水，然后放置数小时，即可安装，当板完全干燥时会保持原来的硬度。

⑤ 石膏板可以很容易地做成任何曲率半径的拱圈，每隔 25 mm 划开石膏板背面纸，使之弯曲，便形成弧度（见图 3-1-40）。

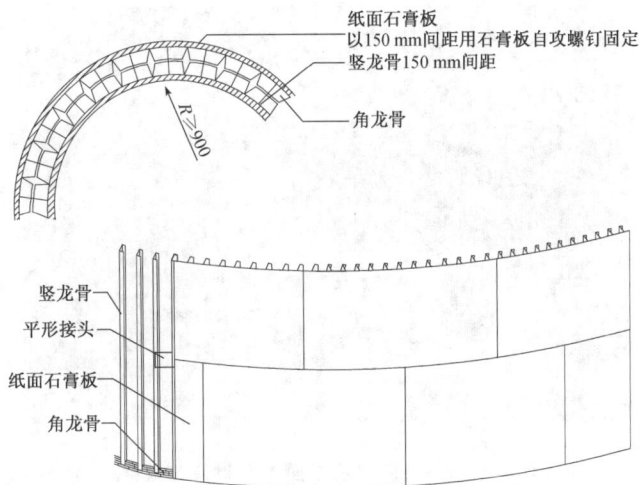

纸面石膏板

以150 mm间距用石膏板自攻螺钉固定

竖龙骨150 mm间距

角龙骨

$R \geqslant 900$

竖龙骨

平形接头

纸面石膏板

角龙骨

图 3-1-40　弧形石膏板隔墙构造

1.4.4　大理石和花岗石墙面

　　大理石和花岗石在装修墙面中的使用很广泛。由于大理石和花岗石在材质、肌理、纹样及色彩上的区别，一般室外建筑立面多用花岗石，室内墙面多用大理石。在装修中，石材以其精致、典雅、豪华的特点，成为建筑高级装饰面材之一。石材的装饰效果如图 3-1-41 至图 3-1-43 所示。

图 3-1-41　建筑外立面的花岗石饰面　　　　**图 3-1-42　建筑室内空间中的花岗石运用**

　　石材传统镶贴施工方法工序繁杂，技术水平要求较高，其功效和质量都很难令人满意。近几年，随着大理石切割技术的提高，薄板大理石的应用日益广泛，加之各种专用黏结剂大量涌现，目前黏结式干挂施工法已逐渐取代传统大理石镶贴施工作业法。

图 3-1-43 室内建筑立面中石材装饰效果

1. 石材湿贴法

石材湿贴法主要是利用水泥砂浆灌缝及金属丝绑扎相结合的方式,将石材固定在墙体基础上(见图 3-1-44),该法要求基础牢固结实,具有相当高的强度,同时对石材的粘贴高度有一定限制,不宜过高。相对石材干挂法,石材湿贴法具有造价低、节省空间的优势。不足之处是施工环境脏、凝固慢、易泛碱。

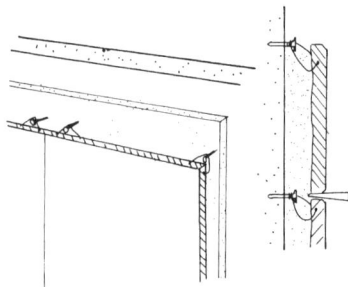

图 3-1-44 大理石墙面湿贴构造示意图

1) 施工准备

① 材料选择与分类。对破碎、变色、局部污染和缺边掉角的材料,应挑出来另行堆放。对合格的材料,按规格、品种、颜色分别堆放,并按设计要求,将大理石分别运到每个使用部位预排,通过实地测量,最后算出大理石的块数。

② 预排编号。将大理石按预定部位顺次摆开(在地面上),进行选色和对花纹,按照安装配置图编号,写在背面,以便安装时对号入座。

③ 钻孔。大理石孔是为了定位而设置的,但只限于水平缝部位,竖缝部位不做处理,每块石材在一个水平缝上不少于两个孔点。

④ 刨沟。为了使绑线通过处不占水平缝位置,在钻孔通过处用剁斧刨一条平沟,拉线通过即可。

⑤ 预埋连接件。安装大理石前,应准备好不锈钢连接件、锚固件及铜线、绑扎钢筋等。

⑥ 施工料具。除一般常用工具外,还应配备提式冲击电钻和电锯石机、细砂轮、水平尺、橡胶锤、靠尺板、钢丝钳、尼龙线等施工工具。施工材料应包括 425 号硅酸盐水泥、粗砂、铜线和 16～20 号线材,石膏粉不应出现结块现象。

2）墙面安装

① 弹线打眼埋铜线。将 16 号不锈钢钢丝或铜丝剪成 200 mm/段,一端深入孔底槽埋卧,并用铅皮将不锈钢钢丝或铜丝塞牢,另一端则伸出板外备用。

② 把下口不锈钢丝或铜丝绑扎在横筋上,再绑扎板材上口不锈钢丝或铜丝,并用木楔垫稳,用靠尺板检查调整后,再系紧不锈钢丝。如此依次进行。

③ 当垂直、平整和阴阳角检查合格后,可用拌制好的石膏捏成小团,紧贴在大理石外表接缝处,根据板的大小,一般在每块板竖缝上粘贴石膏团不少于两点,达到固定为止。

④ 石膏凝固后,在确保不移动的条件下,开始灌水泥砂浆,其体积配比为 1∶2.5,灌注时不要碰动板材,也不要只从一处灌注,同时还要检查板材是否因灌浆而有外移现象。

⑤ 灌注砂浆达到设计强度 50％以后,可将固定石膏顺次拆除,大理石安装完毕后,应将表面清理干净,并按板材颜色调制水泥色浆嵌缝,边嵌缝边擦拭干净,使缝隙密实干净,颜色一致。

2. 石材干挂黏结法

石材干挂黏结法是利用型钢做骨架,通过金属挂件及胶黏剂,将石板固定在金属骨架上,达到墙面装饰的目的。其特点是施工快捷,便于安装,不受高度影响,目前较为流行。

石材干挂黏结法施工要点及步骤如下:

① 将墙面、柱面和门套用线坠从上至下找好垂直角度;

② 在地面上顺墙弹出板边外廓尺寸线(柱面相同),并弹出最低水平基准线,为第一层板材就位用;

③ 沿墙面安装金属骨架(竖向槽钢、横向角钢);

④ 在金属骨架上安装不锈钢干挂件,挂接石材;

⑤ 石板间隙填充耐候胶。

石材黏结与干挂如图 3-1-45～图 3-1-50 所示。

图 3-1-45　石材黏结与干挂

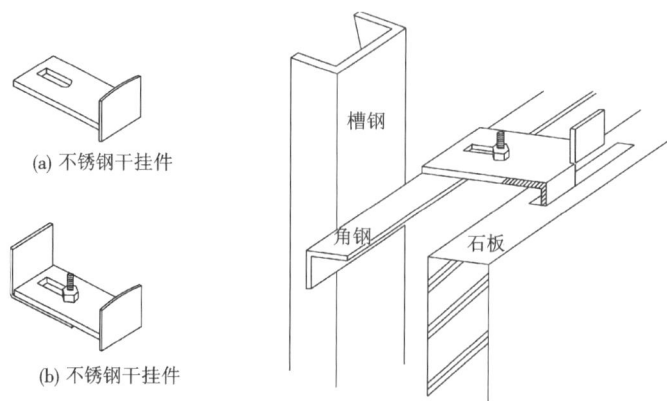

(a) 不锈钢干挂件

(b) 不锈钢干挂件

槽钢

角钢

石板

图 3-1-46　石材干挂结构示意图(一)

图 3-1-47　石材干挂结构示意图(二)

图 3-1-48　石材干挂的金属骨架

图 3-1-49　石材干挂(一)　　　　　　图 3-1-50　石材干挂(二)

1.5　室内门窗类构造做法

　　门窗的生产与应用,与装饰工程行业的发展有着密切的关系。门窗除了具有采光和隔断的作用外,对建筑物的功能和装饰效果影响也很大。其造型、用材、花色、图案及表面处理,均在装饰工程的立面设计范围以内。

　　装饰工程所涉及的门窗按材质分为铝合金门窗、钢制门窗、木制门窗、塑料门窗、铁制门窗、特殊门窗等;按功能可分为普通民用门窗、保温门窗、隔音门窗、防火门窗、防盗门窗、密闭门窗等;按结构又可分为推拉门窗、平开门窗、弹簧门窗、自动门窗、转门和卷闸门等。

1.5.1　木制门窗

　　建筑装饰中木制门窗是表现重点之一,它是风格和细节的最终体现(见图 3-1-51 至图 3-1-53)。其特点是:① 易现场加工;② 易做造型;③ 视觉和触感宜人。

　　木制门窗的结构一般是用木工板、夹板、木龙骨作为优质衬架,外贴装饰面板。衬架有多种组合方法和尺寸,以满足不同的设计施工需要。

图 3-1-51　实木装饰门

图 3-1-52　夹板装饰门

图 3-1-53　各种门饰造型

1.5.2　铝合金门窗

铝合金门窗(见图 3-1-54、图 3-1-55)是将表面处理过的型材,经过下料、打孔、铣槽、攻丝、制备等加工工序而制成门窗框料构件,再与连接件、密封件、开闭五金件一起组合装配而成。

图 3-1-54　铝合金装饰窗

图 3-1-55　铝合金窗近景

其优点主要体现在以下几点：

① 自重轻、强度高；

② 气密性、水密性、隔声性、隔热性好；

③ 耐久性好，装饰效果优雅；

④ 可实现工业化生产。

1.5.3 塑钢门窗

塑钢门窗如图 3-1-56 所示。

图 3-1-56 白色塑钢窗

1.5.4 电子感应自动门

门在使用上可分为电动式和手动式两大类。电子感应自动门（见图 3-1-57）主要有下列几种形式。

① 微波探测式（超微波感应式）自动门；

② 脚踏关闭式自动门；

③ 超声波式自动门；

④ 红外线信号式自动门；

⑤ 遥控式自动门；

⑥ 感光灯式自动门；

⑦ 手压关闭或按钮式自动门。

1.5.5 玻璃地弹门

玻璃地弹门及配件如图 3-1-58、图 3-1-59 所示。

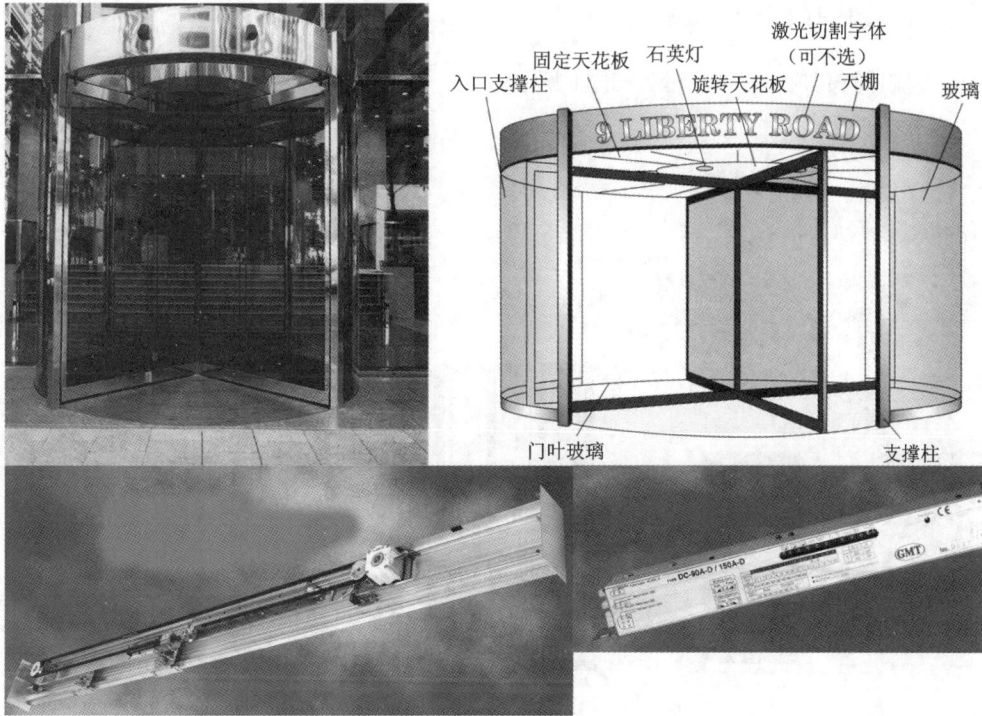

固定天花板　石英灯　激光切割字体（可不选）

入口支撑柱　旋转天花板　天棚　玻璃

9 LIBERTY ROAD

门叶玻璃　支撑柱

图 3-1-57　旋转全玻璃门及电子感应设备

图 3-1-58　室内空间中的玻璃地弹门

图 3-1-59　玻璃地弹门配件

1.5.6 铜制门窗

铜制门窗如图 3-1-60、图 3-1-61 所示。

图 3-1-60　多款铜饰造型门

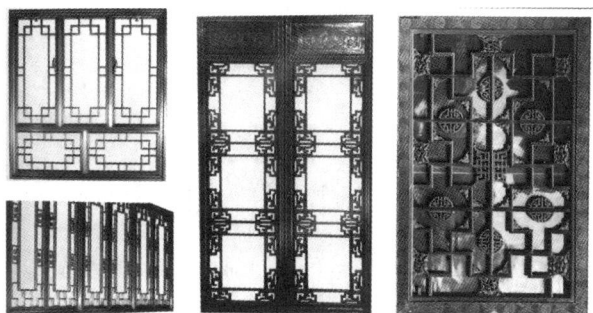

图 3-1-61　多款铜饰造型窗

1.6　室内玻璃类构造做法

玻璃在建筑装饰装修中主要的作用是采光和美化环境。玻璃依透光性可分为全透明玻璃、半透明玻璃、深色玻璃或有色玻璃。半透明玻璃有毛玻璃、磨砂玻璃、压花玻璃、夹丝玻璃四种类型。

室内用装饰玻璃主要为艺术玻璃,它是在普通玻璃上施加不同的加工工艺而制成的具有特殊效果的玻璃。常用的玻璃有镜面玻璃、彩绘玻璃、雕刻玻璃、腐蚀玻璃、聚油玻璃和热熔玻璃等,品种和效果非常丰富。

玻璃安装的方法大致可分为五种:螺钉固定、嵌钉固定、黏结固定、托压固定和黏结支托固定。每种做法都有各自的特点和适用范围。

螺钉固定一般是预先在玻璃上钻孔,再通过螺钉(螺栓或自攻螺钉)连接,固定在基座或基础上。螺钉通常配合金属装饰构件组合运用,适合较大面积玻璃的安装,如建筑玻璃幕墙(见图 3-1-62)。

嵌钉固定一般通过木工钉嵌入压边,使玻璃固定,适合小面积玻璃安装。

黏结固定是通过在玻璃背面粘贴胶黏剂(双面胶带),再将玻璃固定在基础上的一种方法,适合小面积不透明玻璃安装,如浴室镜面玻璃。

托压固定一般是在底部安装托架卡住玻璃,上部通过边框或压条将玻璃固定,室内玻璃隔墙安装多用该方法,适合较大面积玻璃安装(见图 3-1-63)。另外,建筑用明框玻璃窗的安装方法也属于此类,是将玻璃卡在金属型材里,再通过上压金属边条固定。

黏结支托固定是结合黏结和支托两种方法来固定玻璃的办法。

图 3-1-62　通过金属托件固定采光玻璃

图 3-1-63　用托压法固定的玻璃隔窗

1.6.1　玻璃隔断

普通玻璃隔断或半隔断所用玻璃按设计要求选用,常用的有平板玻璃、磨砂玻璃、浮法玻璃、压花玻璃、彩色玻璃等,厚度应不小于 5 mm,最厚的有 12 mm、15 mm 等。某些特殊场所的玻璃隔断,为了防止玻璃破损时掉下来,通常必须使用钢化玻璃、夹层玻璃或夹丝玻璃等安全玻璃(见图 3-1-64、图 3-1-65)。

图 3-1-64　装饰展橱构架施工

图 3-1-65　最终完工后的玻璃展橱

1.6.2 玻璃砖墙

玻璃砖有实心和空心两种,其中实心玻璃砖又称特厚玻璃砖,它是利用机械压制的方法制成的,具有无色、透明度高、内在质量好、加工精细等特点。一般玻璃砖的厚度在 20 mm 以上,长度尺寸可按需要加工。空心玻璃砖又称玻璃组合砖,由两块厚度为 7~10 mm、中空的玻璃砖块(由压床和箱式模具压制成型)对接而成。玻璃砖造型窗适用于高级宾馆、体育馆、陈列馆、展览馆及其他公共建筑(见图 3-1-66)。

图 3-1-66 墙面上的局部玻璃砖造型窗

1.6.3 玻璃隔墙

玻璃隔墙所用玻璃品种和厚度按设计要求选用,其厚度通常应大于 10 mm,一般为安全考虑,必须是钢化玻璃或加胶玻璃,其安装方式有成品玻璃隔断安装和现场加工两种方式。成品玻璃隔断一般配合成品铝合金骨架完成安装(见图 3-1-67)。现场加工时,一般上下做托架和卡槽,将玻璃嵌入安装。由于玻璃隔墙的自重较大,因此底部托架需牢固稳定,一般用型钢制作骨架,或再外包饰面材料。安装时,下部可用膨胀螺栓固定,上方则可用角钢、螺丝钉等固定。玻璃隔墙安装施工图如图 3-1-68 所示。

图 3-1-67 成品铝合金骨架玻璃隔断的运用

（a）现场制作的玻璃隔墙及底部托架构造　　　（b）玻璃隔墙安装构造

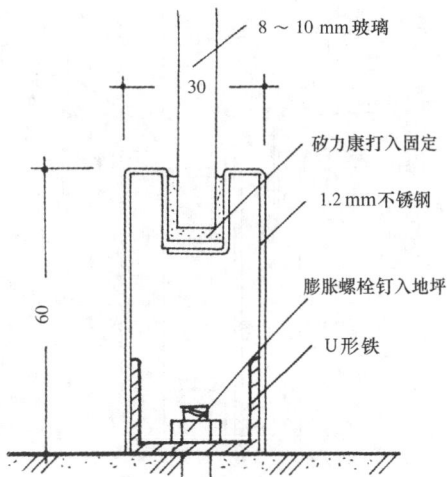

图 3-1-68　走廊里的玻璃隔墙

1.6.4　玻璃饰面

如果将大面积的玻璃或玻璃制品装饰于建筑表面,由于材料本身的一些特殊性能,会显得别具一格,光亮、明快、挺拔。玻璃较之其他饰面材料,无论在色彩或光泽方面,都会给人一种新奇的感觉(见图 3-1-69)。玻璃饰面安装构造如图 3-1-70 所示。

图 3-1-69　墙面上的银镜给人以开阔的感觉

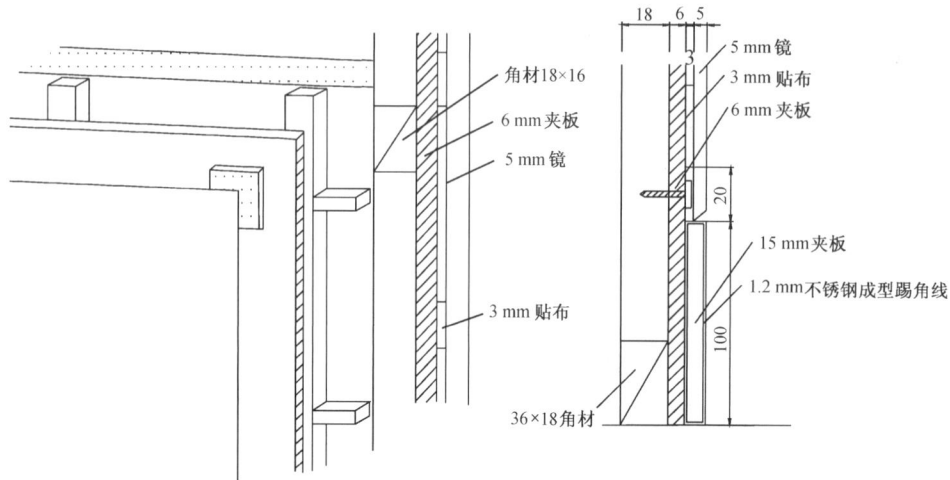

图 3-1-70　镜子的安装构造示意图

1.7　室内装修构造常用做法

1.7.1　暖气罩构造做法

暖气是室内装修中常常碰到的装饰部位,目前主要有明装和暗装两种类别。明装主要是选择成品外挂暖气片,直接安装在墙面上,一般暖气管道多铺设在地面下。暗装暖气是在暖气片外再做暖气罩,将其包覆起来,达到美化的作用。暖气罩的材料和造型有多种,一般木质的比较普遍,主要是制作简单快捷,便于安装。木质暖气罩一般基层采用木工板做构造,表面贴饰面材料,如木饰面板、铝塑板、防火板等材料,散热孔有成品木百叶、铝合金百叶或自制散热孔等(见图 3-1-71)。

图 3-1-71　造型一体的木质暖气罩

1.7.2　踢脚线构造做法

目前装修上有关踢脚线的做法有两种形式,一种是成品安装,一种是现场制作。成品安装的形式一般由成品材料类型决定,如实木地板、复合木地板有配套的踢脚线,踢脚线的材料有实木、复合木、塑钢等,可供选择。成品踢脚线一般有安装方便快捷、无污染的特点,目前使用量较大。

现场踢脚线制作,一般跟门套、饰面板统一色调,多用九厘板做基层,表面贴饰面板,主要材料为木装饰面板或不锈钢板。踢脚线制作形式多为平板线条,表面需涂油漆(金属面板除外),尺寸相对灵活,可随具体环境而变化,踢脚线上端口需要有实木线收口,工序相对成品踢脚线复杂(见图 3-1-72)。

图 3-1-72　走廊木质踢脚线和地毯

无论成品踢脚线,还是现场制作踢脚线,在墙面安装结构上都相似,需要电钻打眼、预埋木栓并使其固定(见图 3-1-73)。

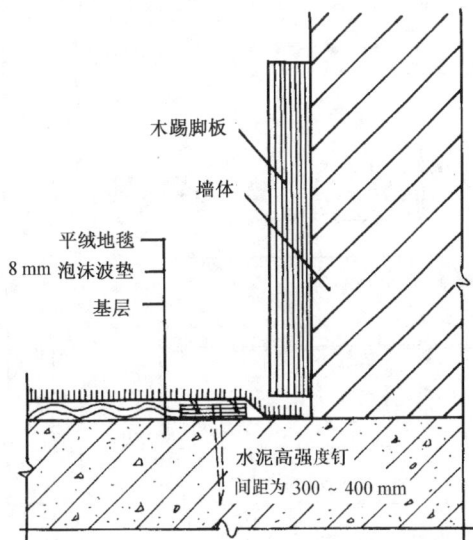

图 3-1-73　踢脚线与地毯收边的结构示意图

1.7.3　窗帘盒构造做法

窗帘盒一般有两种形式,即明装和暗装形式。明装形式适合不吊顶的空间或有吊顶需外露窗帘盒的情况,暗装一般与吊顶结合(又称上翻式窗帘盒),两种形式各有特点。相对暗装,明装制作工艺简单,维修方便,制作材料一般选用基层为 18 mm 的木工板,表面贴饰面材料或油漆,属于装修中的细节处理。窗帘布通过轨道吸附在窗帘盒内,美观大方(见图 3-1-74、图 3-1-75)。

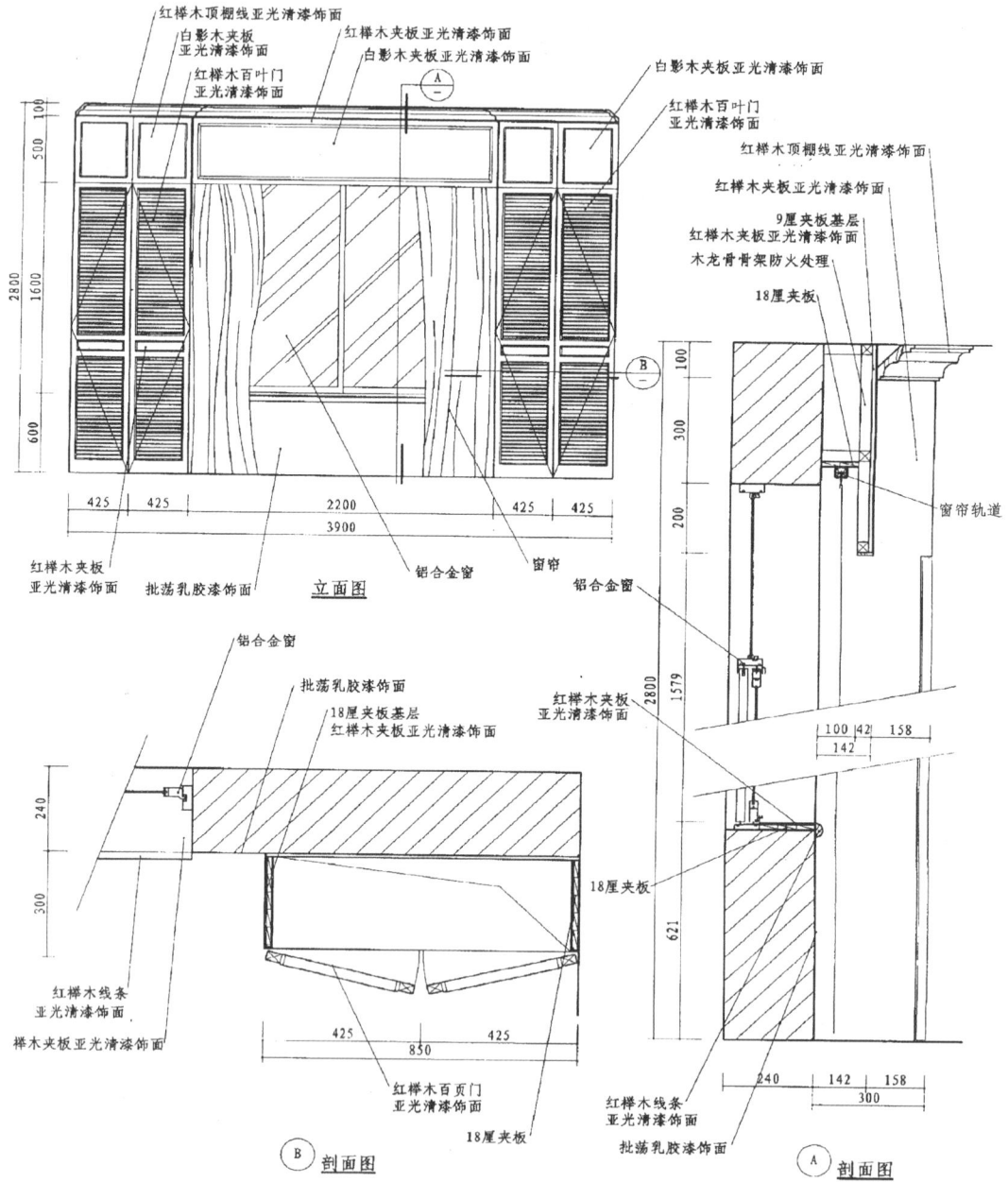

图 3-1-74 连带橱柜暗式窗帘盒构造图

图 3-1-75　暗装与明装窗帘盒的对比

1.7.4　门窗套构造做法

门是装修的重要部分之一,目前使用量最大的是室内木质门。木质门又分为空心门和实木门。空心门的结构主要是以木龙骨或木工板做基层,外包夹板和饰面板,表面油漆,其优点是质量较轻,适合普通装修。实木门用实木制作,表里如一,通过榫接结构将各部件连接起来,一般门的分量较重,手感好,适合高档装修,并有相应配套的门套线,成品安装快捷方便(见图 3-1-76、图 3-1-77)。

门窗套线是为保护门窗边角而设置的装饰部位,多采用木质材料,即基层为九厘板,表面贴饰面材料或涂调和漆,边角多以 45°对缝或压木线条收口,工艺简单。另外,有门窗套线直接用成品木线压边,省掉了其背部的九厘板垫层,但要求线条有一定的厚度,便于安装。

图 3-1-76　室内造型门饰

对于高档装修,还有以石材或金属材料来做门窗套线的,石材可以加工成各种复杂的花式套线,金属材料一般要求平整,不宜复杂,如铜线、不锈钢线等都可作为套线材料(见图 3-1-78、图 3-1-79)。

柚木门套线
亚光清漆饰面

柚木夹板
亚光清漆饰面

5厘清玻璃

钛金门锁

18厘夹板基层

9厘夹板基层
柚木夹板亚光清漆

5厘清玻璃

柚木线条
亚光清漆饰面

实木线条
亚光清漆饰面

立面图

Ⓐ 剖面图

木龙骨

9厘夹板基层
柚木夹板 亚光清漆饰面

9厘夹板基层
柚木夹板 亚光清漆饰面

18厘夹板基层

柚木门套线亚光清漆饰面

5厘清玻璃

柚木线条
亚光清漆饰面

实木条柚木夹板
亚光清漆饰面

Ⓑ 剖面图

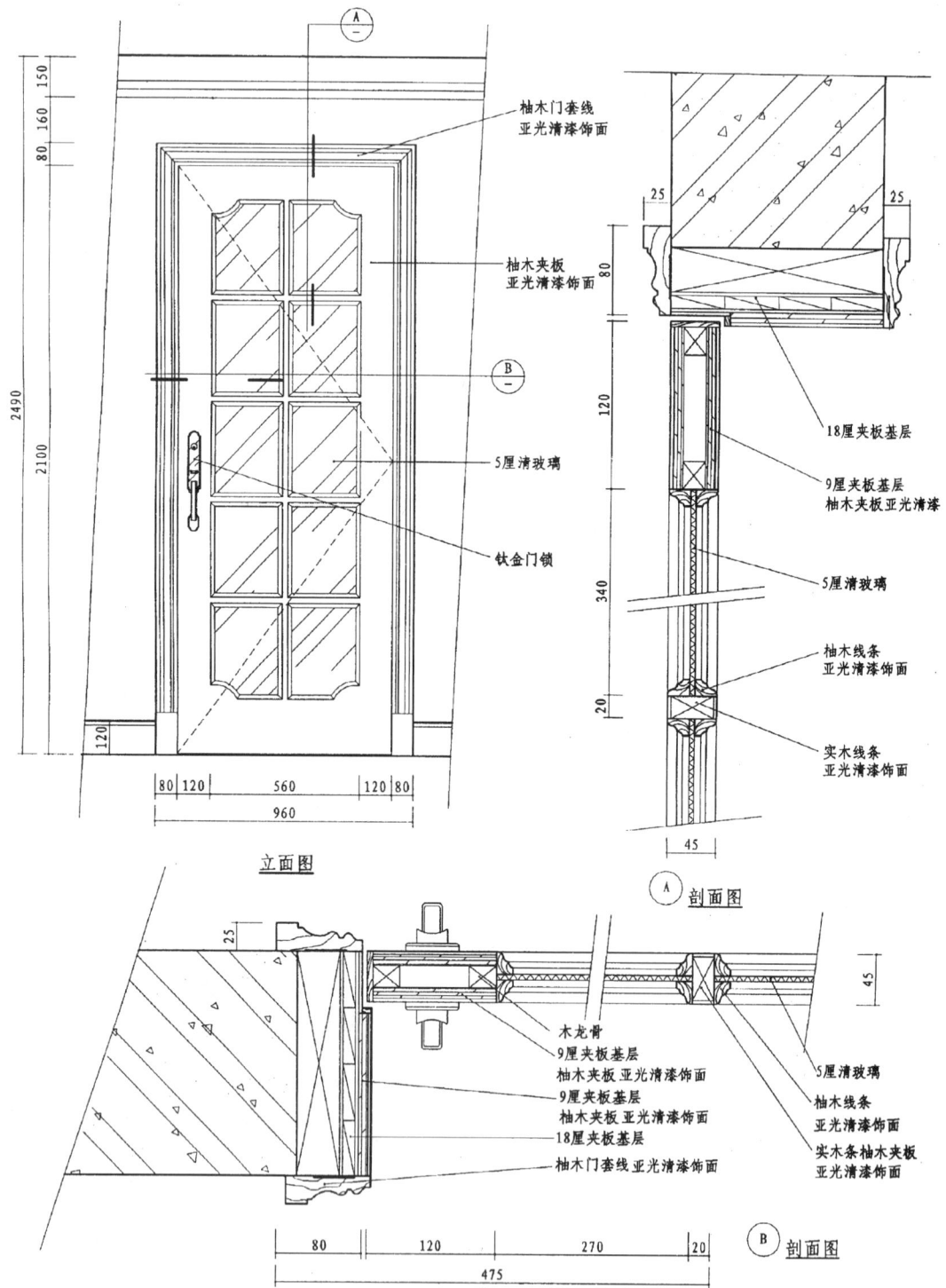

图 3-1-77　室内造型门结构示意图

图 3-1-78　不锈钢全玻璃门及门套

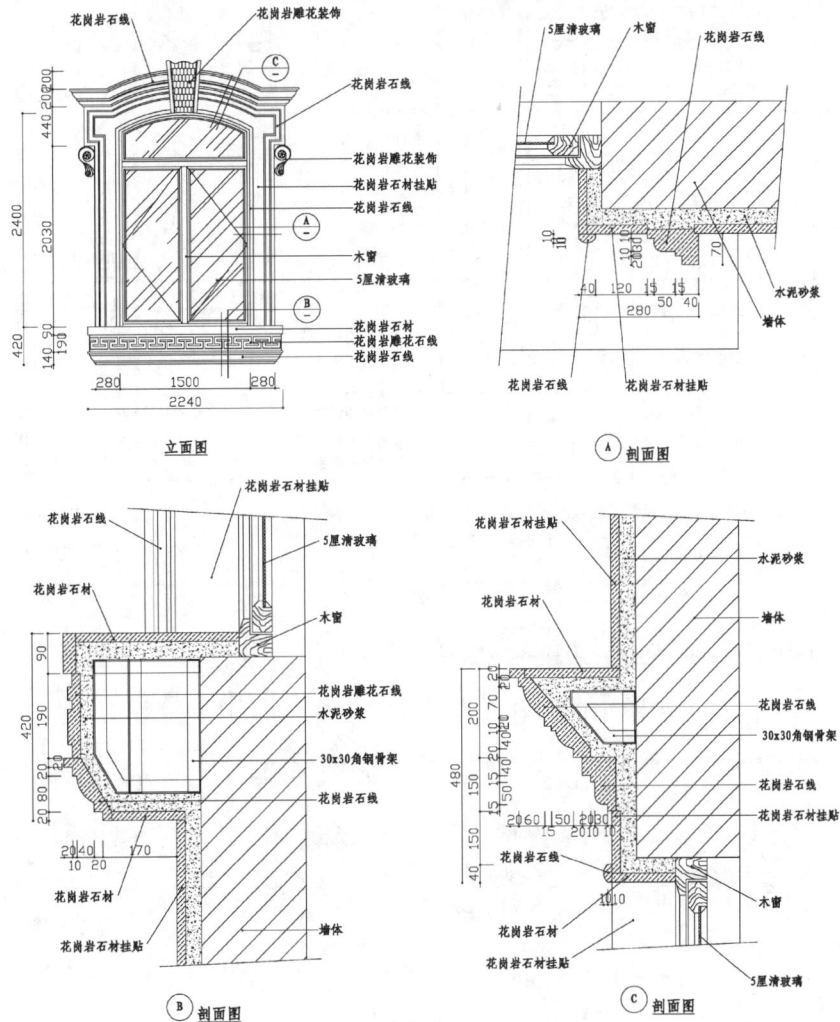

图 3-1-79　欧式花窗结构示意图

1.7.5 装饰隔断构造做法

装饰隔断结构示意图如图 3-1-80 所示。

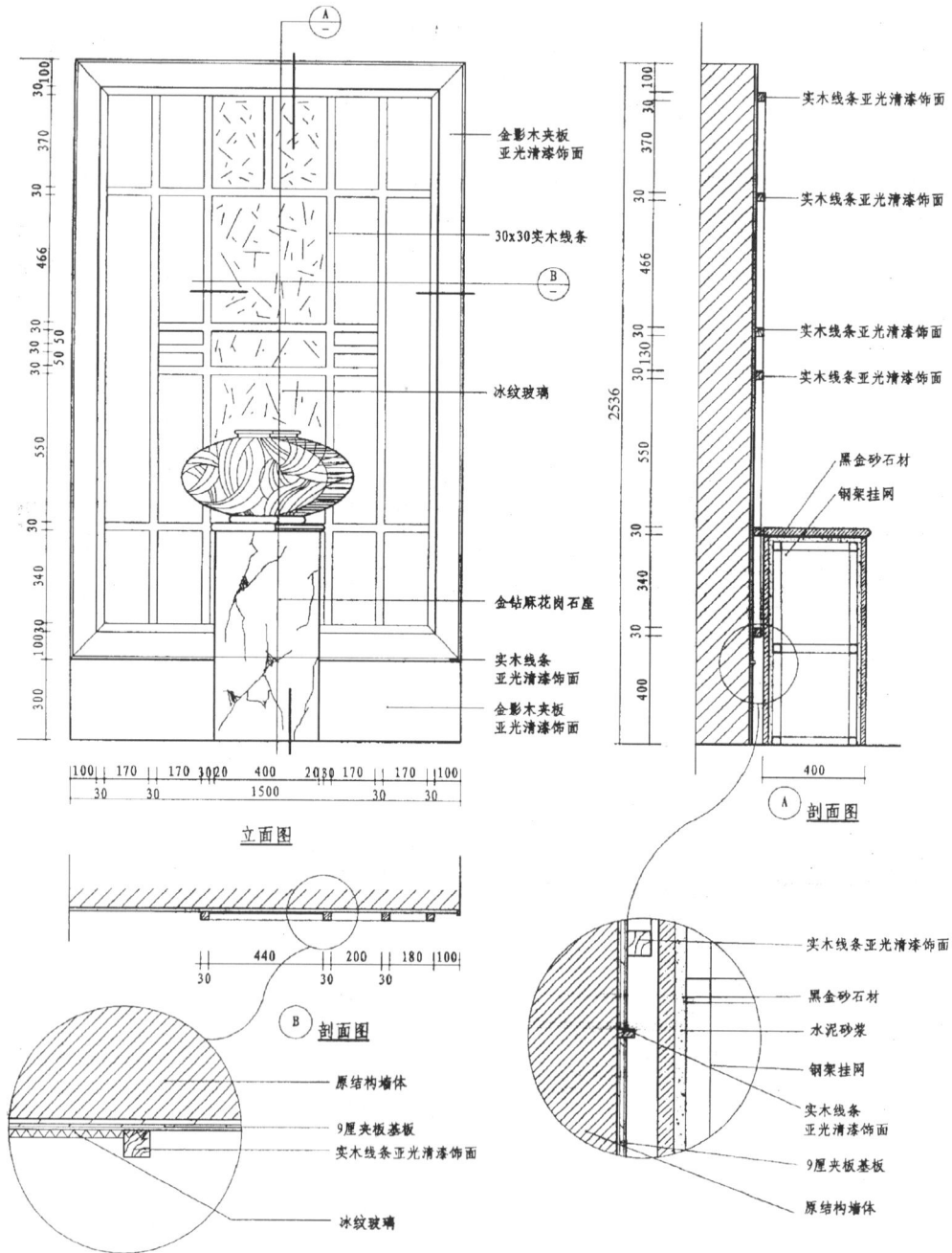

图 3-1-80 装饰隔断结构示意图

图中标注：

- 金影木夹板亚光清漆饰面
- 30x30实木线条
- 冰纹玻璃
- 金钻麻花岗石座
- 实木线条亚光清漆饰面
- 金影木夹板亚光清漆饰面

立面图

- 实木线条亚光清漆饰面
- 实木线条亚光清漆饰面
- 实木线条亚光清漆饰面
- 实木线条亚光清漆饰面
- 黑金砂石材
- 钢架挂网

Ⓐ 剖面图

Ⓑ 剖面图

- 原结构墙体
- 9厘夹板基板
- 实木线条亚光清漆饰面
- 冰纹玻璃

- 实木线条亚光清漆饰面
- 黑金砂石材
- 水泥砂浆
- 钢架挂网
- 实木线条亚光清漆饰面
- 9厘夹板基板
- 原结构墙体

1.7.6 衣橱构造做法

衣橱结构如图 3-1-81 所示。

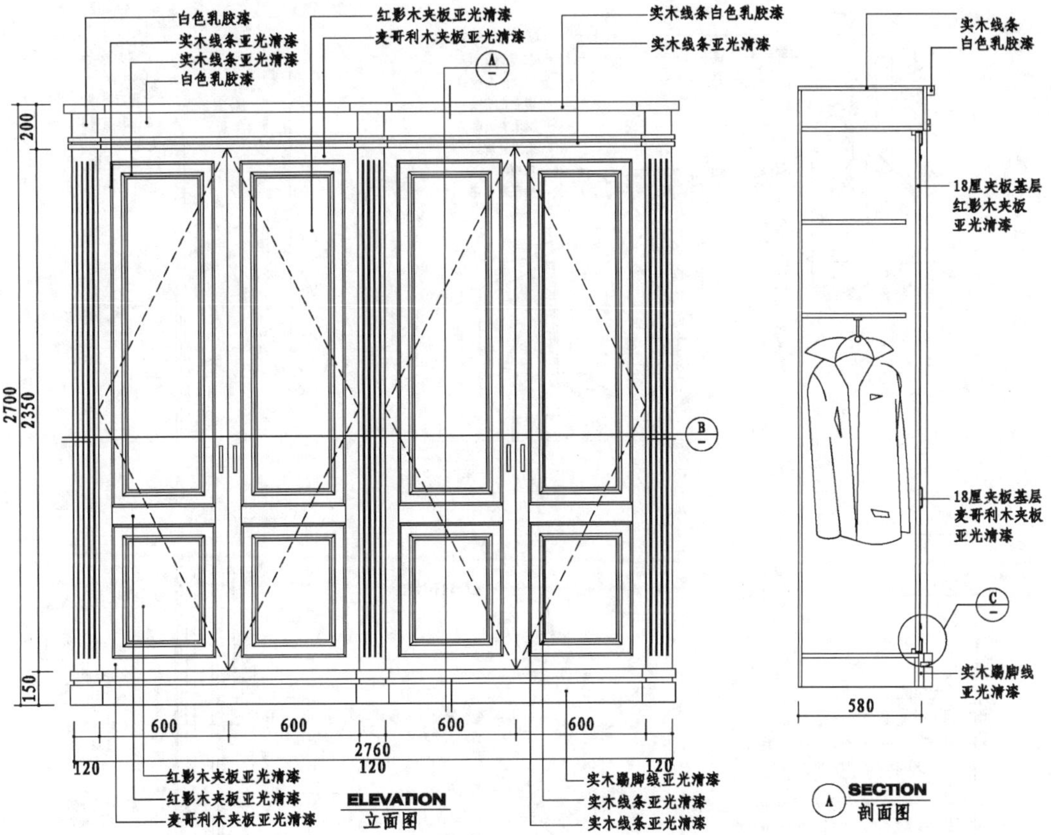

图 3-1-81 衣橱结构

1.7.7 楼梯栏杆构造做法

楼梯栏杆示意图如图 3-1-82 所示。

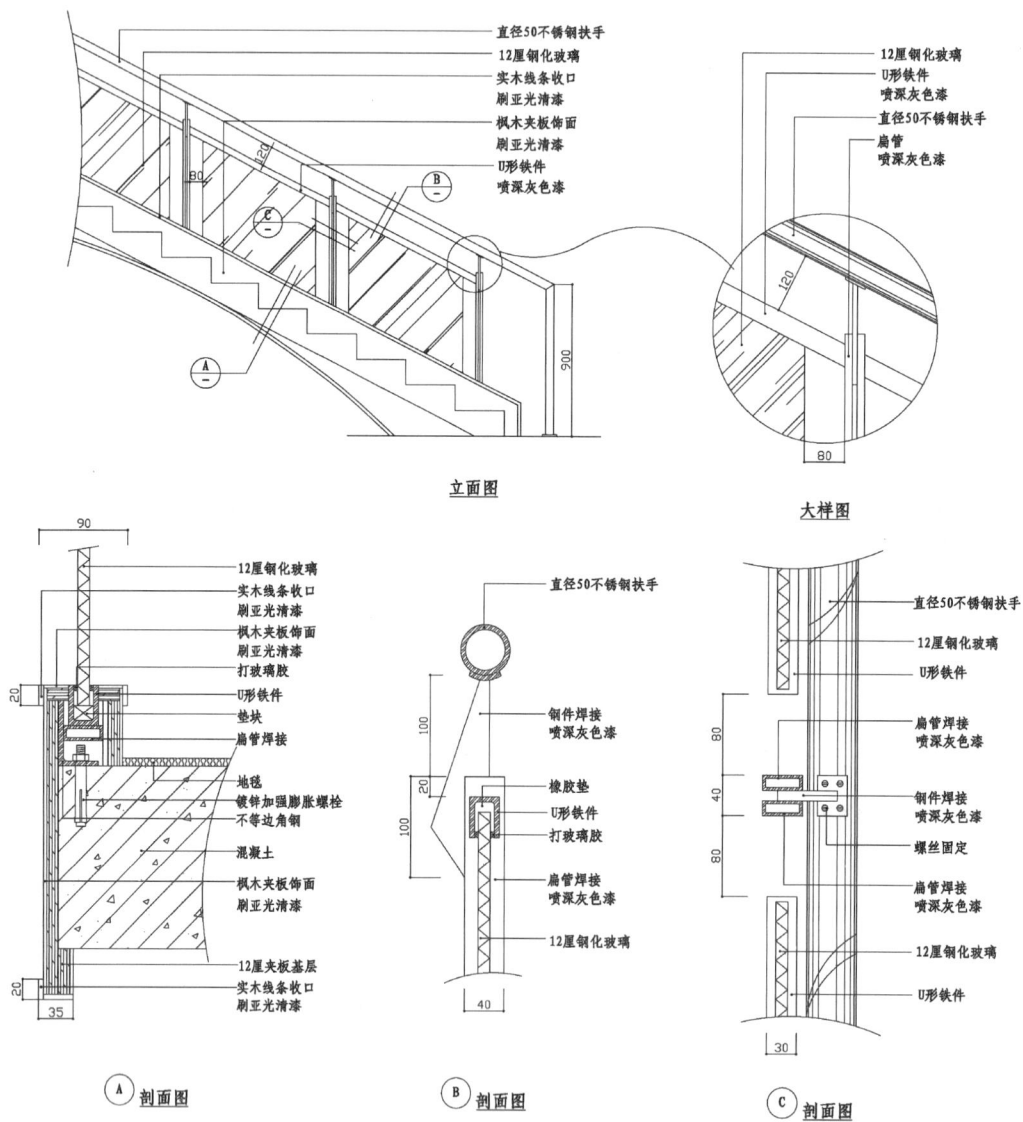

立面图 — 标注：
直径50不锈钢扶手
12厘钢化玻璃
实木线条收口
刷亚光清漆
枫木夹板饰面
刷亚光清漆
U形铁件
喷深灰色漆

大样图 — 标注：
12厘钢化玻璃
U形铁件
喷深灰色漆
直径50不锈钢扶手
扁管
喷深灰色漆

立面图

大样图

A 剖面图 — 标注：
12厘钢化玻璃
实木线条收口
刷亚光清漆
枫木夹板饰面
刷亚光清漆
打玻璃胶
U形铁件
垫块
扁管焊接
地毯
镀锌加强膨胀螺栓
不等边角钢
混凝土
枫木夹板饰面
刷亚光清漆
12厘夹板基层
实木线条收口
刷亚光清漆

B 剖面图 — 标注：
直径50不锈钢扶手
钢件焊接
喷深灰色漆
橡胶垫
U形铁件
打玻璃胶
扁管焊接
喷深灰色漆
12厘钢化玻璃

C 剖面图 — 标注：
直径50不锈钢扶手
12厘钢化玻璃
U形铁件
扁管焊接
喷深灰色漆
钢件焊接
喷深灰色漆
螺丝固定
扁管焊接
喷深灰色漆
12厘钢化玻璃
U形铁件

A 剖面图　　B 剖面图　　C 剖面图

图 3-1-82　楼梯栏杆示意图

1.7.8　反光灯槽构造做法

反光灯槽造型吊顶效果及构造示意图如图 3-1-83、图 3-1-84 所示。

图 3-1-83　反光灯槽造型吊顶效果

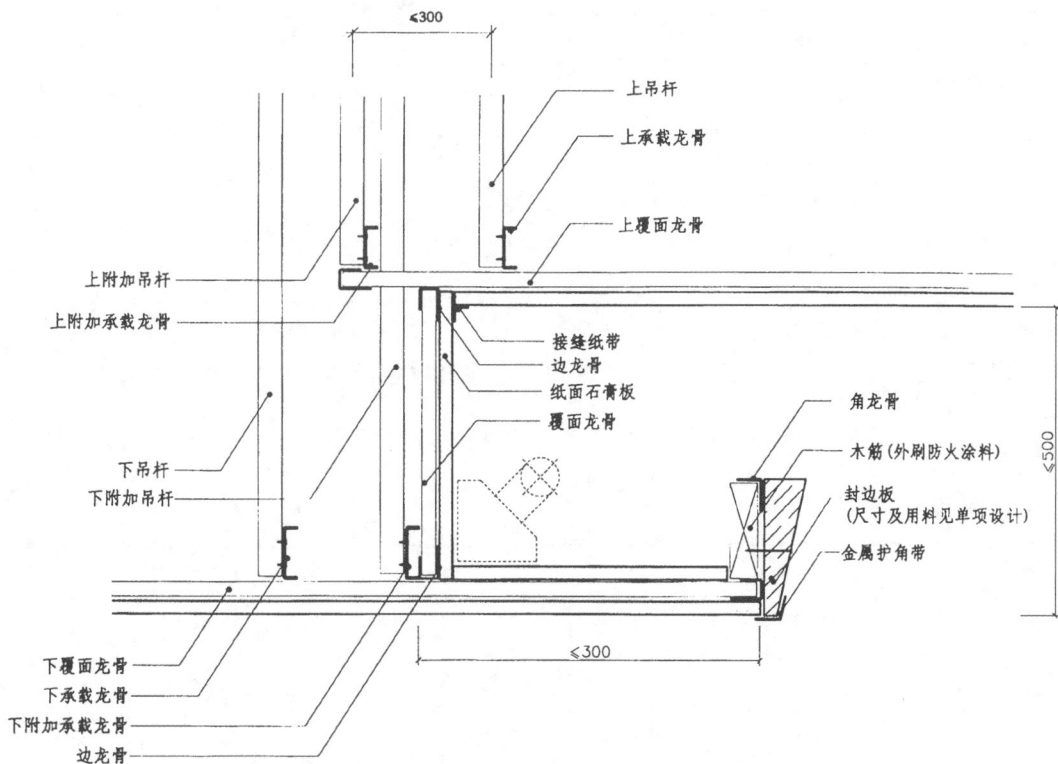

图 3-1-84　反光灯槽构造示意图

【本章要点】

室内装修构造是讲述装饰施工过程中常见的施工节点构造做法,它是材料、构造和工艺的统一。本章要求学生重点了解目前装饰工程中,对建筑室内界面处理的常规做法,其中包括对顶面、地面和墙面的多种处理工艺,以及由此带来的不同的构造,从而让学生对装修构造有一个基本的认识。

【思考与练习】

3-1-1　目前的吊顶材料有哪几种?

3-1-2　什么是轻质墙?常见的有哪几种形式?各有何特点?

3-1-3　石材的湿贴与干挂有何区别?

3-1-4　实木地板与复合木地板的铺装构造有何区别?

3-1-5　地面的抬高方式有哪几种?

3-1-6　门窗套的制作有几种做法?

3-1-7　实木门与双包门的区别是什么?

第2章 室内家具材料选型

　　家具是一种生活器具,以满足人类的基本活动需求为根本,它是联系建筑内部空间与人类生活的桥梁。家具通过形式和尺度的变化,在室内空间和个人之间形成一种过渡,将室内变得适宜于人们的工作和生活。人类活动特点的变化,决定了家具特定功能和使用特点的变化。家具一般表现出两大功能:一是使用功能,二是装饰功能。使用功能决定了家具的结构、比例和尺度,装饰功能决定了家具的造型、材质和色彩。为此,家具的变化会影响建筑内部空间的气氛(见图 3-2-1～图 3-2-4)。

图 3-2-1　古典家具和现代家具在空间中的混合搭配

图 3-2-2　现代家具在空间中的运用

图 3-2-3　板式家具在空间中的运用

图 3-2-4　空间中的休闲家具

2.1　室内家具材料概述

　　家具材料根据生产方式的不同可分为两大类:一是自然材料,二是人工生产出来的工业材料。在选择家具用材时,要注意材料的本身特征,如光泽、质地、色彩、纹理等特点。家具材料的运用,一方面必须遵守必然的理性原则;另一方面需要凭借感性意识,正确把握材料特性。匠心独具且灵巧地发挥材料特色以及完美的表现形式都属于感性问题。在设计家具时,不但要对材料有充分认识和足够经验,还要具备将物质成分发挥为精神表现的能力,这就必须进一步凭借对材料的敏锐感受和丰富的创造力,将死的材料转变为活的创造,运用相对有限的材料进行无限的表现。

1. 自然材料

以自然材料为基本素材进行家具设计,即以采用自然材料为主,少部分采用人工材料。在选用人工材料时,必须以使用具有自然感觉的材料为原则,以表现自然材料特色为主,搭配其他人工材料。不影响或者有助于自然材料性格的表现,皆可称为自然材料的家具设计。自然材料一般以天然木材、竹材、藤材在家具中的使用最为广泛,尤其是天然木材,其是家具设计和制作中的核心材料。中国传统家具和欧洲古典家具都是通过天然木材的优越质感和人为的艺术造型而著称于世的(见图3-2-5)。

图 3-2-5　天然木材在古典家具中的使用

2. 人工材料

人工材料家具设计是一种采用人工材料为基本素材进行家具设计的方式。人工材料的种类很多,大体上可分为两种类型:一是以自然材料为基材所加工的人工材料,如金属材料、玻璃、人造板材等;二是机械性或合成性的人工材料,如塑料、纺织品等。由于人工材料是按照人的意志加工生产的,其品种规格、色彩具有灵活性,造型则更为自由且具有变化性,因而使作业非常便利且富有选择性。人工材料比自然材料更适合家具设计的实际需要(见图 3-2-6)。

家具材料种类繁多,虽然天然材料和人工材料都可以充分发挥各自的特殊品质并满足设计效果,但在实际应用上多按照实际需要,分别采取适宜的自然材料和人工材料做综合式的处理,以便发挥各自的特长。一切原理和方法的建立都以满足功能需要为最终目的。

家具制作需要多种材料才能完成,除了主体材料外,尚有很多其他材料,包括次要材料、辅助材料和装饰材料。

图 3-2-6　人工材料在家具中的使用

家具的次要材料有石材和玻璃等。石材是一种坚硬耐久的自然材料,色彩沉着丰厚,肌理粗犷结实,具有雄浑的刚性美感。在室外多用花岗岩制作休息用家具,在室内可配合室内设计制作桌子和茶几,多数用作桌面。玻璃是一种透明的人工材料,普通玻璃用于橱柜门,厚的玻璃用于搁板,强化玻璃则可用作桌几面板,可产生活泼生动、通透的环境气氛。

家具的辅助材料是协助家具零部件接合安装的,有胶料、各种类型的五金器件,如铰链、门锁、门扣、拉手、脚轮、滑道、搁板安装支架以及各种连接紧固件等,除金属材料外尚有塑料制品。

家具的装饰材料是美化家具饰面的,使用最多的是油漆和织物。油漆有透明的、不透明的、亮光和亚光之分,色彩多样,性能不一。织物是软性的面状材料,应用在与人体直接接触部位,织物的质地、色彩、图案纹样很多,可供任意选用。另外,带有图案的瓷片、具有美丽矿脉图案的大理石也是家具装饰材料选用的对象。

3. 材料的质感

材料的质感又称材质,是指材料本身的特殊属性与人为加工方式所共同表现在物体表面的感觉。质感主要是由触觉引起的,但在生活中由视觉获得并由触觉确定的经验,使得仅凭视觉也能感知不同的质感。质感可以增加材料的实用价值,有助于满足功能目标,又可增加美学表现效果,关系着形式美感。任何材料皆具有与众不同的特殊质感,尤其是自然材料。而人工材料的质感显得单调呆板,无论其属性如何优异,都很难取代自然材料。材料的质感综合表现在其特有的色彩、光泽、形态、纹理、粗细、软硬、冷暖和透明度等众多因素上,还可以归纳成粗糙与光滑、粗犷与细腻、浑厚与单薄、沉重与轻巧、刚劲与柔和、坚硬与柔软、干涩与滑润、温暖与寒冷、华丽与朴素以及透明与不透明等基本感觉类型。

　　材料质感的运用并不是孤立的,不仅必须把握材质本身的特性,而且必须配合光线、色彩和造型等视觉条件共同运用。材料本身的条件固然非常重要,但在有效的光线强度、适宜的色彩烘托和恰当的造型配合下,材质的表现会获得更佳效果。同时,多种不同材质的组合要注意整体的效果,从统一中求变化,在和谐中求对比,符合造型规律才能取得最佳效果。

　　材料的质感同时取决于人为的加工方式。家具产品的生产过程包括加工工艺和装饰工艺,加工工艺是造型得以实现的手段,装饰工艺则是完美造型的条件。在整个生产过程中,工艺是生产加工艺术、技巧的综合,二者之间必须互相结合。因为材料加工方法会直接影响材料质感,剖切、打磨、刻画、镂琢、敲击和型压等技法,皆足以使材料本身掺入工具与技巧的趣味以及智慧与构思的韵致。材料组织和加工方法的不同,使构件产生轻重、软硬、冷暖等不同感觉,从而影响了家具外观。也就是说,家具在生产过程中,每一道工序将产生不同效果的理性美。如车削加工有精细、严密、旋转纹理的特点;铣磨加工具有均匀、平顺、光洁的特点;模塑工艺有挺拔、规划、严谨平整的特点;板材成型有棱有圆,曲直匀称,面层光洁;铝材经过表面处理也将得到不同色彩及质感。其他如油漆、氧化着色、塑料处理等工艺均具有各种不同工艺美的特征。从这个角度来看,无论材料本身的条件如何,皆必须重视人工处理的方法,具有珍贵质感的材料固然有赖于适宜的操作技法得以显示价值,而普通材料也可通过灵巧处理而取得优良质地(见图 3-2-7 至图 3-2-9)。

图 3-2-7　红木材料为古典家具带来的品质感

图 3-2-8　具有现代风格的金属家具

图 3-2-9　造型简练的休闲沙发椅

2.2　室内家具分类

家具应具有一定的强度与舒适度，以满足使用功能，这取决于材料特性和结构方法，家具的形象表现与材质和制作技法密切相关。选用优良的材料和正确的制作技法，是塑造家具功能和形式的根本基础。传统家具多采用同一种材料制成；现代家具则多采用两种或两种以上材料制成，显示出多变的材质对比效果。目前家具市场上的家具根据使用的材料和安装结构可分为以下几类形式。

2.2.1　实木家具

将天然木材经过锯、刨等切削加工，采用各种榫接合形成框架，柱腿之间用望板或横撑联结，再安装座板靠背或嵌板，便形成了多种式样的实木家具。

木材是一种质地精良、感觉优美的自然材料，为古今中外沿用最久的材料之一。木材质地坚硬、精致、韧性好，且易于加工和便于维修，使用简单工具就可以进行锯、刨、钻、旋切、雕刻和弯曲。木材纹理精美细腻、色泽温润，不仅利于塑形而且适于雕刻。特别是纹理结构变化多样，利用旋切、径切和弦切等加工技术，可截取各种纹理，形式有细密均匀的、粗直不规则的，也有旋形、纹形、浪形、瘤形、斑形、雀眼形等，形态不一，经过表面油漆处理，具有润泽光洁之感，产生丰富的肌理变化（见图 3-2-10）。另外，利用木材弹性原理，把所要弯曲的实木以模型和夹具加热加压，使其弯曲成型后制成家具。这类家具抛弃了多余的装饰，外形更显淳朴，所形成的流畅线条增加了家具的轻快感，具有视觉柔和的特点，是美观与材料、结构有机结合的范例。

适用于家具制作的木材有三类：一是贵重木材，有桃花心木、胡桃木、橡木、枫

图 3-2-10　多种家具用木材肌理对比

木、柚木、红木、黑檀、花梨木、鸡翅木等,我国传统家具经常选用红木、黑檀和花梨木等贵重木材,成为中国古典家具的重要特征之一(见图 3-2-11)。二是硬质木材,主要有水曲柳、榆木、桦木、色木、柞木、麻栎、楸木、黄婆罗等,目前家具市场的实木类家具多用此类木材,其较之贵重木材相对便宜,适合批量生产。一些用硬质木材制作的仿古典家具,通过工艺处理可达到以假乱真的效果,因此硬质木材往往作为贵重木材的替代材料使用(见图 3-2-12)。三是软质木材,有松木、椴木、杉木等。木材可以加工成方材、板材和薄木,也可制成胶合板、刨花板、纤维板、细木工板、空心板等人造板材。传统家具用实木制造,现代家具多用人造板材与金属相结合进行生产。制作实木家具常用的实木板材有以下四种。薄板:厚度在 18 mm 以下;中板:厚度为 19～35 mm;厚板:厚度为 36～65 mm;特厚板:厚度在 66 mm 以上。

图 3-2-11　中式传统家具

图 3-2-12　硬质木材在仿古典家具中的使用

1. 实木家具接合方法

实木家具是由许多不同形状的零部件通过一定的接合方法构成的。接合方法有榫接合、胶接合、木螺钉接合、金属连接件接合等，采用不同的接合方法，对于制品的美观和强度、加工过程以及成本等均有不同影响。其中榫接合的基本类型有六种，即直角单榫、燕尾榫、插入圆榫、多肩榫、夹榫、单肩榫（见图 3-2-13）。按榫头的数目来分，有单榫、双榫和多榫。接合的形式有贯通的暗榫；以榫头侧面看到和看不到来分，有开口榫和闭口榫，也可做成介于二者之间的半闭口榫。

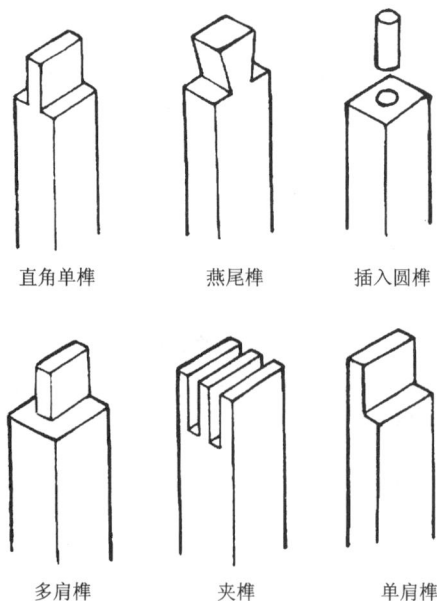

直角单榫　　　　燕尾榫　　　　插入圆榫

多肩榫　　　　夹榫　　　　单肩榫

图 3-2-13　实木家具的榫接合方式

2. 木构件接合类型

1）拼板

将小块木板接合成所需板材称为拼板，接合方法有胶拼平接、裁口、插榫、槽榫、穿带等。为防止拼板边缘损坏并增加美观度，可对端部及周边采用薄片贴边、木条嵌边及木框嵌板等方法加以处理。

实木拼板是传统家具制作的重要工艺之一，其目的是充分合理地使用木料。由于贵重木材的成材率低，大料少，因此对于大板就需要拼接利用，家具上的大板多用于桌面、柜门、抽屉等重点位置，合理使用材料成为设计的重点。图 3-2-14 中所示的桌面板由拼板构成。

图 3-2-14　桌面板由拼板构成

2）直材接合

直材接合是将两根顺木纹方材胶合在一起。为提高强度，木材常被加工成不同形状，方法有斜面接合、榫接合、木条接合等。常用的斜面及齿榫接合，可增加胶接面。

3）框架接合

框架构成家具的主体，框架接合按结构部位可分为框角接合、中档接合、嵌板接合、圆形框架接合。接合方法有榫接合、胶接合、金属件接合等。

框角接合有三种形式。一是直角接合，接合缝隙为直线，方材一端露在外面；二是斜角接合，将两根方材端部切成 45°斜面后，再进行接合，结合缝处为斜面，这样可遮盖不易加工的方材端部，使装配后的纹理显得更加美观；三是多角接合，除平面角接合外，尚有垂直角接合，常用在腿部与望板之间，除了起着连接件的作用外，往往还有装饰作用。

嵌板接合是在木框中装入薄板，做法有三种：一是将薄板装入木框凹槽中，此为装板法；二是将薄板嵌装在木框的榫槽内，此为嵌板法；三是在嵌板与木框接合处钉上木线,此为压线法。嵌板接合一方面可以遮挡周边缝隙,另一方面也起到一定的装饰作用。

圆形框架接合有两种形式:一是框架转角处的接合呈圆形的圆角接合;二是圆形框架上的曲线接合。

4)板壁接合

板壁接合是指板材与板材、板材与方材间的接合,可组成箱柜类家具,按接合部位可分为板壁角接合、板壁中部接合。板壁角接合主要用在箱框的构件,从外形上看有直角和斜角接合、圆角接合。板壁中部接合有两种要求:一种是板与板壁接合,既可作为隔板,也可增加框架的强度;另一种是采用加强框架稳定的方材与板壁接合(见图 3-2-15)。

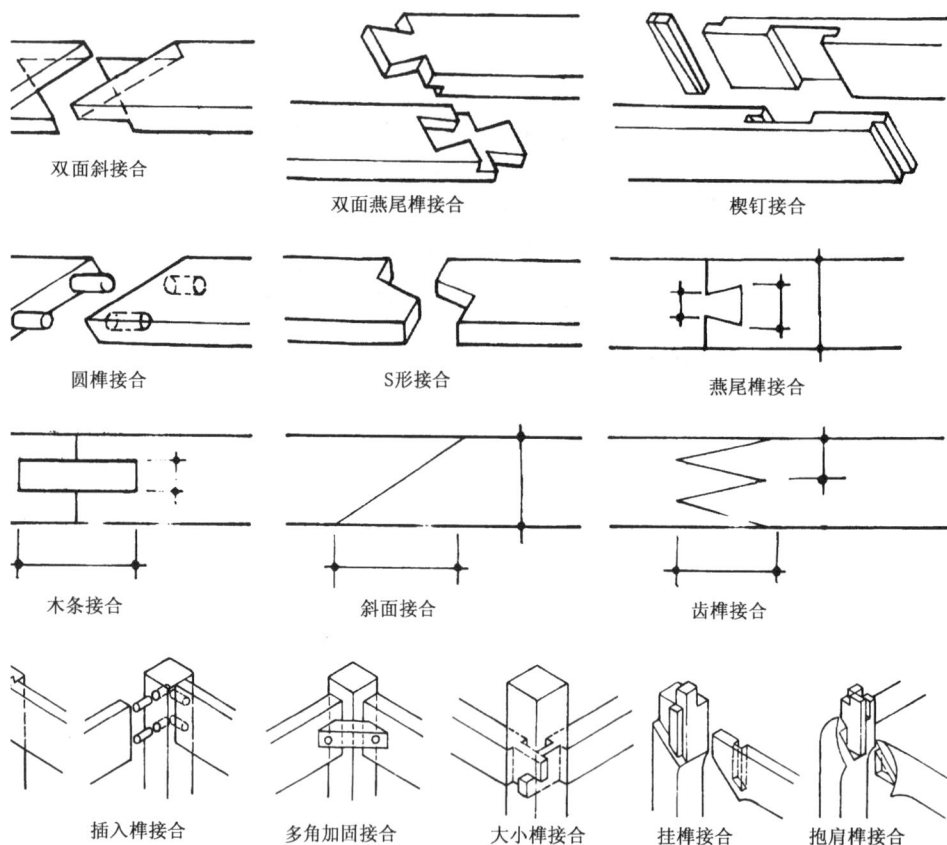

图 3-2-15 实木家具中板壁接合形式

3. 木家具基本构件

1)支腿与柱

支腿与柱是所有家具不可缺少的基本构件,在设计上占有很重要的地位,是辨认与决定家具类型及其风格特点的构件之一。由于木材具有可塑性强的特点,可做成不同的形状和断面,又适于刨削雕刻,所以应用最多,在不同的历史时期形成了多种式样的支腿(见图 3-2-16)。

图 3-2-16　多款家具的支腿形式

2) 抽屉与拉手

抽屉是储藏类家具常见的一个构件,用途广泛,使用量大。其主要功能是存放小件物品,由面板、两侧板、背板和底板组成。安装的形式有三种,即常用的底边滑道、侧边滑道和中心滑道。根据使用要求,家具可配置一个或数个不等的抽屉,可对称布置、均衡布置,也可重叠布置。在排列上分为平面抽屉、搭框抽屉及遮框抽屉。面板形式的变化根据整体比例及式样来决定。

拉手是安装在抽屉及柜门上的构件,除了满足使用功能外,更以点的形式起着装饰作用。古今中外对拉手式样非常重视,常常制成种种图案。现代拉手很多都是由专门工厂生产的,式样的选用要根据家具整体风格而定,安装方法根据材料而定,一般是在背面加螺钉拧牢。

3) 柜门

在柜类、桌类家具中,凡有储藏、存放功能的,均装有门,其作用是封闭柜内空间,而外观也必须美观悦目。柜门按开启方式可分为平开门、推拉门、翻板门、卷帘门、折叠门、上翻门及桌面两用门等。这些门各有其功能特点;例如,推拉门是较常用的一种,具有较好的防尘功能,开启方便又不占空间;翻板门放下后可做小桌面用;卷帘门适用于曲线柜门;而应用最为广泛的则是平开门。平开门按使用材料区分,有实板门、嵌板门、嵌玻璃门。实板门一般用实木板来制作,但也有用人造板的,有些中间是空的,可减轻重量,表面光洁挺拔,是现代家具的常用作法。嵌板门造型变化较大,结构整体性强、抗形弯、易于装饰,无论在欧洲古典家具还是中国古代家

具中都广泛运用（见图 3-2-17）。嵌玻璃门适
用于陈列家具，解决了木制门不透明的不足，
门框可采用感性设计手法，以直线和曲线组成
不同式样图案，丰富整体造型。也有些木框玻
璃门以镜子代替玻璃，如衣柜上的穿衣镜，既
是门又是镜子。家具的门扇除了构成自身的
零件外，尚须配备与整体相协调的供安装、开
启、固定用的零配件，常用的有铰链、拉手、碰
头、插销、门锁等，安装方法很多，要根据实际
情况选择适合的材料和构造方式。

2.2.2　人造板家具

　　家具的材料主要采用人造板，可有效地提
高木材利用率。人造板有幅面大、质地均匀、
变形小、强度大、便于二次加工、切割便捷等优
点，成为制造家具的重要材料（见图 3-2-18）。

图 3-2-17　古代家具的柜门形式

图 3-2-18　人造板在办公家具中的使用

1. 复合板式家具

　　复合板式家具是主要采用刨花板、中（高）密度板和细木工板做基层，表面热压
防火板、三聚氰胺板或天然真木皮等表面装饰材料，经切割、封边、钻眼，再通过金属
连接件组合而成的家具。板式家具常用的基材有胶合板、刨花板、密度板、纤维板、
细木工板、空心板等多种人造板。

　　刨花板又称料板，是利用木材的下脚料、木屑片、锯末经过粘接剂拌和，在热压
下制成的机制薄板。它的强度、耐热度取决于使用的粘接剂和工艺过程。刨花板没

有纹理方向,在正常情况下它不会收缩、变形,制作家具时尚需贴附装饰面,不适用于高档家具。

密度板也是利用木材的下脚料和锯末为主要原材料,经搅拌、热压制成的机制薄板,再在表面贴装饰防火面板,适合制作普通家具(见图 3-2-19)。

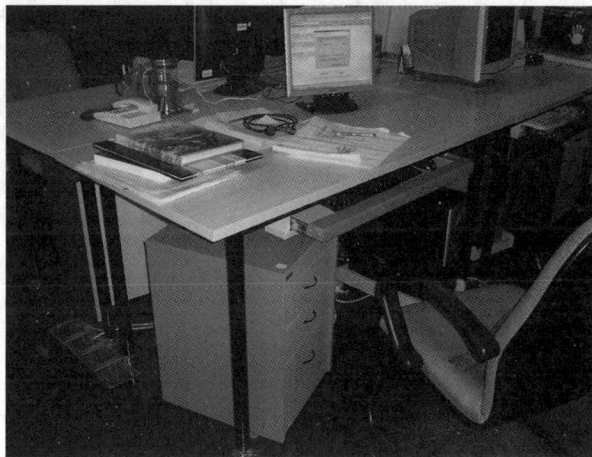

图 3-2-19　办公家具中常用的密度板芯材人造板

细木工板为拼板结构的板材,板芯用一定规格的小木条排列而成,面层胶合单板,具有坚固、耐用、板面平整、不易变形等优点,一般表面多贴实木皮或木装饰面板,适用于制造中高档家具面板、门板、组合柜板(见图 3-2-20)。

图 3-2-20　木工板芯材装饰板多在高级家具中使用

纤维板是以木材加工剩余物或秸秆为原料,经过削皮、制作安装、成型、干燥和热压而制成的人造板,分硬质、半硬质和软质三种。用于家具生产的多数为硬质纤维板,广泛应用在柜类家具的背板、顶板、底板、抽屉底板、隔板等衬里的板状部件。

空心板是两薄板之间加以小木条龙骨，形成空心的板材；也有以六角形纸质蜂窝状的空格，经浸渍树脂塑造化后作为芯层的，称为蜂窝空心板。空心板重量轻，具有一定的强度，是良好的轻质状家具材料，可用于桌面板、柜子的侧板、门板等。

集（积）成木板又称接插木板，是利用木材的板条木料，用胶黏结头经热压烘干制成的机制薄板。它的强度、耐热度取决于使用的粘接剂和工艺过程，在正常情况下它不会收缩、变形，制作家具时也可贴附装饰面，适合用于高档家具。

在用复合人造板材制作家具时，板面及周边都要经过漆饰或胶贴薄木、塑料贴面板等装饰处理，板的周边尚可嵌木条或花线。充分利用外装饰材料的特点，可以取得多种多样的美观效果。

板壁的构件接合。板材是箱柜等贮藏类家具的主要构件，板壁构件接合有两种类型，一是榫接合，二是可拆装的金属构件接合（见图 3-2-21）。金属构件接合从部位来区分，有角接合、丁字接合、十字接合；从金属构件式样来说，有螺栓构件接合、偏心轮构件接合、板外附加构件接合。柜中隔板安装应与板壁结构一致，如采用固定式榫接合板壁同时用榫接合一次加工完毕，但为了便于调整隔板位置，也可采用带槽木条或带洞的金属条，利用木搁条或金属搁件安装。

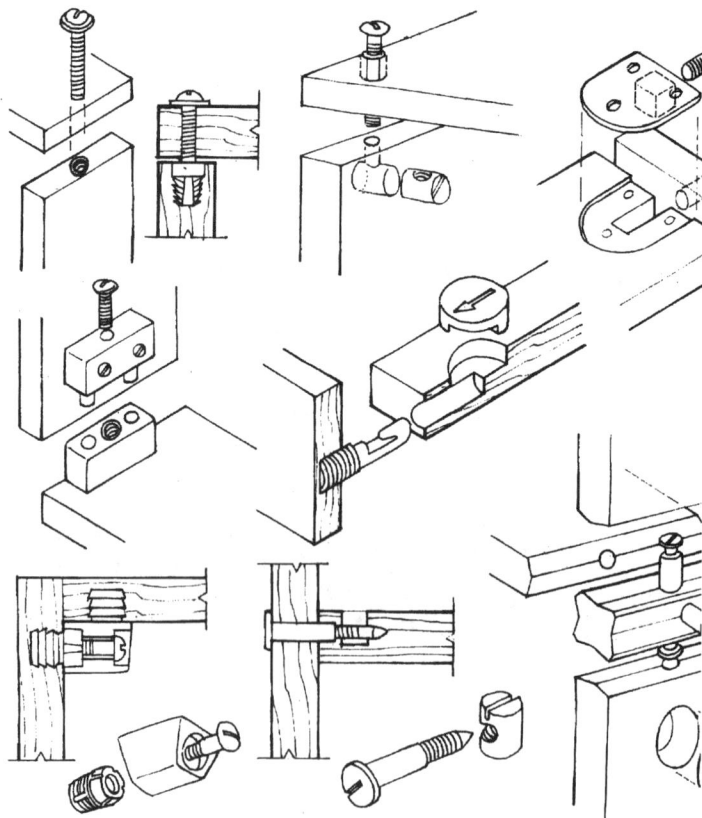

图 3-2-21　板式家具多种金属构件结合方式

2. 胶合板家具

胶合板家具是利用胶合板为基层,表面贴装饰面板而制成的家具。

胶合板:用三层或多层(奇数)的单板纵横胶合而成,幅面大而平整,不干裂和翘曲,适用于大面积板状构件。其品种很多,有三层、五层等普通胶合板,也有厚度在 12 mm 以上的厚胶合板及贴面的装饰胶合板。

1) 模压胶合板家具

模压胶合板家具也称弯曲胶合板家具,是将胶合板热压成型后制成的家具。模压胶合板通常适用于椅子的构件,可利用胶合板制成各种适合人体曲度的椅背或座板,也可以将椅背和座板联合为一体,作为钢管椅子的板型构件,丰富椅子造型,凸显家具造型与工业生产相结合的特点。胶合板弯曲技术的发展与运用,使木材的功能性和美观性实现了有机结合,得到了令人满意的效果。由于模压胶合板具有重量轻、适合机械化大量生产的特点,所以常用于制作多功能会议厅、学校以及大型公共建筑中的家具。

2) 多层胶合弯曲木家具

多层胶合弯曲木家具是在胶合板和弯曲木工艺技术基础上的发展,是将多层薄木胶合热压成腿及扶手等承重构件,代替方材构件而组成的家具。多层胶合弯曲木的优点是可工业化生产,强度大,可塑性强,能弯曲成各种形状,转角曲度较小,弧形多样,从而使外形线条挺拔而又有丰富的变化(见图 3-2-22)。

图 3-2-22　多层胶合弯曲木家具

2.2.3 竹藤家具

竹藤材和木材一样属于自然材料,具有天然的质感和色泽,不仅便于加工,还可割成长条编织,制成的家具造型轻巧且具自然美,具有其他材料家具所没有的特殊品质。

1. 竹家具

竹材是我国的特产,在黄河以南地区民间均普遍使用竹材家具。竹材中空,长管状,有明显的节,挺拔,色初显黄绿,日久呈黄色,制成的家具光华宜人,既有一种清凉、潇洒、简雅之意,又有粗壮豪放之感(见图 3-2-23~图 3-2-26)。

竹材有它的共性,但不同的竹类又有不同的材质特点,家具对竹材的选用应根据使用部位性能要求而定。骨架用材要求质地坚硬,颈直不弯,一般要求使用弹性性能好的竹材。而编织用材则要求使用质地坚韧、柔软、竹壁较薄、竹节较长、篾性好的中径竹材。

竹材种类很多,适用于家具制作的主要有下列数种。

刚竹:材质质地细密,坚硬而脆,劈篾性差,适于制作大件家具的骨架。

毛竹:材质坚硬、强韧,劈篾性能良好,可劈成竹条用作家具骨架,十分结实耐用。

桂竹:材质坚硬,篾性好,是制造家具的优良竹种。

黄若竹:韧性大,易劈篾,可整材用于制造竹家具。

石竹:竹壁厚,杆环隆起,不易劈篾,宜整材使用,做柱腿最佳,结实耐用。

淡竹:均匀细长,篾性好,色泽优美,整材使用和劈篾使用都可,是制作家具的优良竹材。

水竹:质地坚韧,力学性能及劈篾性能好,是竹家具及编织生产中较常用的竹材。

慈竹:壁薄柔软,力学强度差,但劈篾性能极好,是竹编的优良材料。

图 3-2-23　造型竹椅形式(一)

图 3-2-24　造型竹椅形式(二)

图 3-2-25　造型竹椅形式(三)

图 3-2-26　造型竹椅形式(四)

2. 藤家具

　　藤材盛产于热带和亚热带,分布于我国广东省和台湾地区,以及印度、东南亚及非洲等地。藤材为实心体,成蔓杆状,有不甚明显的节;表皮光滑,质地坚韧,富于弹性,便于弯曲,易于割裂,富有温柔淡雅之感,偏于暖调的效果。在家具设计上藤材应用范围很广,仅次于木材。它不但可以单独用来制造家具,而且可以与木材、竹材、金属配合使用,发挥各自特长,制成各种式样的家具。在竹家具中又可作为辅助材料,用于骨架着力部件的缠接及板面竹条的穿连。特别是藤条、芯藤、皮藤等,可以进行各种式样图案的编织,用于靠背、座面以及橱柜的围护部位等,成为一种优良的柔软材料及板材材料。藤家具构成方法有多种,由于是手工制作,可形成多种式样。其特点是纤细而富于变化,与新材料构成的简洁、概括的现代家具造型形成了鲜明对比(见图 3-2-27、图 3-2-28)。

图 3-2-27　藤质造型沙发

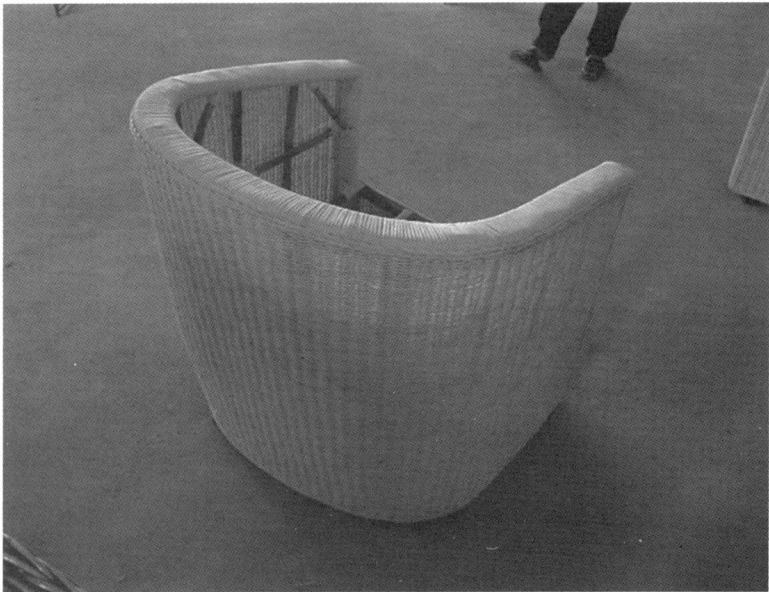

图 3-2-28　藤质造型椅

3. 竹藤家具构造

竹藤材虽然是两种不同材种，但在材质上有许多共同的特性，在加工和构造方法上有许多相同之处，而且可以互相配合使用。竹藤家具构造基本上可分为骨架和面层两部分。

1）骨架部分

竹藤家具多采用竹身和粗藤杆作为骨架主材，构成有三种类型：一是全部用竹材构成；二是竹材和藤材混合组成，可以充分利用各自特点，便于加工；三是在金属框架上编织座面和靠背。竹藤骨架接合基本方法有下列三种（见图 3-2-29）。

① 弯接法：材料弯曲有两种方法，一是用于弯曲半径小的火烤法，二是用于弯曲半径较大的锯口弯法。

② 缠接法：这是竹藤家具中最常用的一种方法，在连接点用皮藤缠接，竹制框架应先在被连接件上打孔，藤制框架先用钉钉牢，再用皮藤缠接。按部位不同有三种接法：一是用于两根或多根杆件之间的缠接；二是用两根杆件做互相垂直方向的一种缠接；三是中段缠接，即用在两杆件近于水平方向的一种缠接法。此外，在构件上尚有装饰性的缠接法。

③ 插接法：竹家具独有的接合方法，在较大的竹管上挖一个孔，然后将较小的竹管插入，用竹钉锁牢，也可以用板与板条进行穿插。

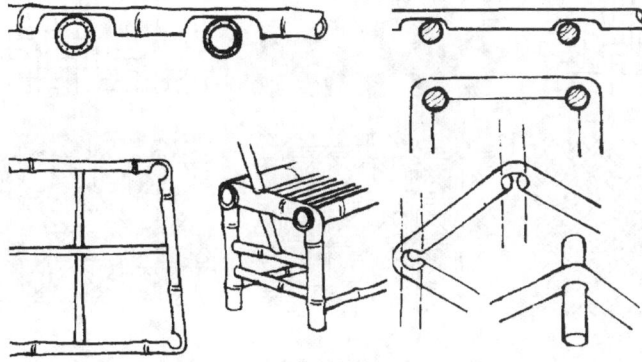

A 弯接法

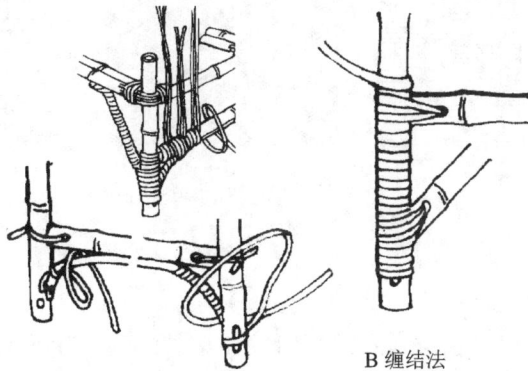

B 缠结法

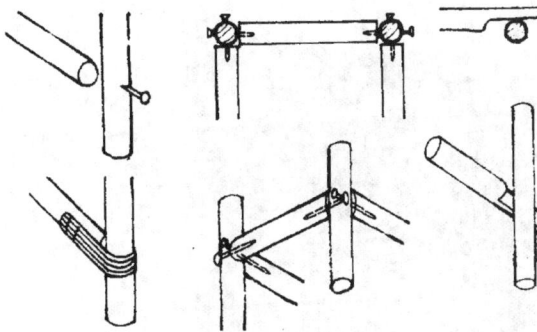

C 插接法

(a) 竹藤骨架接合的三种方法

图 3-2-29　竹藤家具的构造与编织方式

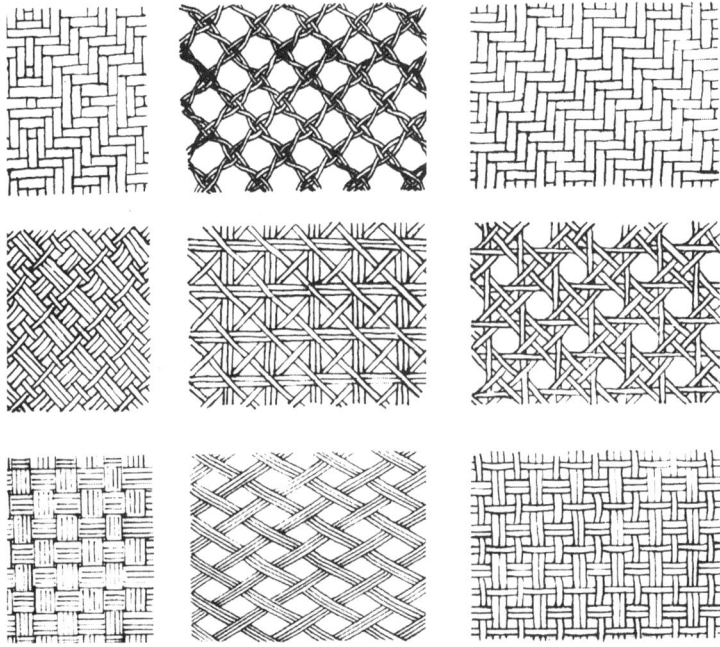

(b) 竹篾、藤条连续编织图案

续图 3-2-29

2) 面层部分

竹藤家具的面层，除某些品种（如桌、几面板）用木板、玻璃等材料外，大部分用竹片、竹排、竹篾、藤条、芯藤、皮藤等编织而成（见图 3-2-30）。

图 3-2-30　竹藤结合的构造椅

　　① 单独编织法:用藤条编织成结扣和单独图案,结扣是用来连接构件的,图案编织则用在不受力的编织面上。

　　② 连续编织法:连续编织法是一种用四方连续构图方法编织组成的平面,用在椅凳靠背、坐面及橱柜的围护结构部分(见图 3-2-29(b))。采用皮藤、竹篾、藤条编织称为扁平材编织,采用圆形材编织称为圆材编织。另外还有一种穿结法编织,用藤条或芯条在框架上做垂直方形或菱形排列,并在框架杆件连接处用皮藤缠接,然后以小规格的材料在适当间距做各种穿结。

　　③ 图案纹样编织法:用圆形构成各种形状和图案,安装框架的种类、形式较多,除满足装饰外,尚起着支撑受力构件的辅助作用。

2.2.4　金属家具

　　金属为现代家具的重要材料之一,用在家具主框架及接合零部件上,具有很多优越性,如质地坚韧、张力强大、防火防腐。金属熔化后可借助模具铸造,固态时则可以通过压轧、锤击、弯折、切割、冲压和车旋等机械加工方式制造各类构件,可满足家具多种功能的使用要求,适宜塑造灵巧优美的造型,更能充分地显示现代家具的特色。金属家具能防火且易生产,成为推广最快的现代家具之一。目前家具市场常见的金属家具有钢管家具、全钢家具和铝合金家具等类型(见图 3-2-31～图 3-2-34)。金属家具与木材结合又会形成钢木家具。

图 3-2-31　钢制文件柜

图 3-2-32　钢制凉椅和圆几

图 3-2-33　铁制造型桌几

图 3-2-34　不锈钢支架休闲椅

1. 金属构件制作的基本方法

金属构件在家具中主要起支撑和连接作用,由于金属给人的感觉是冷和硬,所以凡是与人体经常接触的部位,是不能使用金属构件的。金属构件加工制作有三种基本方法。

① 铸造法。铸造法适用于铁、铜、铝等金属。铸铁构件用在桌椅腿部支架、连接件等部位,如影剧院、会议厅、阶梯教室的桌椅支架,办公用椅基部的可转动的支架,医疗器械家具的主框架,特别适用于公园、广场、路边的坐椅支架。铸铝构件同铸铁构件应用相同,不同的是铸铝构件在性能及外观上优于铸铁构件,多用于高档家具。铸铜构件适合家具的小型装饰件,有时也可用于高档的床架上。

② 弯曲法。弯曲法适用于钢筋、钢管及部分型材的加工,可以采用简单的设备用手工弯曲,加工方法有轴模弯曲法及凹模弯曲法。但更多的是用机械专用设备生产,以便保质保量,取得完美的效果。

③ 冲压法。利用金属材料的延展性,把被加工的材料放在冲床上进行冲压,形成各种曲面和形状,如桌椅的腿部构件、椅子坐板、背板、金属文件柜、抽屉等。有些写字台、厨房家具等也是冲压成型的。一个方向的弯曲构件可用简单的设备加工,而复杂的弯曲构件要用较高级的冲压机进行加工,而且要大批量生产才有收益。

2. 金属构件接合的基本方法

金属构件接合方式可分为金属材料自身的接合及金属材料与其他材料的接合。金属材料与金属材料之间的接合方法有焊接合、铆接合、插接合等。

① 焊接合是金属构件主要接合方法之一,特点是适应性较强,操作简便,接合紧密,如操作合格,焊接处强度往往较未焊接处大。缺点是劳动强度大,工作效率低,焊接后容易变形,焊缝处常出现堆积状,给漆饰、电镀工序造成困难。

② 铆接合是用铆钉进行接合,由于家具用金属构件不大,相对要求强度不高,一般选用直径为 13～16 mm 的铆钉。

③ 插接合是在接合处用插接件连接装配,生产时只需经过下料、截断加工、打孔,就可进行组装,加工简便,主要用于钢管及扁钢构件接合。

此外,还有可拆装的螺栓接合、套扣接合、套管螺栓接合等。这些方法是用在可拆装或可变化的家具结构上的。

利用金属材料制造家具,除了用于主要框架外,还要与木材、玻璃等材料配合使用,应根据材料性质选用适宜的接合方式(见图 3-2-35)。

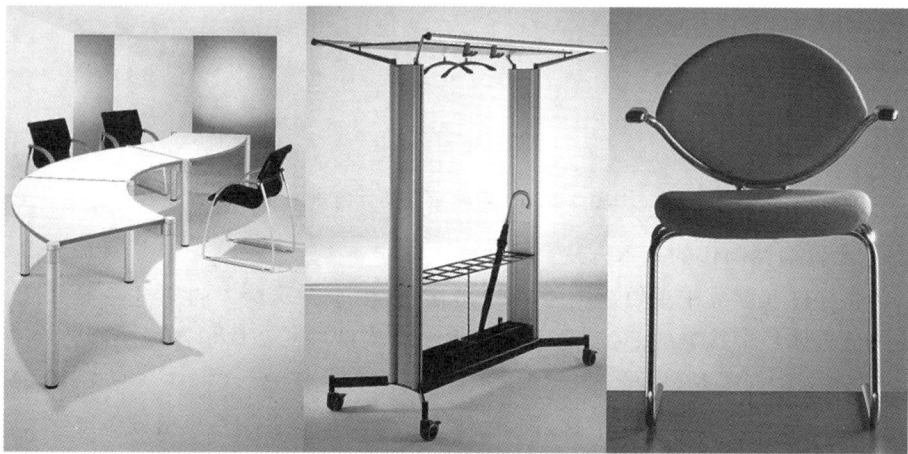

图 3-2-35　多款金属复合家具构造形式

3. 金属构件的安装

金属构件安装有用于扶手部位的套管法,也有用于金属与玻璃、木板接合的螺钉安装法。搁板的安装主要使用可装拆的托架与带孔的立柱(见图 3-2-36),可灵活调整高度。金属脚的安装一方面要加大与地面的接触面;另一方面要增加橡胶脚垫。为方便办公椅的活动可加上脚轮。现代化的大型会议室里的坐椅、阶梯教室里的课桌椅,以及体育场馆里的坐凳都是采用固定的排列形式,需要用螺栓将金属构件固定在楼地面基层上。

2.2.5　塑料家具

塑料是由分子量非常大的有机化合物所形成的可塑性物质,具有质轻、坚牢、耐水、耐油、耐腐蚀性高、光泽与色彩佳、成型简单、生产效率高、原料丰富

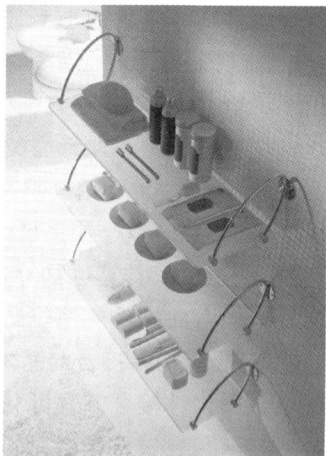

图 3-2-36　玻璃搁板与金属
托架的组合

等许多优点。特点是成型后变得坚固和稳定。因此,塑料家具几乎常常由一个单独的部件组成,不用结合或连接其他构件,它的功能与造型已摒弃以往木家具和金属家具的形式而具有创新性。塑料的品种、规格、性能繁复多样,家具对塑料的合理选用也就成为设计和加工的重要环节。目前用于家具制作的塑料有下列五种。

1. 玻璃钢成型家具

玻璃纤维增强塑料称为玻璃钢,是由玻璃长纤维强化的不饱和多元酯、酚甲醛树脂、环氧树脂等组成的复合材料,有优异的机械强度,具有质轻、可任意着色、成型自由、成本低廉等优点,因而取得了"比铝轻、比铁强"的美誉,可以取代木材等传统材料。它可以单独成型,制作各种异形家具,具有很强的可塑性(见图 3-2-37);而更多的是制成座面和靠背构件,与钢管组成各种类型的椅凳,用于公共建筑家具,也可用于软垫椅凳坐面、

图 3-2-37　玻璃钢制作的造型家具

靠背的基层,代替木制框架和板材,或用于组合桌椅的腿支架,代替铸铁支架等。

2. ABS 成型家具

ABS 树脂又称合成木材,是从石油制品炼出来的丙烯腈、丁二烯、苯乙烯三种物质混合而成的一种坚韧的原料,通过注模、挤压或真空模塑成型,质地轻巧强韧,富有耐水、耐热、防燃以及不收缩、不变形等优点,用于制造小部件和整个椅子框架部件(见图 3-2-38)。

图 3-2-38　ABS 成型矮凳

3. 高密度聚乙烯家具

聚乙烯由乙烯气合成,为日常生活中用得最多的塑料,分高压、中压、低压三种。聚乙烯有良好的化学稳定性和摩擦性能,质地柔软,质量比水轻,耐药品性和耐水性皆佳,但低密度者耐热性低,高密度者可做整体椅子,多用来制作公共建筑中组合式椅凳的座面和靠背构件,与金属构件共同构成成组成排的坐用家具(见图 3-2-39)。

4. 泡沫塑料

泡沫塑料是一种发泡而成的多孔性物质,原料是聚氨基甲酸酯泡绵。这种材料应用的范围很广,依其物性不同可分为软质、硬质和半硬质泡沫塑料。软质泡沫塑料气垫性优异,可制成密度为 $0.015 \sim 0.03 \ kg/m^3$ 的软垫家具。硬质泡沫塑料由单独气泡构成,常用作隔音、隔热的板材。这种材料具有优异的可塑性,可在现场发泡成型,只要将已缝好软垫内套两种成品原料注入套内,几分钟之后即发泡膨胀成型,内套成型后再包装外饰面材料(见图 3-2-40)。

图 3-2-39 塑料吧凳

图 3-2-40 泡沫塑料填充的软沙发

5．亚克力树脂

亚克力树脂即丙烯酸树脂，一般指甲基丙烯酸的甲酯重合体。其主要特点是无色、坚韧，耐药品性与耐气候性皆良好，是像玻璃一样透明的原料。亚克力树脂可制成各种厚度的板材以及圆柱形的管材，可以浇注，但在家具生产中最常用的还是将成品原料进行切割，加热弯曲，用胶接剂或机械连接的方法组装。

2.2.6　软包家具

软包家具主要指家具外饰面为软质材料，家具内部填充其他弹性材料，通过包覆形成家具主要特征，如沙发类家具。该类型家具具有柔软舒适的特点（见图3-2-41、图 3-2-42）。

图 3-2-41　多款新颖的软包式造型沙发椅

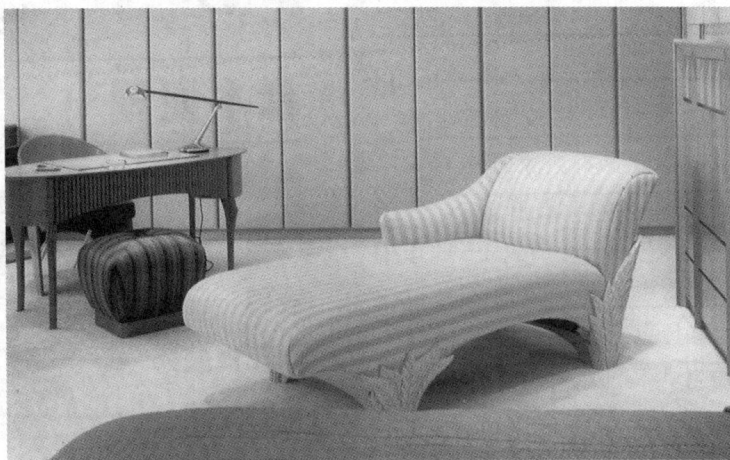

图 3-2-42　软包式休闲靠椅

2.2.7 充气家具

该类型家具主要通过给家具内部注充气体,使家具膨胀,以达到使用目的。充气家具一般为塑料材质。

2.2.8 固定家具

固定家具主要是相对于移动家具而言的,是具有不可移动性的家具,如大会议室内的连排椅、体育馆内的座椅等(见图 3-2-43)。

图 3-2-43 固定式排椅

2.3 室内家具材料选型

家具的风格与样式和选择的材料与工艺有直接关系,一般来讲古典家具多选用天然木材,通过后期人工雕刻,以求装饰华丽、古朴典雅,其材质手感沉重,色彩纹理美观。古典家具用材为高档实木,而且必须全手工制作,因此产量相对较低,成本高,价格贵,适合在古典风格的环境中使用。目前家具市场中的古典家具有真红木家具和仿红木家具(或仿古典装饰家具)之分,价格差异大,真红木家具有增值的潜力,而仿红木家具纯粹用于满足风格爱好(见图3-2-44~图 3-2-46)。

图 3-2-44 中式古典家具中的红木案几

图 3-2-45　仿古典装饰家具中的箱与桌

图 3-2-46　古典风格家具在环境中的运用

　　现代家具多用人工材料或将其与天然材料配合使用,其特点是满足市场批量生产的需要,因此价格便宜,使用广泛。不同的材质搭配使现代家具较古典家具丰富新颖,再加上人工材料的可塑性极强,因此能够制作一些异形家具,应用更加广泛和方便,是目前家具市场中的主力军。现代风格家具以简约、实用、经济为目的,适合在多种环境空间使用,可满足现代人快节奏生活的需要(见图 3-2-47、图 3-2-48)。

　　以往家具在空间陈设中往往要求风格相配,比如古典家具必须在传统风格环境中使用,现代家具应配合现代风格空间使用。而现在各式风格家具的混搭已成为装饰空间的有效手段之一(见图 3-2-49)。

图 3-2-47　多款材质搭配的简约现代风格家具

图 3-2-48　现代家具的轻松舒适

图 3-2-49　中西式风格家具的混合搭配

【本章要点】

　　家具是一种生活用具,既有使用功能又有美化功能,在装饰装修中起到重要的烘托气氛作用。本章根据目前家具市场常见的家具形式,根据材料和工艺的区别将家具进行了分类,并着重讲述了各类家具的特点和造型要求,使学生对家具有一定的基本了解。

【思考与练习】

3-2-1　根据材料和工艺,目前家具如何分类?

3-2-2　实木家具与复合板家具有何区别?

3-2-3　目前复合板家具常用的基材和面材有哪几种?

3-2-4　家具中的金属材料有哪几种?

3-2-5　不同类别的家具构造连接有何区别?

第3章　室内灯具材料选型

3.1　室内灯具的分类

照明灯具是集艺术形式、物理性能及使用功能于一体的产物，由于各类灯具安装的场所不同，灯具的功率、结构不同，安装的光源不同，因此起的作用也不同。有的灯具作为一般照明，有的作为局部照明，有的作为应急照明，有的在低温状态下照明，也有的能在易爆环境下照明。因此灯具有多种分类方法。

3.1.1　按光通量在空间分配的特性分类

1. 直接型灯具

直接型灯具的用途最广泛，因为 90% 以上的光向下照射，所以灯具的光通利用率最高；如果灯具是敞口的，一般来说灯具的效率也相当高。工作环境照明应当优先采用这种灯具。直接型灯具又可按其配光曲线的形状分为广照型、均匀型、配照型、深照型和特照型五种。

(1) 深照型灯具和特照型灯具的光线集中，适用于高大厂房或要求工作面上有高照度的场所，这种灯具应配备镜面反射罩以及大功率的高压钠灯、金属卤化物灯等。

(2) 配照型灯具适用于一般厂房和仓库等地方。

(3) 广照型灯具一般用作路灯照明，但近年来在室内照明领域也很流行。这种灯具的最大光强不是在灯下，而是在离灯具下垂线约 $30°$ 的方向，灯下则出现一个凹峰；同时在 $45°$ 以上的方向，发光强度锐减。它的主要优点如下所述。

① 在灯具的保护角 $y=45°\sim90°$ 时，直接眩光区亮度低，直接眩光小。

② 灯具间距大，也能有均匀的水平照度，这就便于使用光通输出高的高效光源，减少灯具数量，产生光幕反射的概率亦相应减小。

③ 有适当的垂直照明分量。横向配光蝙蝠翼形的荧光灯具，采用纵轴与视线方向平行的布置方式，尤为理想。

(4) 敞口式直接型荧光灯具纵向几乎没有遮光角，在照明舒适度要求高的情况下，常要设遮光格栅来遮挡光源，以减少灯具的直接眩光。

(5) 点射灯和嵌装在顶棚内的下射灯也属直接型灯具，光源为白炽灯。点射灯是一种轻型投光灯具，主要用于重点照明，因此多数是窄光束的配光，并且能自由转动，灵活性更大，非常适合商店、展览馆的陈列照明。下射灯是隐蔽照明方式经常采用的灯具,能够创造恬静幽雅的环境气氛。这种灯具用途很广,品种也很多。下射灯能形成各式各样的光分布,它有固定的和可调的两种。可调的或者有某一个固定角度的灯具,通常用作墙面及其他垂直面的照明。

直接型灯具效率高,但灯具的上半部几乎没有光线,顶棚很暗,与其他灯具产生的光源容易形成对比眩光;又由于它的光线集中,方向性较强,产生的阴影也较浓(见图 3-3-1)。

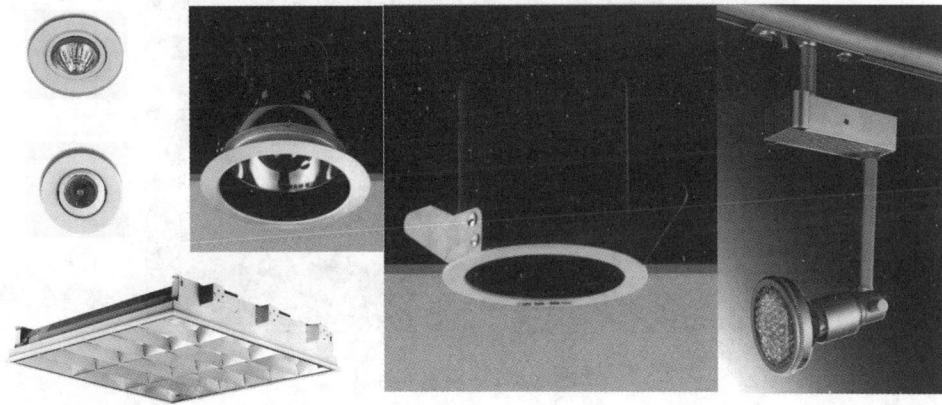

图 3-3-1　多款直接型灯具

2. 半直接型灯具

半直接型灯具能将较多的光线照射到工作面上,又能发出少量的光线照射顶棚,减小了灯具与顶棚间的亮度对比,使室内环境亮度更舒适。这种灯具常用半透明材料制成开口样式,如外包半透明散光罩的荧光吸顶灯具和上方留有较大的通风、透光空隙的荧光灯具以及玻璃菱形罩、玻璃碗形罩等灯具,都属于半直接型灯具。半直接型灯具也有较高的光通利用率,典型的是乳白玻璃球形灯,其他各种形状漫射透光的封闭灯罩也有类似的配光。均匀漫射型灯具将光线均匀地投向四面八方,对工作面而言,光通利用率较低。这类灯具是用漫射透光材料制成封闭式的灯罩,造型美观,光线柔和均匀(见图 3-3-2)。

图 3-3-2　半直接型灯具

3. 半间接型灯具

半间接型灯具上半部用透光材料制成,下半部用漫射透光材料制成。由于大部分光线投向顶棚和上部墙面,增加了室内的间接光,灯具易积灰尘,会影响灯具的使用效率。半间接型灯具主要用于民用建筑的装饰照明(见图 3-3-3)。

图 3-3-3　半间接型灯具

4. 间接型灯具

间接型灯具将光线全部投向顶棚,使顶棚成为二次光源,因此室内光线扩散性极好,光线均匀柔和,几乎没有阴影和光幕反射,也不会产生直接眩光。使用这种灯具时要注意保持房间表面和灯具的清洁,避免因积尘污染而降低照明效果。间接型灯具适用于剧场、美术馆和医院的一般照明,通常不和其他类型的灯具配合使用(见图 3-3-4)。

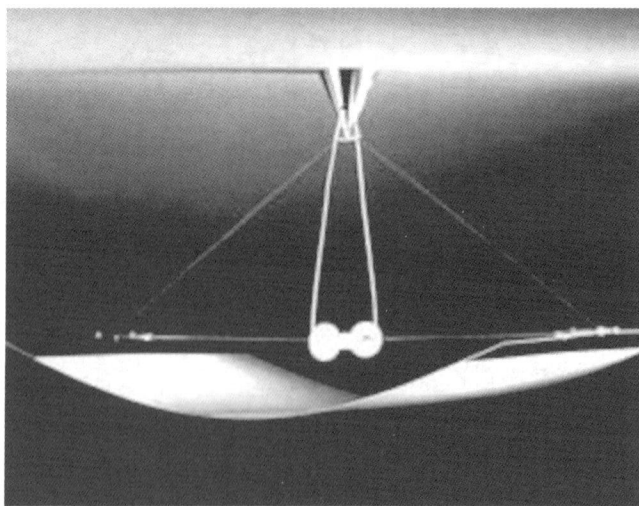

图 3-3-4　间接型灯具

3.1.2　按灯具的结构分类

1. 开启型灯具

开启型灯具的光源与外界空间直接相通,无罩包合。

2. 闭合型灯具

闭合型灯具配有闭合的透光罩,但罩内外仍能自然通气,如半罩灯、无罩灯和乳白玻璃球形灯皆属于此类型灯具。

3. 封闭型灯具

封闭型灯具在透光罩接合处加以一般填充料封闭,与外界隔绝比较可靠,罩内外空气可有限流通。

4. 密闭型灯具

密闭型灯具的透光罩接合处要求严密封闭,罩内外空气相互隔绝,如防水防尘灯具和防水防压灯具皆属于此类型灯具。

5. 防爆型灯具

防爆型灯具的透光罩及接合处以及灯具外壳均能承受要求的压力,能在有爆炸危险性质的场所安全使用。

6. 隔爆型灯具

隔爆型灯具是指灯具内部发生爆炸时,火焰经过一定间隙的防爆面后,不会引起灯具外部爆炸。

7. 安全型灯具

安全型灯具在正常工作时不会产生火花、电弧,或在危险温度的部件上采用安全措施,以提高其安全程度。

8. 防震型灯具

防震型灯具采取了防震措施,可安装在有震动的设施上,如行车灯、行吊车灯、工矿灯等处。

灯具的形式如图 3-3-5 所示。

图 3-3-5　多款形式灯具

3.1.3 按灯具的安装方式分类

根据安装方式的不同,灯具大致可分为如下几类。

1. 壁灯

壁灯是将灯具安装在墙壁上、庭柱上,主要用于局部照明、装饰照明,不适宜在顶棚安装(见图 3-3-6)。

壁灯主要有筒式壁灯、夜间壁灯、镜前壁灯、亭式壁灯、灯笼式壁灯、组合式壁灯、投光壁灯、吸壁式荧光灯、门厅壁灯、床头臂式壁灯、壁面式壁灯、安全指示式壁灯等。壁灯从功能上讲,可以弥补顶部因无法安装光源所带来的照明缺陷。从艺术角度上来看,其特殊的安装位置,是营造空间氛围的理想手段。壁灯设计应注意眩光和人为的碰撞。

2. 吸顶灯

吸顶灯是将灯具吸贴在顶棚面上,主要用于没有吊顶的房间内,多用于低高度空间(见图 3-3-7)。

吸顶灯主要有组合方形灯、晶罩组合灯、灯笼吸顶灯、圆格栅灯、筒形灯、直口直边形灯、边扁圆形灯、尖扁圆形灯、圆球形灯、长方形灯、防水型灯、吸顶式点源灯、吸顶式荧光灯、吸顶式发光带、吸顶裸灯泡等。

图 3-3-6 壁灯

吸顶灯应用比较广泛。吸顶式的发光带适用于计算机房、变电站等;深照式吸顶荧光灯适用于照度要求较高的场所;封闭式带罩吸顶灯适用于照度要求不太高的场所,它能有效地限制眩光,外形美观,但发光效率低;吸顶裸灯泡适用于普通的场所,如厕所、仓库等。

图 3-3-7 吸顶灯

3. 嵌入式灯

嵌入式灯适用于有吊顶的房间,灯具是嵌在吊顶内安装的,这种灯具能有效地消除眩光,与吊顶结合能形成美观的装饰艺术效果(见图 3-3-8)。嵌入式灯主要有圆格栅灯、方格栅灯、平方灯、螺丝罩灯、嵌入式格栅荧光灯、嵌入式保护荧光灯、嵌入式环形荧光灯、方形玻璃片嵌顶灯、嵌入式点源灯、浅圆嵌入式平顶灯等。

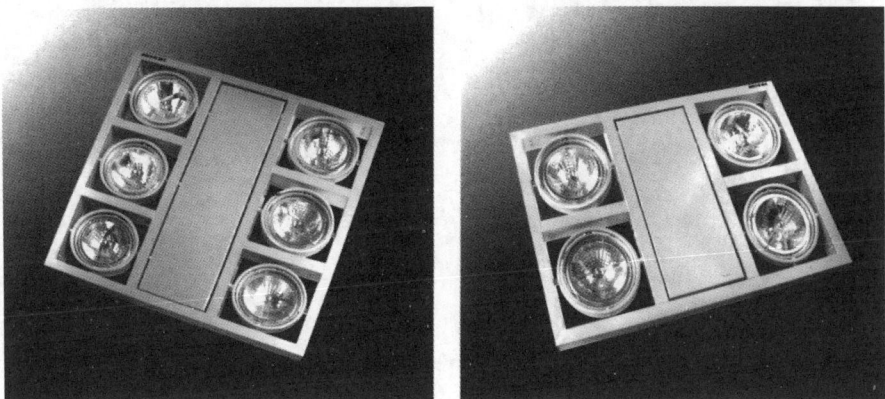

图 3-3-8　嵌入式灯

4. 吊灯

吊灯是最普通的一种灯具安装方式,也是运用最广泛的一种灯具,它主要是利用吊杆、吊件、吊管、吊灯线来吊装灯具,以达到不同的效果(见图 3-3-9、图 3-3-10)。在商场、营业厅等场所,利用吊杆式荧光灯组成规则的图案,不但能满足照明功能上的要求,而且能形成一定的装饰艺术效果。吊灯主要有圆球直杆灯、碗形罩吊灯、伞形吊灯、明月罩吊灯、束腰罩吊灯、灯笼吊灯、组合水晶吊灯、三环吊灯、玉兰罩吊灯、棱晶吊灯、吊灯点源灯等。

带有反光罩的吊灯,配光曲线比较好,照度集中,适用于顶棚较高的场所,如教室、办公室、设计室等。吊线灯适用于住宅、卧室、休息室、小仓库、普通用房等。吊管、吊链花灯适用于有装饰性要求的房间,如宾馆、餐厅、会议厅、大展厅等。

吊灯主要用于空间的基本照明,适合较高空间的安装,它会调节空间的高度视差,弥补环境缺陷。

5. 地脚灯

地脚灯主要应用在医院病房、宾馆客房、公共走廊、卧室等场所。地脚灯的主要作用是照明走道,便于人员行走。它的优点是避免刺眼的光线,特别是夜间起床开灯,不但可减少灯光对自己的影响,还可减少灯光对他人的影响。

在商业空间中,地脚灯往往作为一种很好的装饰照明来渲染气氛,有明装和暗装的区分,一般可安装在地面和墙角上,可以是外露的灯具,也可以与建筑界面合二为一,暗装在墙内或地面下,具有很好的表现性,一般距离地面高度为 0.2～0.4 m。

地脚灯的光源采用白炽灯或灯管,外壳由透明或半透明玻璃或塑料制成,有的还带金属防护网罩(图 3-3-11)。

图 3-3-9　豪华水晶吊灯

图 3-3-10　铜绿色吊灯形式

图 3-3-11　地脚灯在环境中的照明和装饰作用

6. 台灯

台灯主要放在写字台、工作台、阅览桌上(见图 3-3-12)。台灯的种类很多,市场上流行的主要有变光调光台灯、荧光台灯等。目前还流行一类装饰性台灯,如将其放在装饰架上或电话桌上,能起到很好的装饰效果。台灯一般在设计图上不标出,只在办公桌、工作台旁设置一至二个电源插座即可。

图 3-3-12　三款台灯样式

7. 落地灯

落地灯多用于带茶几、沙发的房间以及家庭的床头或书架旁。落地灯有的单独使用,有的与落地式台扇组合使用,还有的与衣架组合使用,一般在需要局部照明或装饰照明的空间安装较多(见图 3-3-13)。

落地灯一般作为补充照明来使用,可移动性是其最大优势。它可以丰富空间底部的照度层次,使用和变换起来也很方便。由于落地灯离人较近,应注意漏电和防烫伤,还有光源的位置所造成的眩光现象。

3.2　室内灯具的材料

灯具设计最终是通过材料和造型来完成的。材料就像依附在造型上的皮肤,透过其质感、色彩和肌理,向人传达一种氛围,并以此来影响人的情绪。目前灯具上可供使用的材料种类很多,根据使用部位可分为结构材料和装饰面材,结构材料主要作为灯体支架和起支撑作用,装饰面材主要起到表面美化作用。目前灯具制作常用材料主要有以下几类。

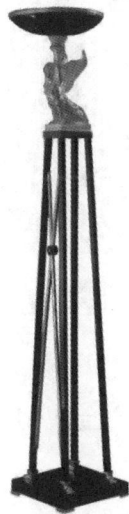

图 3-3-13　高脚落地灯

3.2.1　玻璃材料

玻璃是无机非结晶体,主要以氧化物的形式构成,在灯具制造中多用于制作灯罩,如图 3-3-14、图 3-3-15 所示。玻璃主要有以下几种分类。

1. 钠钙玻璃

钠钙玻璃为普通玻璃,多以平板形式出现,可制成球形玻璃罩。其表面可以磨砂、腐蚀、压花和雕刻。另外,玻璃可以进行钢化处理以达到安全需要。在灯具中,装饰玻璃外罩多为此种玻璃(图 3-3-14、图 3-3-15)。

2. 硼硅酸玻璃

硼硅酸玻璃为一般硬质玻璃，耐热性能好，多用于室外。

3. 结晶玻璃

结晶玻璃稍带黄色，热膨胀系数几乎为零，多用于热冲击高的场所。

4. 石英玻璃

石英玻璃的耐热性能和化学耐久性好，可见光、紫外线及红外线的透过率高，多用于特殊照明灯具，如卤化物灯等。

5. 铝玻璃

铝玻璃的透明度好，折射率高，表面光泽度高，多用于装饰材料。

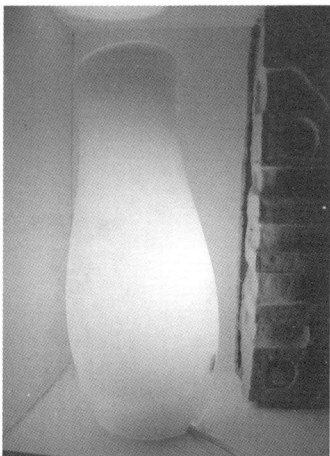

图 3-3-14　磨砂玻璃造型灯具

图 3-3-15　多款玻璃灯罩

3.2.2　金属材料

金属是指具有良好的导电、导热和可锻性能的元素，如铁、铝、铜等。合金是指两种以上的金属元素，或者金属与非金属元素所组成的具有金属性质的物质。如钢是铁和碳所组成的合金，黑色金属是以铁为基本成分的金属及合金。有色金属的基本成分不是铁，而是其他元素，如铜、铝等金属和其合金。

金属材料在灯具中的使用可分为两大类：一类为结构承重材，另一类为饰面材。结构承重材较厚重，有支撑和固定作用。饰面材则多利用金属的色彩和形态。色泽突出是金属材料的最大特点。铝、不锈钢、钢材较具时代感；铜材较华丽、幽雅，其中古铜色铜材较古典；铁则表现得古朴厚重。

1. 钢材

钢材主要用来做灯具架构材料使用，其强度和拉伸性较好。其形态有板材、型钢、管材、钢丝和钢网等，通过铸造、锻压，可以满足各种造型需要（见图 3-3-16）。钢材表面可以进行多种艺术处理,如喷漆、烤漆、电镀、抛光以及压花等。构件连接主要有点焊、螺钉等方式。

铁材是生活中最通用的一种金属材料,可分为生铁材及熟铁材。它主要作为灯具的构架使用。生铁含碳量为 $2\%\sim5\%$,密度 7.2 g/cm^2,可熔解,耐锤击性较差。熟铁含碳量为 $0.05\%\sim0.3\%$,密度 7.7 g/cm^2,不可熔解,耐锤击。其形态有板材、管材以及铁丝等,表面可以喷漆,适合室外大型路灯支架使用;另外,在室内多作为复古风格灯具构架使用(见图 3-3-17)。

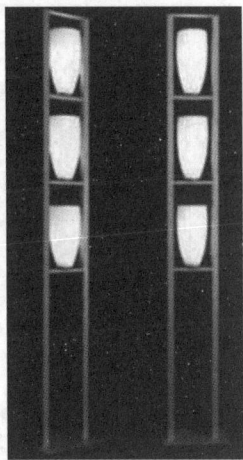

图 3-3-16　金属支架落地灯

图 3-3-17　铁质支架灯具带来的复古气氛

2. 铝材

铝材是有色金属中的轻金属,银白色。它具有良好的导电和导热性能,以及耐腐蚀、耐氧化性能,易于加工。在铝中加入合金元素,就成为铝合金,其一般机械性能会明显提高。其形态有板材、管材、铝网和型铝等(见图 3-3-18、表 3-3-1)。

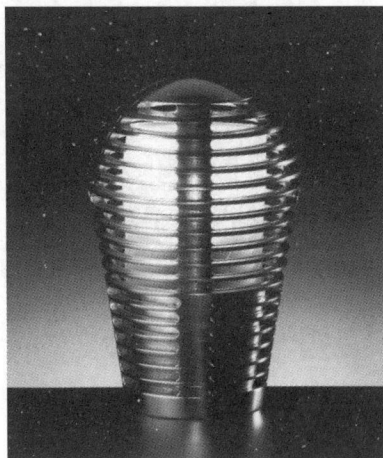

图 3-3-18　铝骨架灯具

表 3-3-1　铝材表面处理方式

	表面处理	色泽	表面质感
1	阳极处理而呈银白色，一般称为铝本色	铝本色	砂面、镜光面、布面、凹凸面
2	发色处理	古铜色、红褐色	砂面、镜光面、布面、凹凸面
3	表面喷保护薄膜	银色	砂面、镜光面、布面、凹凸面
4	表面烤漆	金色	砂面、镜光面、布面、凹凸面
5	表面喷漆，较易剥落	褐色	砂面、镜光面、布面、凹凸面

3. 铜材

铜材具有良好的导电性能，在照明和电气系统中多作为导电材料使用。铜材作为表面装饰材料（见图 3-3-19），通过抛光、电镀、腐蚀等方法，可以获得特殊效果，多用来制作灯具结构。铜材会生铜绿，故使用铜材作为灯具时要加入其他金属而成合金。加入合金元素，铜的颜色和性能将会发生变化。

纯铜：性软、表面光滑、光泽中等，可产生绿锈。

黄铜：铜锌合金，耐腐蚀性好。

青铜：铜锡合金。

白铜：含 9%～11% 的镍。

另外，不锈钢是含铬 12% 以上，具有耐腐蚀性的铁基合金，是具有较强的防水、防腐及反光性能的金属材料。其形态有板材和管材，表面可呈现镜面和雾面机理效果，常做灯体使用，具有时尚感（见图 3-3-20）。

图 3-3-19　铜瓶底座台灯

3.2.3　木材、竹材

木材具有材质轻、强度高、有较强的弹性和韧性等特点，且易于加工和表面涂饰。特别是木材美丽的自然纹理、柔和温暖的视觉和触觉，是工业建材所无法比拟的。木材在灯具制作中主要作为灯体构架出现。另外，薄木皮还可以做成透光灯罩。

1. 木材

木材分针叶树材和阔叶树材两大类。针叶树树干通直且高大，易得大材，纹理平顺，材质均匀，木质较软而易于加工。其表现为密度和胀缩变形较小，耐腐蚀性强。常见树种有松、柏、杉。它往往用来制作灯体结构。阔叶树树干通直部分一般

图 3-3-20　不锈钢底座花饰灯

较短,材质硬且重,强度较大,纹理自然美观。灯具制作中常用的树种有榆木、榉木、樱桃木以及红木等,来表现其细腻的肌理感。木材的连接可以通过榫卯形式完成,其结构样式往往是灯具的表现特点之一。木材表面的艺术处理方式主要有雕刻、油漆等手法(见图 3-3-21)。

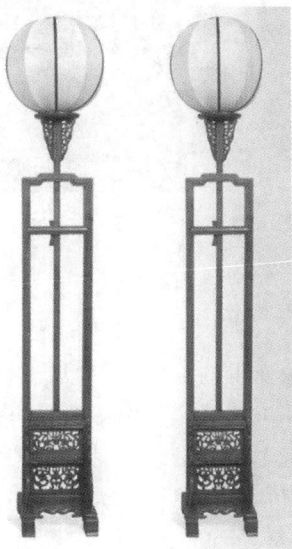

图 3-3-21　中式古典灯具多采用木材制作

2. 竹材

竹材常见的种类有毛竹、刚竹、桂竹、水竹、慈竹等,均为我国特产。竹条特有的编织效果也使灯具产生奇妙的韵味。

3.2.4　塑料材料

所谓塑料,是以合成树脂(高分子聚合物或预聚物)为主要成分加入其他添加剂(如填料、增塑剂、稳定剂和着色剂等),经一定温度、压力塑制成型的材料。塑料具有许多优异的性能,如密度小,耐腐蚀性高,良好的吸声、防震性能,易于加工,安装性能好,价格较低,以及良好的装饰效果等。塑料主要分为以下几类:① PVC(聚氯乙烯);② PU(聚氨酯);③ PE(聚乙烯);④ PMMA(有机玻璃);⑤ PP(聚丙烯);⑥ PS(聚苯乙烯);⑦ ABS 塑料;⑧ UP(不饱和聚酯);⑨ GRP(玻璃纤维增强塑料、玻璃钢)。

在灯具制造中,首先,塑料首先具有一定的绝缘性能,可以作为灯具的零部件,其次,塑料可塑性能强,易于制作各种造型;再次,塑料透光性好,适合制作灯具面罩。目前市场上有相当多的灯具均采用塑料透光面罩(见图 3-3-22、图 3-3-23)。要注意的是,塑料的耐热性能较差,因此要注意灯具的防火和隔热。

图 3-3-22　塑料罩灯饰

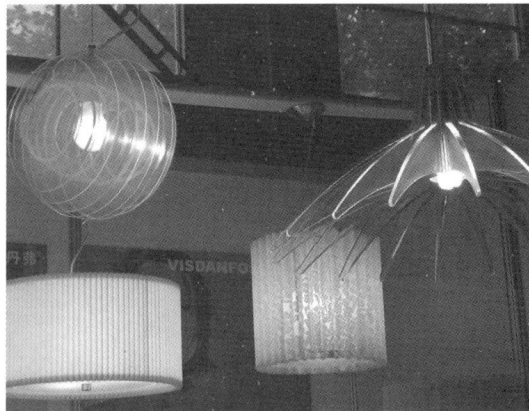

图 3-3-23　多款塑料造型灯具

3.2.5　石材

石材是从天然岩石中开采而得的荒料,经过加工可形成灯具所需要的高级饰面材料,主要有大理石、花岗岩和玉石等。其中玉石具有透光性,大理石具有美丽的纹理,常用来制作灯体和灯罩,可彰显高贵华丽(见图 3-3-24),但由于加工难度较大,因而价格不菲。目前,市场上有仿石材灯具,多为人造树脂合成材料制成,可以以假乱真,从而降低价格。

图 3-3-24　透光石材灯具

3.2.6　陶瓷

陶瓷是陶器和瓷器两大类产品的总称。陶瓷在灯具制作中,一是作为绝缘材料使用,一是作为灯体造型使用。有些灯体本身就是艺术品,如用中式的青花瓷和粉彩瓷器,再配上灯罩,就是一件独具韵味的古典艺术灯具(见图 3-3-25)。另外,现代陶艺作品配上光源,就会成为别具一格的时尚灯具。陶瓷的可塑性及独特肌理,使灯具具有独特的艺术气息。

3.2.7　纸质

目前,灯具市场纸质灯具广泛流行。它既有实用性,又可以营造特殊的情调和氛围。特别是纯手工折叠而成的灯罩,部分材料拥有专利,有特殊色彩和肌理,并且可清洗,如日本纸。纸质灯具轻薄透明,射出的光线柔润温馨,使居室空间环境富有感染力。在纸的表面还可以进行印刷、书画、裱贴等艺术处理。纸质灯具(见图3-3-26)主要应注意防火问题,可以在纸质灯罩里面加一层防火膜。

图 3-3-25　陶瓷底座台灯

图 3-3-26　纸质造型灯具

3.2.8　布、纱、绸

布、纱、绸主要作为灯具的面罩使用(见图 3-3-27)。由于其具有柔软性,需配合框架使用,易于加工。布又可以分为棉、麻、呢、绢、涤纶等,艺术处理有刺绣、扎染、蜡染、印花、编织等手法;纱具有透明性,有较多的色彩选择;绸比较富丽,可以通过刺绣手法增加图案。由于这类材料具有易燃性,因此须注意防火。

3.2.9　皮革

皮革分为天然皮革和人造皮革,可以作为灯具面罩和面饰使用,有很好的艺术效果。常用的天然皮革有羊皮、牛皮等,肌理和色彩有所差异,

图 3-3-27　布质造型灯具

表面可以彩绘、印刷、编织（见图 3-3-28）。

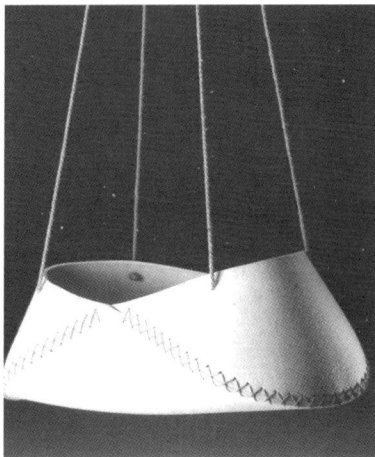

图 3-3-28　皮质造型灯具

3.3　室内灯具的构造

灯具一般由四部分组成，即灯体、灯罩、光源以及电料（见图 3-3-29）。

图 3-3-29　多款造型灯具

3.3.1　灯体

灯体是灯具的立架结构部分，具有稳定、支撑的作用。其材质一般为金属、陶瓷或木材，相对较为结实。灯体往往是灯具的主要造型部位，需要注意的是，在考虑材质和造型的同时，应注意电源线路和光源位置的隐蔽与安全（见图 3-3-30）。

3.3.2　灯罩

　　灯罩是灯具光源的遮掩部位,一般由骨架和面罩两部分组成(见图 3-3-31)。它是灯具光效的重要表现部位,其材质多样,总体上来讲可分为不透明、半透明和透明三种形式。灯具的造型、材质以及面积,都是直接影响光源输出效率的重要因素,设计上应着重考虑。同时还应特别注意对光源眩光的处理,以及灯具防火散热的考虑。

图 3-3-30　铝合金灯体支架

图 3-3-31　灯罩

3.3.3　光源

　　光源是灯具的核心部分,没有光源就不能称其为灯具。目前的光源多为电灯,有多种类型可供选择。对于灯具来讲,光源的亮度和显色性是一个重要的衡量标准,也是表现空间气氛的重要依据。选择何种光源,可以根据灯具的实际功能要求决定(见图 3-3-32)。

图 3-3-32　各种光源灯具在环境中的配合使用

3.3.4　电料

　　电料包括电线、插头、插座、可控开关以及相关配件等,是灯具安全性能的主要保障。设计上应选择达到国家标准的电料产品,同时注意接头的安装标准和规范。

3.4　室内电光源的种类

　　常用的电光源有白炽灯、荧光灯、荧光高压汞灯、卤钨灯、高压钠灯和金属卤化物灯等,根据其工作原理,基本可分为热辐射光源和气体放电光源两大类(见图 3-3-33)。

3.4.1 热辐射光源

热辐射光源主要是利用电流将物体加热到白炽程度而发光的光源,如白炽灯、卤钨灯。

3.4.2 气体放电光源

气体放电光源是利用电流通过气体(或蒸汽)而发光的光源。这种光源光效高,使用寿命长,并且应用广泛。

1. 按放电媒介分类

① 气体放电灯,这类光源主要利用气体中的放电而发光,如氙灯、氖灯等。

② 金属蒸汽灯,这类光源主要利用金属蒸汽中的放电发光,如汞灯、钠灯等。

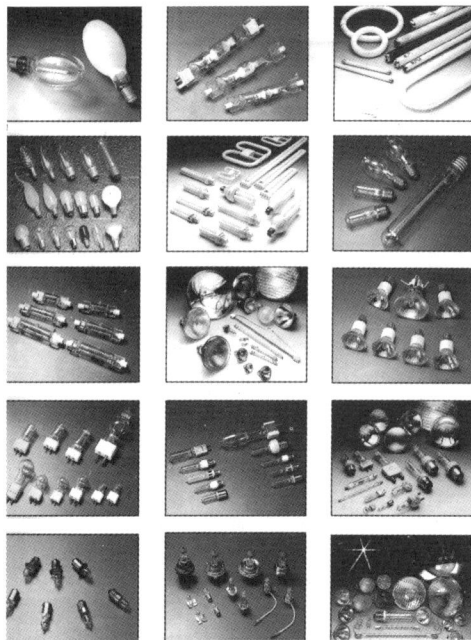

图 3-3-33　多种类型的电光源样式

2. 按放电的形式分类

① 辉光放电灯,这类光源由辉光放电柱产生光,放电的特点是阴极的次级发射比热电子发射大得多(冷阴极),阴极位降较大(100 伏左右),电流密度较小。这种灯也叫冷阴极灯,霓虹灯就属于辉光放电灯。这类光源通常需要很高的电压。

② 弧光放电灯,这类光源主要利用弧光放电柱产生光(热阴极灯),放电的特点是阴极位降较小。这类光源通常需要专门的启动器件和线路才能工作。荧光灯、汞灯、钠灯等都属于弧光放电灯。

3.4.3 常用装饰艺术照明电光源

1. 白炽灯

白炽灯的发光原理是:当钨丝通过电流时,产生大量的热,使钨丝温度升高 2400~3000 K,达到白炽状态。白炽灯产生可见光,用于照明。但白炽灯光的总量中只有 15% 左右可产生可见光,剩余能量以红外线的形式辐射出去。白炽灯的种类有普通白炽灯、反射型白炽灯、磨砂白炽灯以及石英灯等。其特点是:① 高度的集光性和显色性;② 安装简便,适合于频繁开关;③ 光效率低,寿命短;④ 受电压波动影响较大。

由于白炽灯色温在 2700～3000 K,因此发出的光与自然光相比呈红黄色,有温暖感,常适用于家庭、宾馆、饭店及艺术照明等,具有很强的实用性。白炽灯的热辐射较高,应注意光源的散热性能。另外,白炽灯还有卤钨灯、碘钨灯等多种形式(见图 3-3-34)。

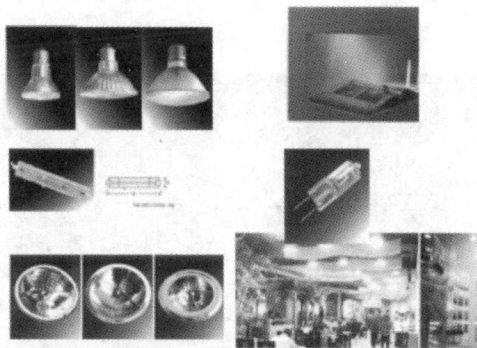

图 3-3-34　白炽灯光源由灯头(螺口或卡口)、玻璃壳、灯丝组成

2. 荧光灯

荧光灯是一种预热式低压汞蒸汽放电灯,其特点是管内充有惰性气体,管壁刷有荧光粉,管两端装有电极钨丝。通电后,低压汞蒸汽开始放电,并刺激荧光粉放电,产生光源,其形状多样。常用荧光灯有三种色温:月光色,色温 6500 K,近似自然光,有明亮感,使人精神集中,适用于办公室、会议室、教室、阅览室、图书馆等区域,有较好的照度值,便于人们学习和工作;冷白色,色温 4300 K,白色光效较高,光色柔和,使人舒适、愉快和安详,多使用在商店、医院、饭店、餐厅等区域;暖白色,色温 3000 K,与白炽灯近似,红光成分多,给人温暖、舒适、健康的感觉,适用于家庭住宅、餐厅、宾馆等区域。另外,彩色荧光灯是在管壁涂有彩色荧光粉并充入惰性气体,从而产生颜色变化的低压放电灯,主要起装饰作用。

CFL(三基色)荧光灯是较普通荧光灯光效更高的一种低压汞蒸汽放电灯,其管壁涂有三基稀土粉,效率高,显色性好,寿命长(见图 3-3-35)。其特点是:① 有月光色、冷白色和暖白色三种色温,光效高;② 寿命比白炽灯长 2～3 倍;③ 点燃迟,有晕光效应,不宜频繁开关;④ 受环境温度影响大。

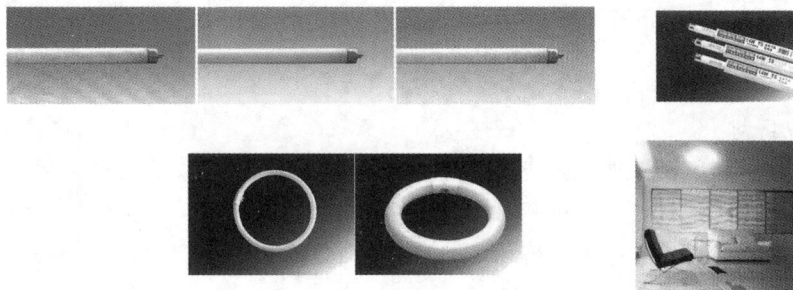

图 3-3-35　荧光管光源

3. 霓虹灯

霓虹灯是在封闭玻璃管内抽出空气后，充入氖、氩、氦等惰性气体的一种或多种通过管玻璃的色彩与荧光粉作用的灯，可以得到不同光色的装饰效果，多用于娱乐场所、建筑外立面门头的装饰（见图 3-3-36）。要注意的是，需通过变压器将 10～15 kV 的高压加在霓虹灯上，才可发光，并要有接地保护。

图 3-3-36　霓虹灯光源

4. LED 灯

LED 灯是利用发光二极管作为光源，作为装饰照明的灯具，有多种色彩可供选择。其最大优点是启动电压低，极为省电，多用于建筑立面轮廓照明，但目前成本相对较高（见图 3-3-37）。

(a)LED楼梯灯饰　　　　　　　　　　(b)LED室内墙面灯饰

图 3-3-37　LED 灯在建筑室内的使用

5. 光纤灯

光纤灯是利用发光机将光线通过光纤丝传送到物体表面，从而达到照明和装饰的目的。它可以做重点照明处理，也可以做装饰满天星效果，而且颜色可以来回变换，具有很强的时代感，适用于博物馆、珠宝店以及娱乐场所等（见图 3-3-38）。

图 3-3-38　光纤灯在建筑室内中的使用

6. 其他光源

另外，还有高压汞灯、钠灯、氙气灯，以及适用于展览馆、博物馆照明的金属卤化物灯、卤素灯等。

3.4.4　常用照明电光源的性能比较

常用照明电光源的性能比较如表 3-3-2 所示。

表 3-3-2　常用照明电光源的性能比较

性能项目	光源种类							金属卤化物灯
	白炽灯	卤钨灯	荧光灯	荧光高压汞灯		高压钠灯		
				普通型	自镇流型	普通型	高显色型	
额定功率范围/W	15~1000	500~2000	6~125	50~1000	50~1000	35~1000	35~1000	125~3500
发光效率/(m/W)	7.4~19	18~21	27~82	25~53	16~29	70~130	50~100	60~90
寿命/h	1000	1500	1500~5000	3500~6000	3000	6000~12000	3000~12000	500~2000
一般显色指数	99~100	99~100	60~80	30~40	30~40	20~25	>70	65~85
色温/K	2400~2900	2900~3200	3000~6500	5500	4400	2000~2400	2300~3300	4500~7500
启燃时间	瞬时	瞬时	1~3s	4~8min	4~8min	4~8min	4~8min	4~10min
再启燃时间	瞬时	瞬时	瞬时	5~10min	3~6min	10~20min	10~20min	10~15min
功率因数	1	1	0.33~0.53	0.44~0.67	0.9	0.44	0.44	0.40~0.61
频闪现象	不明显	不明显	明显	明显	明显	明显	明显	明显
表面亮度	大	大	小	较大	较大	较大	较大	大
电压变化对光通量影响	大	大	较大	较大	较大	大	大	较大
环境温度对光通量影响	小	小	大	较小	较小	较小	较小	较小
耐震性能	较差	差	较好	好	较好	较好	较好	好
所需附件	无	无	镇流器启辉器	镇流器	无	镇流器触发器	镇流器触发器	镇流器触发器

3.5　室内灯具材料选型

　　室内灯具的材料选型对室内空间环境有直接影响。灯具的设计效果源于直观构成灯具的形态、色彩、材质，同时还包括技术和工艺的特质美，是功能、技术、艺术的综合表现。灯具的形态具有多面性，可表现为有规律的线面组合、高低错落的比例尺度、稳定安全的穿插结构，以及灯具本身与周边环境相得益彰的关系。灯具的材质是表现灯具特色的主要因素之一，不同的材料带来不同的感受，是灯具风格和档次的重要体现。灯具的色彩也具有多重性，可分为原有（固有）色彩、二次（人工）色彩和环境色彩，通过人为手段改变物体原有色彩，如油漆、电镀、喷色、染色等方法，可使灯具的肌理表现力更加丰富。光环境色彩并不是指灯具本身色彩，它是空间中物体相互交织的混合色，也是使灯具具有艺术魅力的重要环节，在光源的照射下，迷幻的色彩将带来美的享受（见图 3-3-39～图 3-3-46）。

图 3-3-39　树脂材料灯饰

图 3-3-40　有机玻璃灯饰

图 3-3-41　木质古韵装饰灯具

图 3-3-42　玻璃装饰吊灯

图 3-3-43　纸质造型灯饰

图 3-3-44　纸质柱形灯饰

图 3-3-45　陶瓷装饰灯具

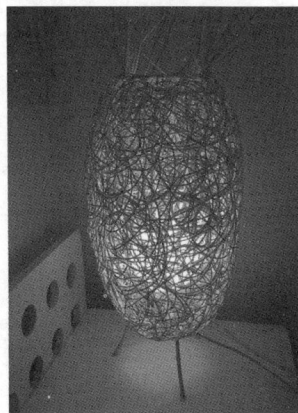

图 3-3-46　藤编造型灯饰

【本章要点】

    灯具是一种生活器具,具有照明功能和艺术功能,能够很好地烘托空间氛围。本章重点讲述了灯具的分类和材料的使用特点,以及照明光源的区别,使学生对灯具有一定的认识。

【思考与练习】

3-3-1   灯具根据安装形式有哪几种分类?

3-3-2   什么是直接照明方式和半直接照明方式?

3-3-3   什么是间接照明方式和半间接照明方式?

3-3-4   常用的灯具材料有哪几种?

3-3-5   灯具的构造由哪几部分组成?

3-3-6   常用的灯具光源有哪几种?有何区别?

第 4 篇

室内装修施工基本规定

第1章 装修施工工艺概述以及
装修工程施工基本规定

1.1 装修施工工艺概述

建筑装饰装修的定义是：为保护建筑物的主体结构，完善建筑物的使用功能和美化建筑物，采用装饰装修材料或饰物对建筑物的内外表面及空间进行的各种处理过程。采用一定的施工工具、装修材料和施工工艺，进行建筑室内装饰装修的过程，就是室内装修工程施工。

建筑室内装修工程施工是一个完整建筑工程的组成部分之一。建筑室内装修工程既是建筑环境艺术设计的具体实施过程，也是建筑工程的完善。它是现代空间设计理念、人性化的环境艺术、绿色环保材料、先进装修施工技术的综合体现。

建筑装饰装修工程施工应严格遵循国家现行的有关标准、规范和规定，按照装饰装修工程施工图的设计要求进行施工；要求施工技术人员充分理解和掌握设计图纸及其他的相关资料文件，在施工现场指导装修工人采用一定的装饰装修材料，运用各种装饰装修施工工具（大多使用小型电动机具），按照合理的装饰装修构造，通过规范合理的施工工艺技术进行施工操作，从而正确实现环境艺术设计师的设计意图和建设方的使用要求，并在工程竣工后顺利通过相关部门的工程质量验收。装饰装修工程施工的过程是建筑工程内外环境的再塑造过程，每一道工序和施工工艺都是对设计师的设计意图进行具体体现和完善的过程。

建筑装饰装修为建筑工程的分部工程。建筑物的内外空间环境中，凡是与人的触觉和视觉相关的部位及其界面，都是建筑装饰装修施工的重要部位。楼地面、内外墙柱面、门窗、吊顶棚、幕墙和建筑细部的装修，均在建筑装饰装修施工的范围之内。

1.2 装修工程施工基本规定

1. 建筑装饰装修工程的一般规定

建筑装饰装修工程应遵循以下基本规定。

① 承担建筑装饰装修工程施工的单位应具备相应的资质，并应建立质量管理体

系。施工单位应编制施工组织设计书并应经过审查批准。施工单位应按有关的施工工艺标准或经审定的施工技术方案施工,并应对施工全过程实行质量控制。

② 承担建筑装饰装修工程施工的人员应有相应的岗位资格证书。

③ 建筑装饰装修工程的施工质量应符合设计要求和规范规定,由违反设计文件和规范的施工造成的质量问题应由施工单位负责。

④ 建筑装饰装修工程施工中,严禁违反设计文件并擅自改动建筑主体、承重结构或主要使用功能;严禁未经设计单位确认和有关部门批准擅自拆改水、暖、电、燃气、通信等配套设施。

⑤ 施工单位应遵守有关环境保护的法律法规,并应采取有效措施控制施工现场的各种粉尘、废气、废弃物、噪声、振动等对周围环境造成的污染和危害。

⑥ 施工单位应遵守有关施工安全、劳动保护、防火和防毒的法律和法规,应建立相应的管理制度,并应配备必要的设备、器具和标识。

⑦ 建筑装饰装修工程应在集体或基层的质量验收合格后施工。对既有建筑进行装饰装修前,应对基层进行处理并达到规范的要求。

⑧ 建筑装饰装修工程施工前应有主要材料的样板或样板间(件),并应经有关各方确认。

⑨ 墙面采用保温材料的建筑装饰装修工程,所用保温材料的类型、品种、规格及施工工艺应符合设计要求。

⑩ 管道、设备等的安装及调试应在建筑装饰装修工程施工前完成,当必须同步进行时,应在饰面装修前完成。建筑装饰装修工程不得影响管道、设备等的使用和维修;涉及燃气管道的建筑装饰装修工程必须符合有关安全管理的规定。

⑪ 建筑装修工程的电气安装应符合设计要求和国家现行标准的规定。严禁不经穿管直接埋设电线。

⑫ 室内外建筑装饰装修工程施工的环境条件应满足施工工艺的要求。施工环境温度不应低于 5 ℃。当必须在低于 5 ℃气温下施工时,应采取保证工程质量的有效措施。

⑬ 建筑装饰装修工程施工过程中应做好半成品、成品的保护,防止被污染和损坏。

⑭ 建筑装饰装修工程验收前,应将施工现场清理干净。

2. 建筑装饰装修工程质量验收

建筑装饰装修分部工程质量验收的程序和组织应符合《建筑工程施工质量验收统一标准》(GB 50300)的规定,子分部工程及其分项工程划分如表 4-1-1 所示。当建筑工程只有建筑装饰装修分部工程时,该工程应作为单位验收工程。

表 4-1-1　建筑装饰装修工程的子分部工程及其分项工程划分

项次	子分部工程	分项工程
1	抹灰工程	一般抹灰,装饰抹灰,清水砌体勾缝
2	门窗工程	木门窗制作与安装,金属门窗安装,塑料门窗安装,特种门安装,门窗玻璃安装
3	吊顶工程	暗龙骨吊顶,明龙骨吊顶
4	轻质隔墙工程	板材隔墙,骨架隔墙,活动隔墙,玻璃隔墙
5	饰面板工程	饰面板安装,饰面板粘贴
6	幕墙工程	玻璃幕墙,金属幕墙,石材幕墙
7	涂饰工程	水性涂料涂饰,溶剂型涂料涂饰,美术涂饰
8	裱糊与软包工程	裱糊,软包
9	细部工程	柜橱制作与安装,窗帘盒、窗台板和暖气罩制作与安装,门窗套制作与安装,护栏和扶手制作与安装,花饰制作与安装
10	建筑地面工程	基层,整体面层,板块面层,竹木面层

1.3　装修工程施工机具简介

1. 木工操作机具

1）木工手工工具

① 量具:量尺有钢卷尺、木折尺、角尺和三角尺四种。角尺又称曲尺、拐尺、水平尺。线锤是用钢制成的正圆锥体,在其上端中央设有带孔螺盖,可系线绳。

② 画线工具:画线笔、木工笔、墨斗,墨斗由圆筒、摇把、线轮和定针等组成。为了避免在木料加工中发生差错,在画线时要有统一的画线符号,以便识别。

③ 锯割工具:木工锯依其构造不同,分为框锯、板锯、狭手锯、钢丝锯等。框锯、板锯适用于锯割较宽的木板。狭手锯又名鸡尾锯,适用于锯割狭小的孔槽。钢丝锯适用于锯割复杂的曲线或开孔。

④ 刨削工具:平刨,用来刨削木料的平面。槽刨,专供刨削凹槽。线刨,专供在成品棱角处开美术线条用。边刨,又名裁口刨,专供在木料边缘开出裁口用。轴刨,又名滚刨、蝙蝠刨,有木制和铜制两种,适用于刨削各种较小木料的弯曲部位。

⑤ 凿:凿是打眼、剔槽及在狭窄部分切削用的工具。凿可分为平凿、斜凿、圆凿等。

2）电动机具

① 冲击电钻如图 4-1-1 所示。

冲击电钻

钻孔能力	金属Steel	$\varnothing$13 mm
Drill Capacity	混凝土Concrete	$\varnothing$20 mm
	木材Wood	$\varnothing$36 mm
空载转速	No-Load Speed	680 r/min
额定输入功率	Rated Input Power	680 W
额定电压	Rated Voltage	交流110/220 V
额定频率	Rated Frequency	50/60 Hz
最大冲击次数	Max Impact Rate	13600次/min
净重	Net Weight	2.6 kg

图 4-1-1　冲击电钻

　　冲击电钻是电动工具,具有两种功能:一种是作为普通电钻使用,此时应把调节开关调到标记为"钻"的位置;另一种是用来冲打砌块和砖墙等建筑材料的木孔和穿墙孔,这时应把调节开关调到标记为"锤"的位置。通常冲击电钻可冲打直径为6~16 mm的圆孔。有的冲击电钻可调节转速,有双速和三速之分。在调速或调挡("冲"和"锤")时,均应停转,使用方法如同电钻。

　　② 手电钻如图 4-1-2 所示。

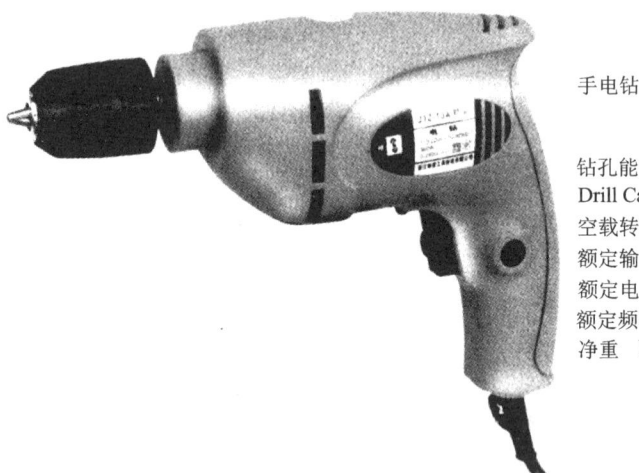

手电钻

钻孔能力	金属Steel	$\varnothing$10 mm
Drill Capacity	木材Wood	$\varnothing$25 mm
空载转速	No-Load Speed	1150 r/min
额定输入功率	Rated Input Power	285 W
额定电压	Rated Voltage	交流110/220 V
额定频率	Rated Frequency	50/60 Hz
净重	Net Weight	1.3 kg

图 4-1-2　手电钻

　　手电钻是装饰作业中最常用的电动工具之一,用它可以对金属、塑料、木材等进行钻孔作业。根据使用电源种类的不同,手电钻有单相串激电钻、直流电钻、三相交流电钻等,近年来更发展出可变速、可逆转和充电的手电钻。

③ 电圆锯如图 4-1-3 所示。

电圆锯

锯片直径	Blade Diameter	⌀235 mm
最大锯深	Max Cutting Capacity	84 mm
空载转速	No-Load Speed	4100 r/min
额定输入功率	Rated Input Power	1380 W
额定电压	Rated Voltage	交流110/220 V
额定频率	Rated Frequency	50/60 Hz
净重	Net Weight	7.0 kg

图 4-1-3　电圆锯

电圆锯由电机、锯片、锯齿保护罩、调节底板等构成。圆锯片的锯割运动是由电机经过罩壳内的齿轮变速实现的。静锯齿保护罩和动锯齿保护罩用来保护锯片的操作。当电圆锯不工作时,动锯齿保护罩处于下落位置,而锯割时则自动收起。调节底板起支承机体的作用,用来调节锯割的深度和角度。有的电圆锯带撑开刀片,在锯割深度超过一定范围或锯割湿材时起抑制反冲和导向作用。电圆锯是切割木材、纤维板、塑料和软电缆的工具。

手提式圆锯由电机、锯片、锯片高度定位装置组成。选用不同锯片切割相应材料,可以大大提高效率。

④ 曲线锯如图 4-1-4 所示。

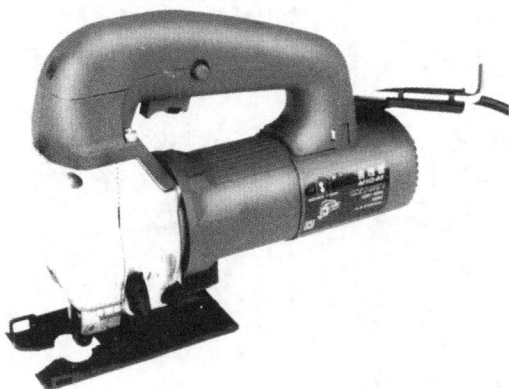

曲线锯

切割能力	金属Steel	10 mm
(Cutting Capacity)	木材Wood	65 mm
空载转速	No-Load Speed	0~3100 r/min
额定输入功率	Rated Input Power	520 W
额定电压	Rated Voltage	交流110/220 V
额定频率	Rated Frequency	50/60 Hz
净重	Net Weight	2.0 kg

图 4-1-4　曲线锯

曲线锯由电机、变速箱、曲柄滑块机构、平衡机构、锯条及装夹装置等组成。曲柄经滚针轴承在滑块内前后自由滑动,滑块与导杆联成一体。导杆的下端装置有装夹锯条的导套。锯条的锯齿向上运动时锯割工件,向下运动时为空行程。平衡机构的作用是减少曲柄、滑块机构产生的振动,其运动方向与曲柄滑块机构的运动方向相反。

⑤ 电刨如图 4-1-5 所示。

电刨

刨刀宽度	Width of Cutter	82 mm
刨削深度	Cutting Depth	1 mm
额定输入功率	Rated Input Power	570 W
额定电压	Rated Voltage	交流110/220 V
额定频率	Rated Frequency	50/60 Hz
刀轴转速	Speed	16000 r/min
净重	Net Weight	2.5 kg

图 4-1-5 电刨

手提式电刨是用于刨削木材表面的专用工具。其体积小，效率高，比手工刨削提高工效 10 倍以上，同时刨削质量也容易得到保证，且携带方便,广泛用于木装饰作业。

使用和维护:使用前，要检查电刨的各部件完好情况和电绝缘情况，确认没有问题后，方可使用。根据电刨性能，调节刨削深度，提高效率和质量。双手前后握刨推刨时平稳均匀地向前移动，刨到端头时应将刨身提起，以免损伤刨好的工作面。刨刀片用钝后即卸下重磨或更换。按使用说明书及时进行保养与维修，延长电刨使用寿命。

⑥ 打钉机(打钉枪):打钉机用于木龙骨上钉各种木夹板、纤维板、石膏板、刨花板及安装线条的作业,所用的钉子有直钉、蚊钉和 U 形钉(钉书钉式)等几种。打钉机有电动和气动之分，气动打钉机利用压缩空气(>0.3 MPa)气动原理进行工作。打钉机安全可靠，生产效率高，劳动强度低,使高级装饰板材得到充分利用，是建筑装饰常用机具之一。

技术性能:普通标准直钉,直径 2.5 mm×25 mm,专用枪钉，常用 10 mm、15 mm、20 mm、25 mm 四种, 使用气压 0.5～0.7 MPa, 冲击次数 60 次/min。U 形钉,博世 PTk14 型,U 钉宽度 10 mm, 长度 6～14 mm, 冲击频率 30 次/min, 机重 1.1 kg。

⑦ 砂光机如图 4-1-6 所示。

砂光机

垫子尺寸	Pad Size	93 mm×185 mm
空载转速	No-Load Speed	10000 r/min
额定输入功率	Rated Input Power	160 W
额定电压	Rated Voltage	交流110/220 V
额定频率	Rated Frequency	50/60 Hz
净重	Net Weight	1.4 kg

图 4-1-6 砂光机

砂光机以电动机或压缩空气作为动力,适用于木器等行业产品外表腻子、涂料的磨光作业,特别适用于水磨作业。用绒布代替砂布,则可以进行抛光、打蜡作业。

⑧ 木工雕刻机如图 4-1-7 所示。

刀头直径	Chuck Diameter	∅12 mm
空载转速	No-Load Speed	25000 r/min
额定输入功率	Rated Input Power	1050 W
额定电压	Rated Voltage	交流110/220 V
额定频率	Rated Frequency	50/60 Hz
净重	Net Weight	3.5 kg

图 4-1-7 木工雕刻机

2. 型材切割工具

切割类电动工具的特点是用切割片切断材料,达到加工要求。

①型材切割机如图 4-1-8 所示。

锯片直径	Blade Diameter	∅350 mm
最大锯深	Max Cutting Capacity	100 mm
转座角度		0～45°
空载转速	No-Load Speed	3600 r/min
额定输入功率	Rated Input Power	1800 W
额定电压	Rated Voltage	交流110/220 V
额定频率	Rated Frequency	50/60 Hz
净重	Net Weight	15 kg

图 4-1-8 型材切割机

型材切割机由电机、底座、可转夹钳、切盘、安全罩、操作手柄等组成。切盘的切割运动是由电机经过罩壳内的齿轮变速实现的。旋转式虎钳能够靠准导板夹紧工件。火花护罩、大型底座以橡胶垫缓冲,与导板组合加上带握柄的虎钳,可安全而稳定地进行切割作业。

② 石材切割机如图 4-1-9 所示。

锯片直径	Blade Diameter	∅110 mm
最大锯深	Max Cutting Capacity	30 mm
额定转速	No-Load Speed	10000 r/min
额定输入功率	Rated Input Power	880 W
额定电压	Rated Voltage	交流110/220 V
额定频率	Rated Frequency	50/60 Hz
净重	Net Weight	3.1 kg

图 4-1-9 石材切割机

③ 角向磨光机如图 4-1-10 所示。

圆片最大直径	Max Dise Diameter	∅100 mm
圆片孔径	Hole Diameter of Dise	16 mm
空载转速	No-Load Speed	11000 r/min
额定输入功率	Rated Input Power	500 W
额定电压	Rated Voltage	交流110/220 V
额定频率	Rated Frequency	50/60 Hz
主轴螺纹	Spindle Thread	M 10
净重	Net Weight	1.5 kg

图 4-1-10 角向磨光机

3. 气压驱动源

气压驱动源是以空气作为能量传递介质,以电机作为源动力,以空气压缩机进行能量转换的一种动力源。

空气压缩机如图 4-1-11 所示。

型号:	75250
功率/kW	7.5/5.5
电压/V	380
压力/MPa	0.8
排气量/(L/min)	960
气缸(直径×数量)/(mm×NO):	100×2
气罐容积/L	250
包装尺寸(长×宽×高)/cm	163×67×15
外形尺寸(长×宽×高)/cm	154×52×112
毛重/kg	330
净重/kg	280

图 4-1-11 空气压缩机

气源动力对于气动（风动）机具来讲，主要是以从大气层中取之不尽、用之不完的空气作为介质，利用空气的体积可压缩变小并储存能量、传递能量的性质来实现气压驱动。其能量的产生与储存依靠空气压缩机来实现。

气压驱动的风动机具种类很多，其特点是结构简单、体积小巧、轻便耐用且不易损坏。下边简单介绍几种类型。

① 喷枪类。利用气压将各种液体或黏状物喷到各种接受面上，为气直喷型。油漆喷枪如图 4-1-12 所示，有清洗枪、吹尘枪、黏度料加压式喷枪。

② 风动旋转型机具如图 4-1-13 所示。其利用气压源动力，通过机件（扇叶）转换或机械旋转运动。

图 4-1-12　油漆喷枪

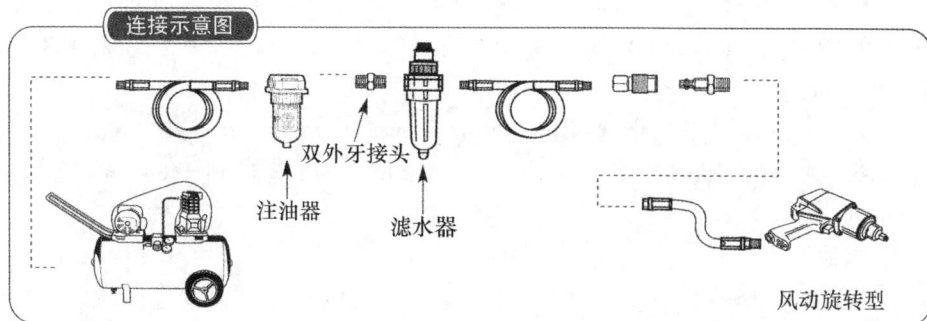

图 4-1-13　风动旋转型机具

③ 风动冲击型，利用气压源动力，通过机件（活塞）转变为机械直线冲击或连续冲击的往复运动型。

④ 气动钉枪类机具如图 4-1-14 所示。

图 4-1-14　气动钉枪类机具(蚊钉枪、直钉枪、U 形枪)

4．金属工具、机具

1）手电钻

手电钻通过开关控制电机转动,带动变速装置使钻头旋转,根据不同的要求,选用不同的钻头完成各种作业。

手电钻所用钻头主要是外排屑式麻花钻头,空心钻或孔锯用得很少。麻花钻头可分为两种:一种为通体合金钢制成,另一种是在钻头刃部镶有硬质合金。根据钻头顶角、前角的不同,又可分为通用钻、毛坯钻、青钢飞屑钻、薄板钻等。如果按钻头紧固的形状不同,可分为六角钻头和圆杆钻头。经常使用的主要是通用钻和薄板钻。通用钻的特点是顶部尖锐,排屑连续,钻孔位置准确,钻入力强,适于加工各种较硬较厚的材料。薄板钻(又叫划窝钻)通常削刃部为复合硬质合金,顶部除定位导向用中心尖点外,还有两个削刃尖,与中心尖点高度只差一点。工作时中心尖点用于定位,两个削刃尖可先将所加工的孔径划出来,使得钻孔完成前就可直观地检查孔的大小、位置是否合适。这种钻头用起来,工作平稳,钻孔底部平整,边缘光滑,效率高,适用于加工较薄和要求不钻透的材料。麻花钻头常用规格直径有 0.3～50 mm。

硬质合金钻头常用规格直径有 4 mm、5 mm、6 mm、8 mm、10 mm、12 mm、13 mm等。圆孔钻钻头规格直径有 35 mm、40 mm、50 mm、63 mm、68 mm、74 mm、80 mm、105 mm 等。

2）电池钻

电池钻由夹头、钻头、调节套筒、壳体、电机及其传动装置和电池组构成。其中电池组提供电能使电机转动,通过传动装置带动钻头转动。

电池钻的特点是不需要高压电源,避免了电源线带来的局限性,其机动性、灵活性高。此外,它使用低电压电池组做动力源,不存在人身触电危险,使用性、安全性好。以上特点决定了它适用于狭窄、潮湿的工作环境或工作地点经常更换、不易连接电源或没有电源的地方。但由于它使用低压电池组,故功率较低,钻孔直径一般在 10 mm 以下,常用于薄软材料钻贯穿小孔或在装饰安装工程中钻预留孔,在使用中要注意根据工作量的大小准备好充足的电池组。其缺点是造价较高。

3）冲击钻

冲击钻由电机、变速系统、冲击结构（齿盘式离合器）、传动轴、齿轮、夹头、钻头、控制开关及把手等组成。其工作原理是：由电机经过齿轮变速，带动传动轴，再与齿轮啮合，在这里与齿轮配对的是一个静齿盘式离合器，而齿轮则是一个动齿盘式离合器。在冲击钻的头部调节环上设有钻头和锤子标志。把调节环指针调到"钻头"方向时，动离合器就被支起来，从而与静离合器分离。这时齿轮就直接带动钻头，做单一旋转运动。而当把调节环的指针调到"锤子"的方向时，动离合器就被放下来，从而与静离合器接触。这样在旋转时通过离合器凹凸不平的接触面，就产生了冲击运动，传递到钻头上就是冲击加旋转运动。

冲击钻的型号很多，要根据工作量的大小和工作内容选用。另外，选购机具时最好让其加工能力比工作要求的稍大些，也就是让机具在其最大加工能力的 80%～90%的情况下工作，以免机具长时间满负荷运转，提高使用寿命。冲击钻主要采用直柄的硬质合金（碳化钨合金）钻头，常用规格直径有 3 mm、6 mm、8 mm、10 mm、12 mm、14 mm、16 mm、18 mm、20 mm 等。四坑钻头常用规格直径有 5 mm、6 mm、8 mm、12 mm、14 mm、16 mm、18 mm、20 mm、22 mm、24 mm、25 mm 等。

冲击钻如图 4-1-15 所示。

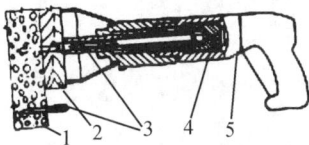

图 4-1-15　冲击钻示意图

1—基体；2—被固体；3—射钉；4—活塞；5—射钉枪

【本章要点】

为保护建筑物的主体结构、完善建筑物的使用功能并起到美化建筑物的作用，采用装饰装修材料或饰物，对建筑物的内外表面及空间进行的各种处理过程，称为建筑装饰装修。

装饰装修工具常用类型有木工操作机具、型材切割工具和气压驱动工具、金属工具等。

建筑装饰装修工程属于建筑工程中的分部工程，是一个完整建筑工程的组成部分。建筑物的内外空间环境中，凡是与人的触觉和视觉相关的部位及其界面，都是建筑装饰装修施工的重要部位；楼地面、内外墙柱面、门窗、吊顶棚、幕墙和建筑细部的装修，均在建筑装饰装修施工的范围之内。

对于建筑主体承重结构部分，如屋顶、楼板、墙体、柱子、楼梯等，均需要通过装饰装修施工来提高和改善其防水、保温、隔热、防潮、防渗、隔声、吸音、防火、防静电等功能；同时，通过对主体结构的装饰装修，可以保护建筑结构，提高其耐久年限；一些结构材料本身存在的不足，如混凝土材料的干缩裂缝、钢材的易锈蚀及防火能力差、木材的防潮防水能力差等缺陷，均可以通过装饰装修来提高它们适应和抵御所处环境侵蚀的能力。对于一些复杂结构和特殊的设备、设施，也可以通过装修手段加以适当处理并协调它们之间的关系，这些也均在建筑装饰装修施工的范围之内。

【思考与练习】

4-1-1　简述建筑装饰装修施工工艺的概念。

4-1-2　简述常用装饰装修工具类型。

4-1-3　简述建筑装饰装修工程的施工范围。

4-1-4　建筑装饰装修施工时如何保护好建筑构件？

附录　室内装修材料与构造实录

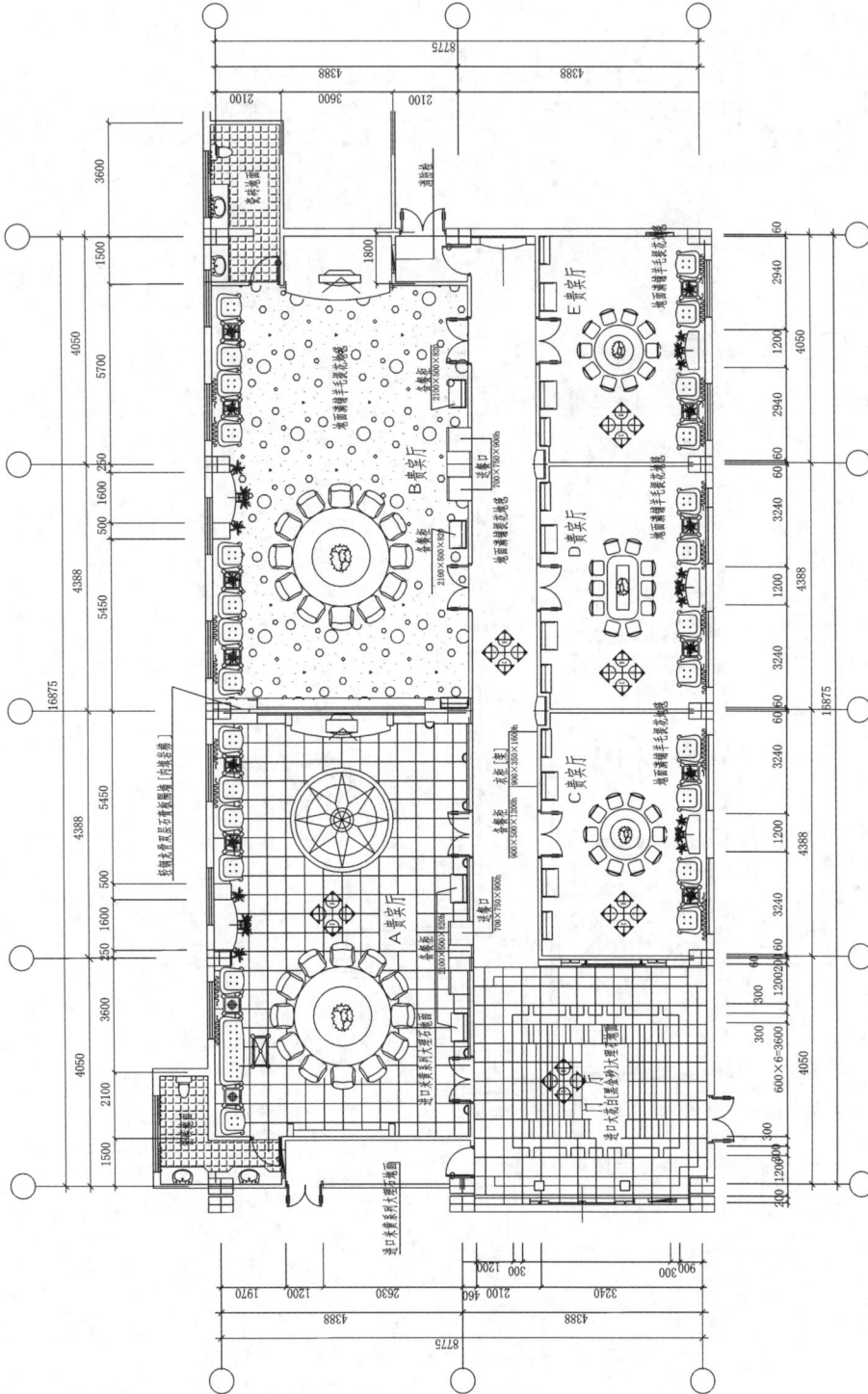

附图1　室内装修材料与构造设计图（高级接待餐厅）

(a) 例一

(b) 例二

续附图1

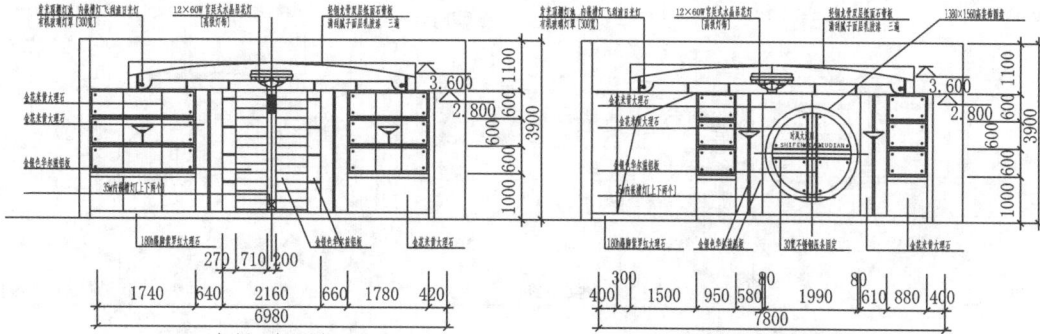

门厅C立面图　　　　　门厅D立面图

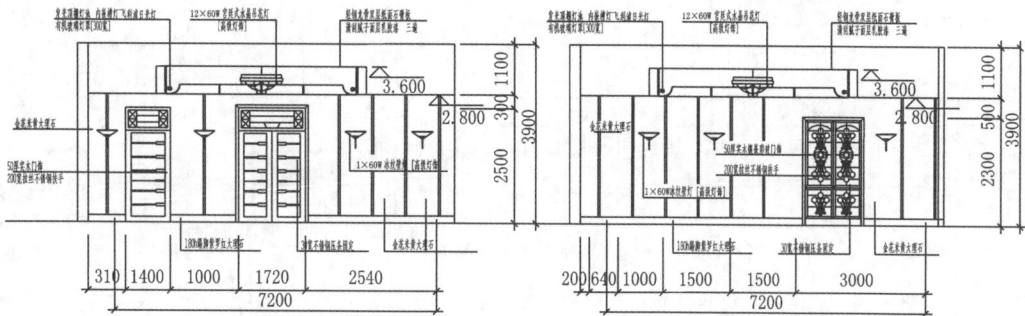

门厅A立面图　　　　　门厅B立面图

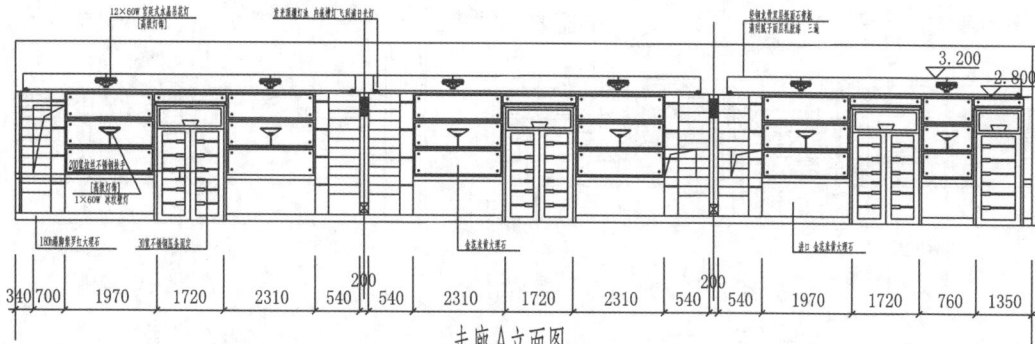

走廊A立面图

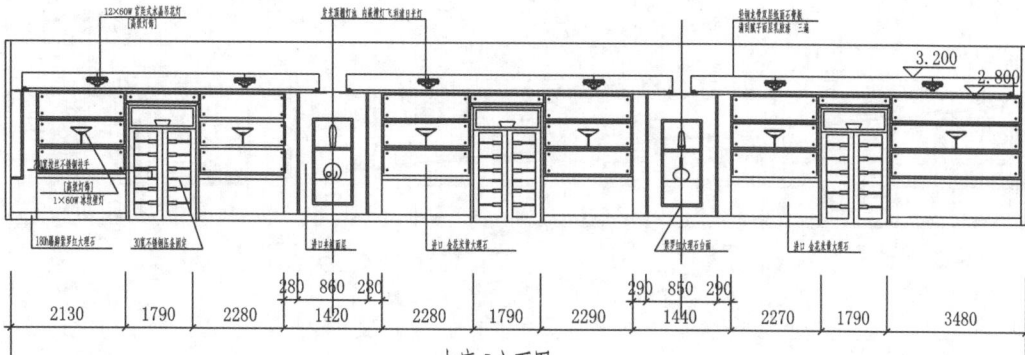

走廊B立面图

(c) 例三

续附图1

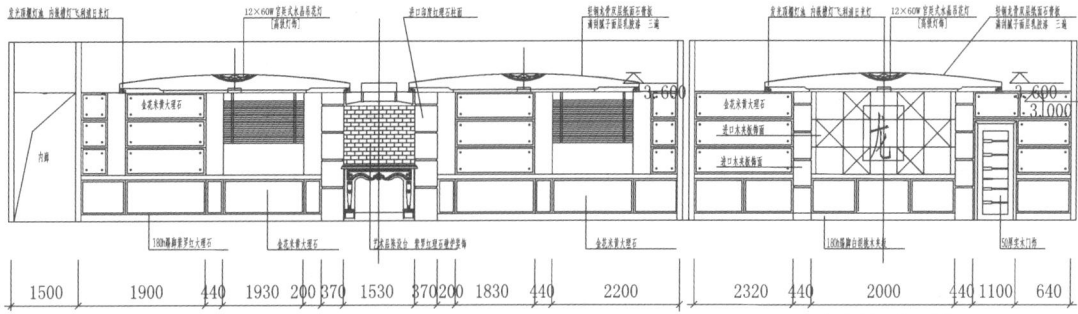

A贵宾厅A立面图

A贵宾厅C立面图

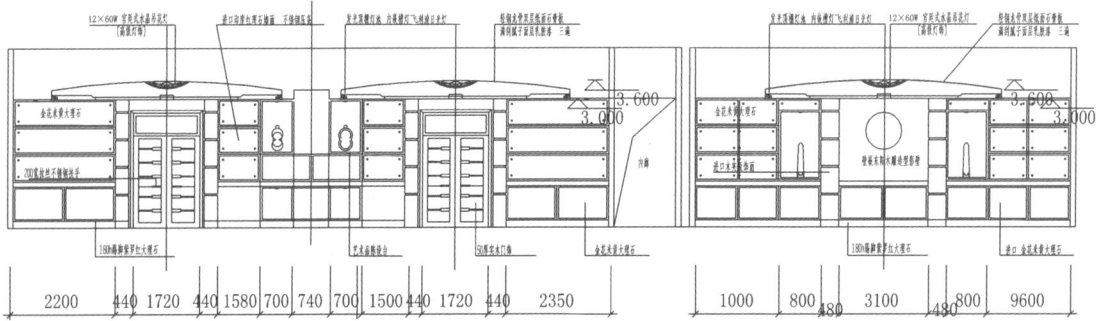

A贵宾厅B立面图

A贵宾厅D立面图

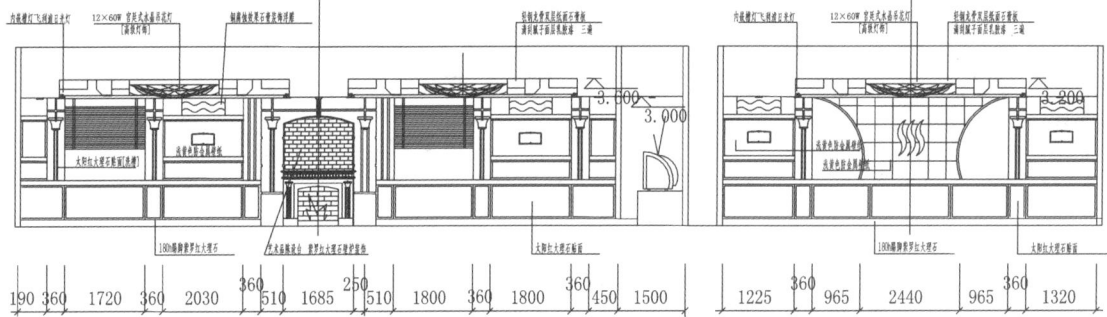

B贵宾厅A立面图

B贵宾厅C立面图

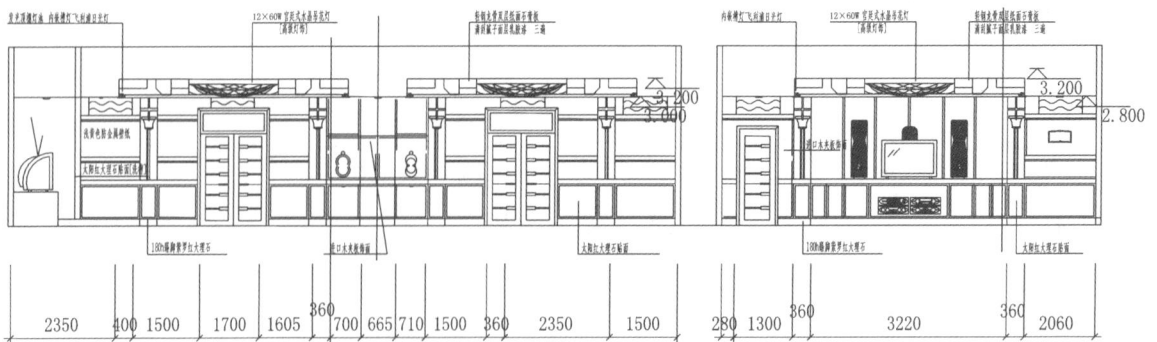

B贵宾厅B立面图

B贵宾厅D立面图

(d) 例四

续附图1

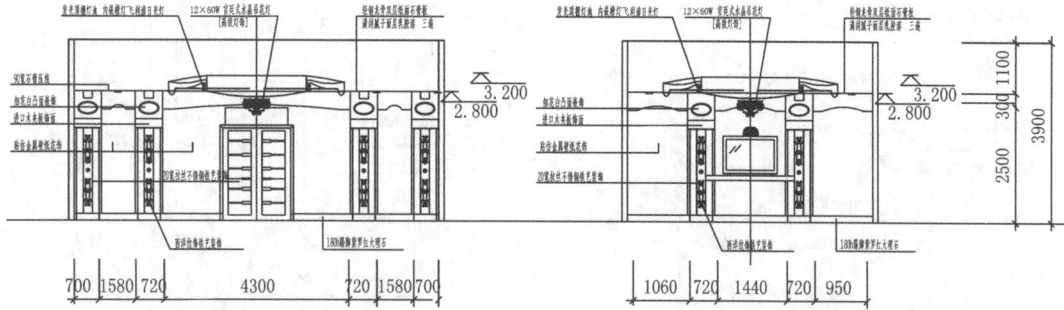

C 贵宾厅 A 立面图

C 贵宾厅 C 立面图

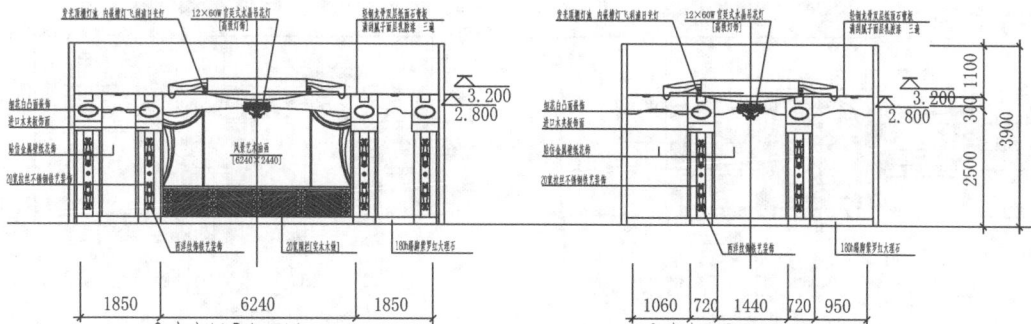

C 贵宾厅 B 立面图

C 贵宾厅 D 立面图

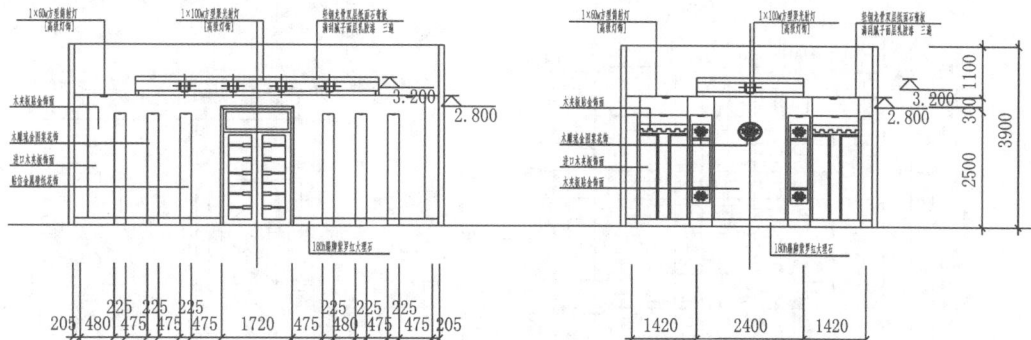

D 贵宾厅 A 立面图

D 贵宾厅 C 立面图

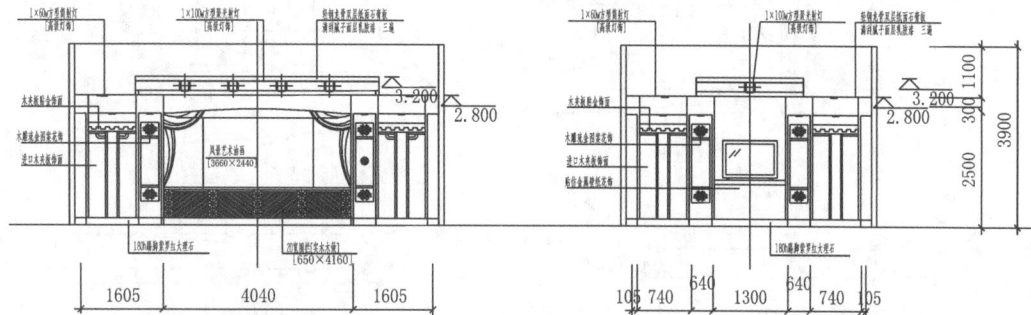

D 贵宾厅 B 立面图

D 贵宾厅 D 立面图

(e) 例五

续附图 1

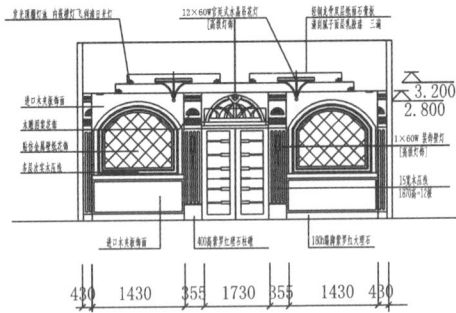

E 贵宾厅 A 立面图

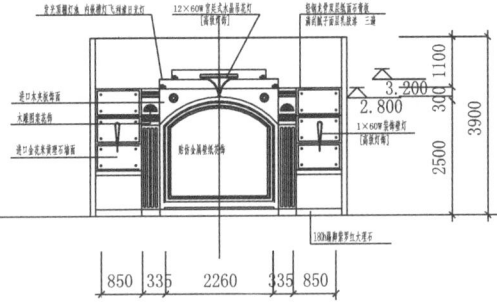

E 贵宾厅 C 立面图

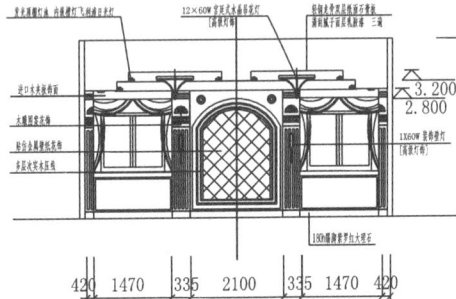

E 贵宾厅 B 立面图

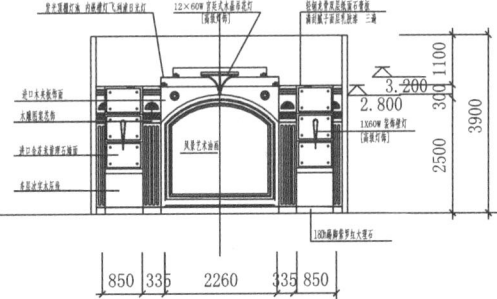

E 贵宾厅 D 立面图

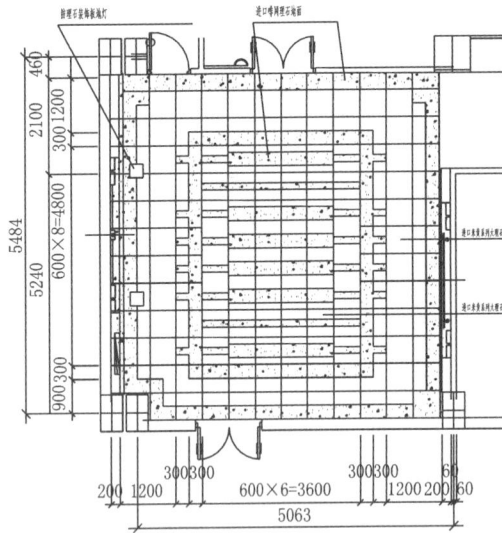

门厅地面详图

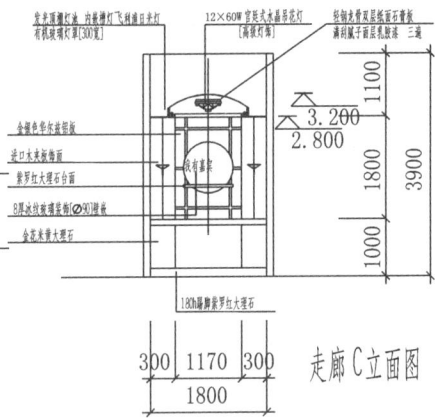

走廊 C 立面图

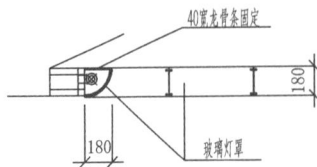

门厅顶灯池详图

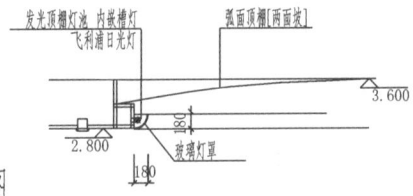

(f) 例六

续附图1

嵌入 60×200 玻璃砖[四边]
进口红影夹板面层为餐厅名称
20 高拉丝钢管内嵌
玛柯西餐厅
进口红影夹板面层
嵌入 60×200 玻璃砖[双面]
20 高拉丝钢管内嵌
曲线形镀金把手选购

300
500
800
300
300
2000
260
260
300
150
200 340

嵌入 60×200 玻璃砖[四边]
进口红影夹板
20 高拉丝钢管内嵌
进口红影夹板面层
嵌入 60×200 玻璃砖[双面]
20 高拉丝钢管内嵌
曲线形镀金把手选购

300
500
800
300
300
2000
260
260
300
150
500 340

角钢框架套口垫层
轻钢龙骨框架
角钢龙骨@600高
细木工板石膏板垫层
细花白理石干挂
180 宽印度红大理石门套

80 80
80 540 540 80
180 1400 180
1760

角钢框架套口垫层
轻钢龙骨框架
角钢龙骨@600高
细木工板石膏板垫层
细花白理石干挂
180 宽印度红大理石门套

80 840 80
180 1000 180
1360

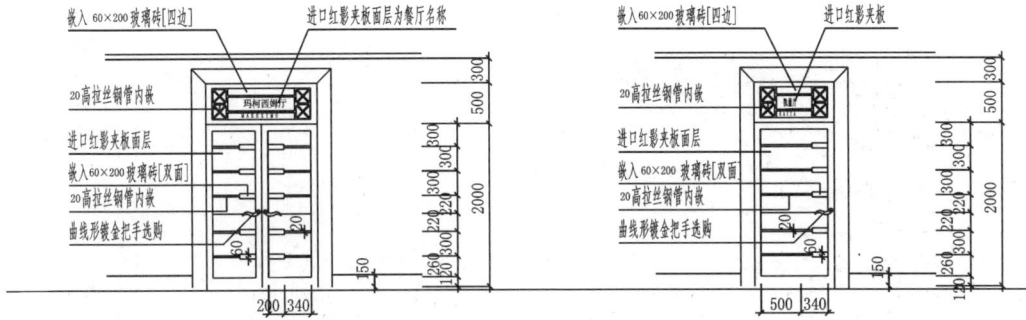

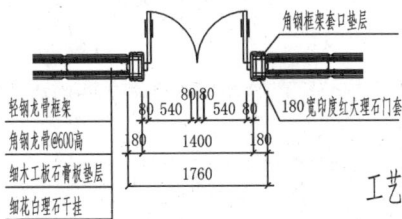

工艺门饰详图

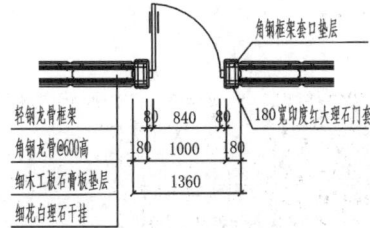

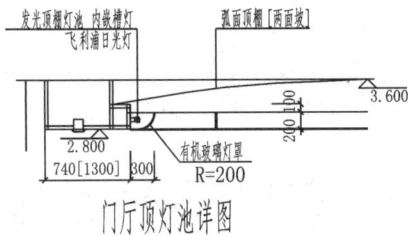

发光顶棚灯池 内嵌槽灯
飞利浦日光灯
弧面顶棚[两面坡]
3.600
2.800
有机玻璃灯罩
740[1300] 300
R=200

门厅顶灯池详图

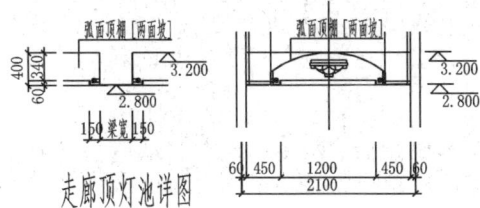

弧面顶棚[两面坡]
400
60 340
3.200
2.800
150 梁宽 150
60 450 1200 450 60
2100

走廊顶灯池详图

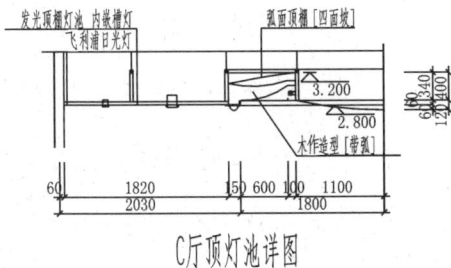

发光顶棚灯池 内嵌槽灯
飞利浦日光灯
弧面顶棚[四面坡]
3.000
3.600
木作造垫[端头带弧]
1050[1500] 750 100
300

A厅顶灯池详图

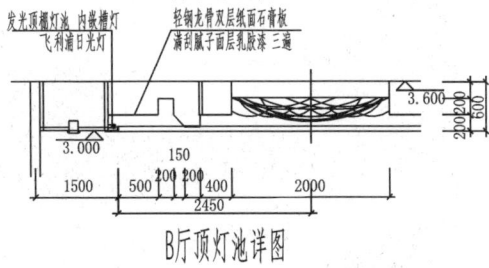

发光顶棚灯池 内嵌槽灯
飞利浦日光灯
弧面顶棚[四面坡]
3.200
2.800
木作造型[带弧]
60 1820 150 600 100 1100
2030 1800

C厅顶灯池详图

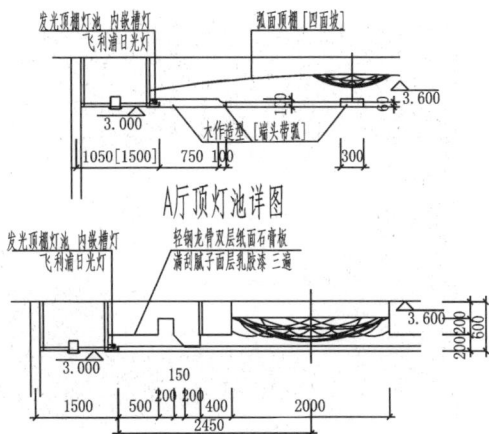

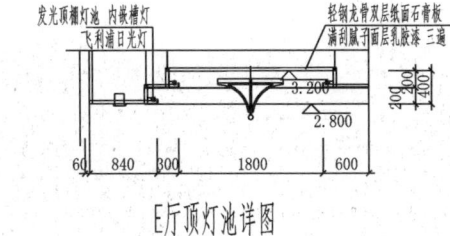

发光顶棚灯池 内嵌槽灯
飞利浦日光灯
轻钢龙骨双层纸面石膏板
满刮腻子面层乳胶漆 三遍
3.600
3.000
1500 500 200 400 2000
150
200
2450

B厅顶灯池详图

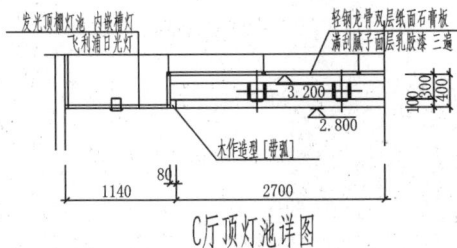

发光顶棚灯池 内嵌槽灯
飞利浦日光灯
轻钢龙骨双层纸面石膏板
满刮腻子面层乳胶漆 三遍
3.200
2.800
木作造型[带弧]
1140 80 2700

C厅顶灯池详图

发光顶棚灯池 内嵌槽灯
飞利浦日光灯
轻钢龙骨双层纸面石膏板
满刮腻子面层乳胶漆 三遍
3.200
2.800
60 840 300 1800 600

E厅顶灯池详图

(g) 例七
续附图1

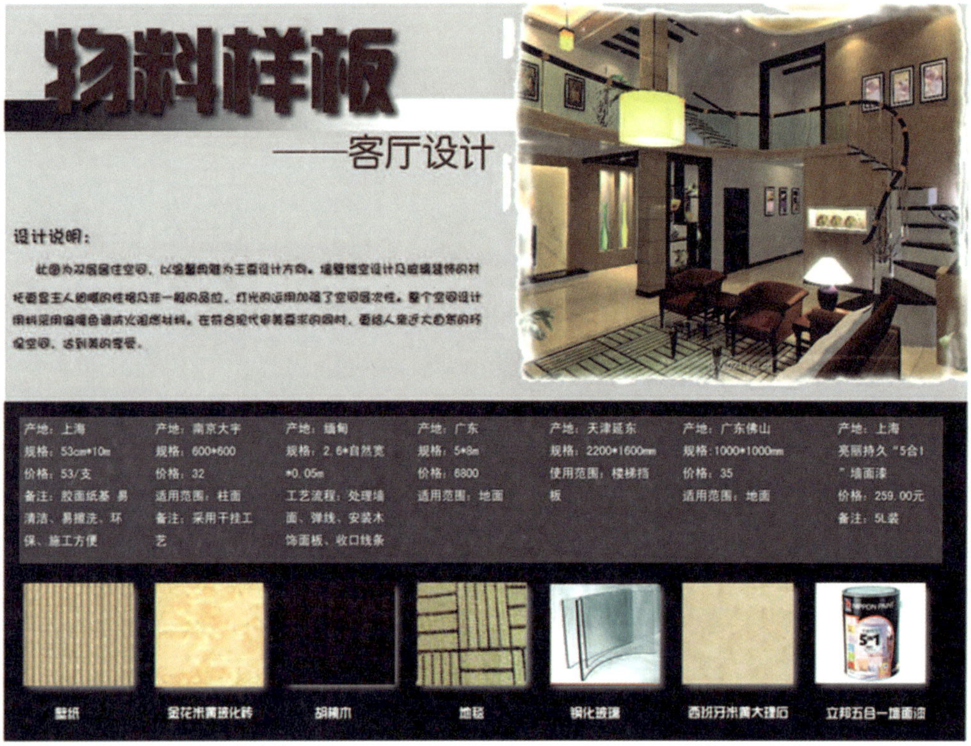

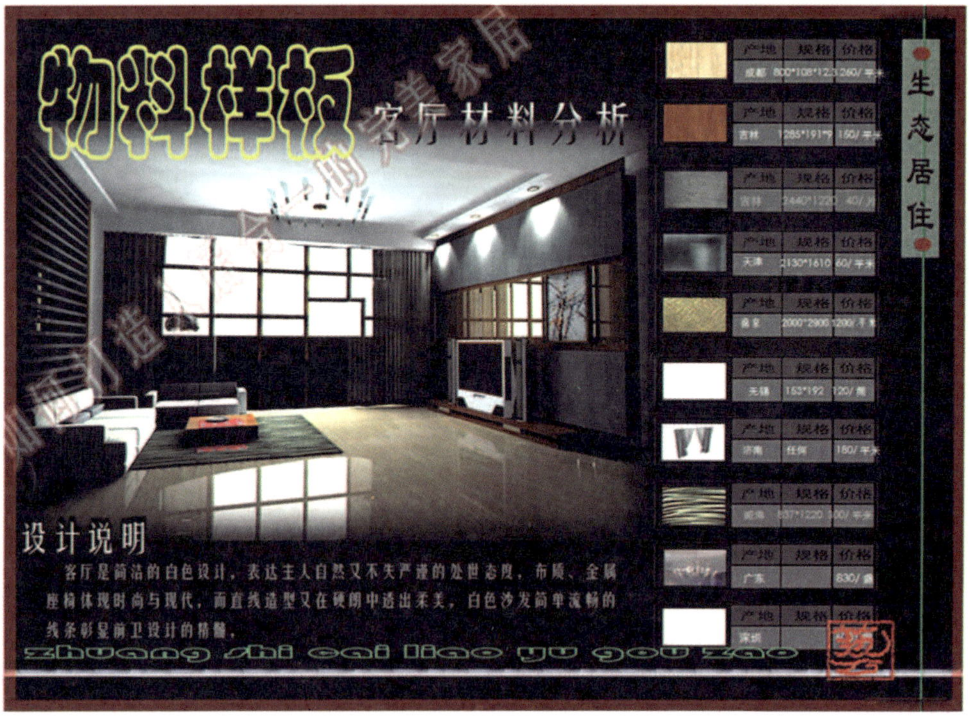

附图 2　室内装修材料设计练习

（a）样板一（石材、陶瓷）

附图3 室内装修材料样板

喷砂、磨砂、刻花、热熔玻璃系列

亚光金色铝板	金色华尔兹	千禧银絮	金色丝缕	银色丝缕
铜管爵士	银波荡漾	青锻纤织	垂直细纹	水平细纹
垂直拉丝原色铝板	浩瀚星河	粉锻纤织	垂直宽纹	水平宽纹

（b）样板二（玻璃、金属）

续附图 3

金水波安丽格	天然赤杨	梨木	野樱桃木	温莎红木
聚枫	天然樱桃木	托斯卡胡桃木	琥柏樱桃木	花樟樱桃木
卢旺达枫木	天然梨木	英格兰橡木	艾丝卡达红木	精典樱桃木
贵族榉	幻想榉	尼泊尔柚木	幻影红木	非洲胡桃木
巴伐利亚榉木	指接榉木	蒙大拿胡桃木	檀木	靛蓝木纹

（c）样板三（木料）

续附图 3

工艺地毯

化纤、簇绒、羊毛地毯系列

19-17	19-18	19-19	19-20	10-20	10-24	10-26	10-29
15-40	15-22	15-23	15-24	10-30	20-26	20-27	20-28
	15-25	15-26	15-39	20-29	20-30	20-31	20-32
15-38	15-27	15-28	15-29A	20-34	12-191	10-218A	10-90
15-30A	15-31A	15-32A	15-33A	10-01	10-02	10-03	10-04
15-34A	15-35A	15-36A	15-37A	10-05	10-06	10-07	10-08

纤维织物系列

（d）样板四（地毯、织物）

续附图 3

ISO 9002　kfq　K　A　MA　CNAL　NFTC

规格Size: 2.6mm(T) x 1,830mm(W) x 20m(L) / Roll

GL-8720

GL-8719

GL-8722

GL-8712

GL-8711

GL-8724

GL-8716

GL-8717

（e）样板五（塑胶地板）

续附图 3

北京人民大会堂重庆厅大理石墙面

香港名店街花岗石材料

上海科技馆展厅玻璃人造石材墙面

巴黎阿拉伯研究中心墙面

（a）实录一

附图 4　室内装修工程应用实录

通透式电梯墙面构造

扶手围栏钢与玻璃的构造设计

墙面灯具与顶棚的构造设计

柱饰与顶棚的构造设计

（b）实录二

续附图 4

附图5　空间形态与对比设计的应用

附图 6　灯光造型与色彩构成的对比

附图 7 环境形态与肌理的设计创意

附图 8　概念空间形态与写意的应用 1

附图 9　概念空间形态与写意的应用 2

参 考 文 献

[1] 张令茂,等.建筑材料[M].3 版.北京:中国建筑工业出版社,2004.

[2] 李必瑜,魏宏扬.建筑构造(上册)[M].3 版.北京:中国建筑工业出版社,2005.

[3] 刘建荣,翁季,建筑构造(下册)[M].3 版.北京:中国建筑工业出版社,2005.

[4] 薛健,周长积.装修构造与做法[M].天津:天津大学出版社,1998.

[5] 向仕龙,李赐生,张秋梅.装饰材料的环境设计与应用[M].北京:中国建材工业
    出版社,2005.

[6] 何新闻.室内设计材料的表现与运用[M].长沙:湖南科学技术出版社,2002.

[7] 《建筑设计资料集》编写委员会.建筑设计资料集[M].2 版.北京:中国建筑工业
    出版社,1994.

[8] 蔡丽朋,赵磊.建筑装饰材料[M].北京:化学工业出版社,2005.

[9] 张玉明,马品磊.建筑装修材料与施工工艺[M].济南:山东科技出版社,2004.

[10] 袭著革,李官贤.室内建筑装饰装修材料与健康[M].北京:化学工业出版社,
     2005.

[11] 约翰·派尔.世界室内设计史[M].刘先觉,译.北京:中国建筑工业出版
     社,2003.

[12] 梁启凡.家具设计[M].北京:中国轻工业出版社,2000.

[13] 珍妮特·特纳.艺术照明与空间环境之公共空间[M].焦燕,詹庆旋,译校.北
     京:中国建筑工业出版社,2001.

[14] MINKAVE 城市灯光环境规划研究所.21 世纪城市灯光环境规划设计[M].北
     京:中国建筑工业出版社,2001.

[15] 《建筑设计资料集》编写组.建筑设计资料集[M].3 版.北京:中国建筑工业出
     版,2017.